普通高等教育"十二五"工程管理类专业系列规划教材

建筑施工组织与管理

徐勇戈 编著

西安交通大学出版社

XI'AN JIAOTONG UNIVERSITY PRESS

内容简介

本书以系统管理为原则,以建筑工程项目为对象,以建筑工程项目整个生命期为主线,全面论述了建筑工程项目的系统分析、组织、各种计划和控制方法。力求使读者通过对本书的阅读,能对建筑工程项目组织与管理的特殊性有深刻的认识,能对建筑工程项目形成一种系统的、全面的、整体优化的管理理念,并掌握常用的项目管理方法和技术。

本书内容新颖、覆盖面广、可读性强,是学习建筑工程项目组织与管理的实用教材。本书既可供高等院校的工程管理专业和土木工程相关专业的师生使用,也可作为工程管理技术人员及其他相关专业人员的学习参考读物。

图书在版编目(CIP)数据

建筑施工组织与管理/徐勇戈编著.—西安:
西安交通大学出版社,2015.1
普通高等教育"十二五"工程管理类专业系列规划教材
ISBN 978-7-5605-7097-6

Ⅰ.①建…　Ⅱ.①徐…　Ⅲ.①建筑工程-施工组织-高等学校-教材 ②建筑工程-施工管理-高等学校-教材
Ⅳ.①TU7

中国版本图书馆 CIP 数据核字(2015)第 030432 号

书　　名	建筑施工组织与管理
编　　著	徐勇戈
责任编辑	祝翠华

出版发行	西安交通大学出版社
	(西安市兴庆南路 10 号　邮政编码 710049)
网　　址	http://www.xjtupress.com
电　　话	(029)82668357　82667874(发行部)
	(029)82668315(总编办)
传　　真	(029)82668280
印　　刷	陕西元盛印务有限公司

开　　本	787mm×1092mm　1/16　印张 17　字数 407 千字
版次印次	2015 年 6 月第 1 版　　2015 年 6 月第 1 次印刷
书　　号	ISBN 978-7-5605-7097-6/TU·143
定　　价	34.80 元

读者购书、书店添货,如发现印装质量问题,请与本社发行中心联系、调换。
订购热线:(029)82665248　(029)82665249
投稿热线:(029)82668133　(029)82665375
读者信箱:xj_rwjg@126.com

普通高等教育"十三五"工程管理类专业系列规划教材

编写委员会

编委会主任：罗福周

编委会副主任：李 芊

编委会委员（按姓氏笔画排序）：

王 莹　　韦海民　　卢 梅　　兰 峰　　刘 桦

刘炳南　　张涑贤　　宋 宏　　郭 斌　　徐勇戈

唐晓灵　　雷光明　　廖 阳　　撒利伟

策　　划：魏照民　　祝翠华

总 序

　　高等学校工程管理专业是教育部 1998 年颁布的《普通高等学校本科专业目录》中设置的专业,是在整合原"建筑管理工程"、"国际工程管理"、"基本建设投资管理"及"房地产经营管理"等专业的基础上形成的,具有很强的综合性和较大的专业覆盖范围,主要研究工程项目建设过程中的计划、组织、指挥、控制、协调与资源配置等管理问题。工程管理专业旨在为国家经济建设和社会发展培养掌握土木工程技术、管理学、经济学及相关法律法规知识,掌握现代工程项目管理的理论、方法与手段,具备综合运用所学知识在国内外工程建设领域从事建设项目全过程的投资、进度、质量控制及合同管理、信息管理和组织协调能力的复合型高级管理人才。

　　随着我国建筑业、房地产业在国民经济中地位和作用的日益突显,工程管理人才需求呈明显增长趋势,同时也对工程管理专业毕业生提出了更高的要求。因此,如何进一步提高人才培养质量成为设置工程管理专业的高等学校面临的重要课题。而高水平的专业教材作为实现人才培养目标的载体,必将对人才培养质量的提高发挥重要作用。

　　西安建筑科技大学是全国最早设立工程管理专业的院校之一,该专业于 1999 年首批通过了"全国工程管理专业评估委员会"的评估,2004 年和 2009 年分别以全票通过复评;2004 年该专业被评为陕西省名牌专业,2008 年又被评为国家级特色专业。近年来,西安建筑科技大学工程管理专业在人才培养模式创新方面进行的改革与实践取得了显著效果,得到了社会用人单位和同行的肯定。所以,西安交通大学出版社此次依托西安建筑科技大学工程管理专业的优质办学资源,联合省内外多所兄弟高校,编写出版了这套工程管理专业系列教材。

　　这套教材以专业必修课程为主,适当考虑专业选修课程。教材的作者都来自工程管理专业教学和科研第一线,对工程管理专业的教育教学与教材建设有切身的体会和感受,并有一些独到的见解。在教材编写过程中,编者结合多年的教学及工程实践经验,经过反复讨论斟酌,不仅从教材内容的准确性和规范性上下功

1

夫,而且从有效培养学生综合运用所学知识解决工程实际问题的能力出发,注重贴近工程管理实践,对教材内容和结构进行大胆创新,力求使其更加适合学生今后从事相关专业工作的学习需要,更有利于应用型高级工程技术与管理人才的培养。同时,这套教材注意吸收工程管理领域的前沿理论与知识。

由于院校之间、编者之间的差异性,教材中难免会出现一些问题和不足,欢迎选用本系列教材的教师、学生提出批评和建议,也希望参加这套教材编写的教师在今后的教学和科研实践中能够不断积累经验,充实教学内容,以使这套教材能够日臻完善。

建设部高等教育工程管理专业指导委员会委员
建设部高等教育工程管理专业评估委员会委员
西安建筑科技大学教授、博导
2010 年 2 月

前 言

　　建筑工程项目是具有独特性和一次性特征的过程，它具有预定的目标，有明确的开始和结束日期，由一系列相互协调和受控活动组成。随着改革开放的不断深入，我国经济也渐渐融入了全球市场，并涌现了一大批像长江三峡工程、北京奥运项目、上海世博项目、京沪高铁项目等举世瞩目的特大型建设项目，对这些项目的规划、组织、协调、控制等管理要求也越来越高。

　　本书立足于建筑工程项目建设全过程及整体系统，以揭示建筑工程项目建设活动的客观规律为宗旨，以国家现行的建设法规为依据，全面阐述了建筑工程项目组织与管理的基本理论和管理方法。其具体内容包括建筑工程的过程管理，建筑工程质量、进度、费用控制，建筑工程安全环境管理，建筑工地的业务组织和施工组织设计等。全书力求概念准确、层次清楚、语言简明、详略得当、重点突出，注重实用性和可操作性。为了便于读者掌握和巩固所学知识，全书列举了大量例题和案例，每章均附有习题和答案。

　　全书分为 9 章，具体分工如下：第 1 章，由广州大学庞永师编写，第 2、3、4、5、6 章由西安建筑科技大学徐勇戈编写，第 7、8 章由西安建筑科技大学宁文泽编写，第 9 章由商洛学院李传博编写，最终由徐勇戈进行统稿。

　　本书的出版得到了陕西省教育厅哲学社会科学重点研究基地科研计划项目 (13JZ028)和陕西省高校哲学社会科学重点研究基地建设专项资金资助项目 (DA08046)资助。

　　限于作者水平，书中难免存在不妥之处，敬请读者批评指正。

编 者

2015 年 5 月

目录

第1章 绪 论

1.1 施工组织与管理的研究对象和任务

▶ 1.2.1 研究对象

一个建筑物或一个建筑群的施工,可以有不同的施工顺序;每一个施工过程可以采用不同的施工方法;每一种构件可以采用不同的生产方式;每一种运输工作可以采用不同的方式和工具;现场施工机械、各种堆物、临时设施和水电线路等可以用不同的布置方案;开工前的一系列施工准备工作可以用不同的方法进行。要想提高工程质量、缩短施工工期、减少资源消耗、降低工程成本、实现安全文明施工,施工管理人员就要结合建筑工程的性质和规模、工期的长短、工人的数量、机械装备程度、材料供应情况、构件生产方式、运输条件等各种技术、经济条件合理选择施工方案。

施工组织与管理作为一门学科,主要针对施工活动进行有目的的计划、组织、协调和控制。它包括在施工过程中采用各种施工方法,运用各种施工手段,按照客观的施工规律合理组织生产力;在施工过程中,围绕完成建筑产品对内外各种生产关系不断进行协调。

施工组织与管理主要研究和探求一个建筑物或一个建筑群在建筑施工中以取得优质、高效、低成本、文明安全施工的全面效益,使施工中提高效益的各种因素能处于最佳状态的组织管理方法。通过本课程的学习,要求学生了解建筑施工组织与管理的基本知识和一般规律,掌握建筑工程流水施工和网络计划编制的基本方法,掌握建筑工程技术管理、质量管理、招投标和合同管理、施工项目管理的基本知识,具有编制单位工程施工组织设计的能力,为今后从事施工组织与管理工作打下基础。由于施工对象千差万别,施工过程中内部工作和与外部的联系错综复杂,没有一个固定不变的组织管理方法可用于一切工程,因此,在不同条件下,对不同的施工对象,采用因地制宜的组织管理方法才是最有效的。

▶ 1.2.2 主要任务

施工组织与管理的任务就是在施工全过程中,根据施工特点和施工生产规律的要求,结合施工对象和施工现场的具体情况,制定切实可行的施工组织设计,并据此作好施工准备;严格遵守施工程序和施工工艺;努力协调内外各方面的生产关系;充分发挥人力、物力、财力的作用,使它们在时间、空间上能有一个最好的组合;挖掘一切潜力,调动一切积极因素,精心组织施工生产活动;正确运用施工生产能力,确保全面高效地建成最终建筑产品。

施工组织管理任务的完成,是多层次各方面努力工作的结果,在完成上述任务中存在着分工合作和协调配合问题。基层施工技术人员的工作在施工现场,他们是所有业务部门组织管理工作的基层执行者,在完成施工组织管理任务中起着关键的作用。

1.2 基本建设程序与建筑施工程序

▷ 1.2.1 基本建设、基本建设项目及其组成

1. 基本建设的概念及内容

基本建设是固定资产的建设,也就是指建造、购置和安装固定资产的活动以及与此相联系的其他工作。

基本建设按其内容构成包括:固定资产的建造和安装、固定资产的购置及其他基本建设工作。

2. 基本建设项目及其组成

基本建设项目简称建设项目。凡是按一个总体设计组织施工,建成后具有完整的系统,可以独立地形成生产能力或使用价值的建设工程,称为一个建设项目。如工业建设中,一般以拟建厂矿企业单位为一个建设项目,如一个钢铁厂、一个纺织厂、一个汽车厂等;在民用建设中,一般以拟建机关事业单位为一个建设项目,如一所学校、一所医院、一个居民小区等。对大型分期建设的工程,如果分为几个总体设计,则就有几个建设项目。进行基本建设的企业或事业单位称为建设单位,或者称为业主。建设单位是在行政上独立的组织,独立进行经济核算,可以直接与其他单位建立经济往来关系。

建设项目按其性质分为:新建、扩建、改建、恢复和迁建项目。

建设项目按其用途分为:生产性建设项目(包括工业、农田水利、交通运输及邮电、商业和物质供应、地质资源勘探等建设项目)和非生产性建设项目(包括住宅、文教、卫生、公用生活服务事业等建设项目)。

建设项目按其规模大小分为:大型、中型、小型建设项目。

建设项目按其投资主体分为:国家投资、地方政府投资、企业投资、各类投资主体联合投资及外商投资的建设项目。

建设项目按其复杂程度一般由以下工程内容组成。

(1)单项工程(也称工程项目)。凡是具有独立的设计文件,竣工后可能独立发挥生产能力或效益的工程,称为一个单项工程,一个建设项目可以由一个单项工程组成,也可以由若干个单项工程组成。如工业建设项目中,各独立的生产车间、实验楼、各种仓库等;民用建设项目中,学校的教学楼、实验楼、图书馆、学生宿舍等。这些都可以称为一个单项工程,其内容包括建筑工程、设备安装工程,以及设备、工具、仪器的购置等。

(2)单位工程。凡是具有单独设计,可以独立施工,但完工后不能独立发挥生产能力或效益的工程,称为一个单位工程。一个单项工程一般都由若干个单位工程组成。如一个复杂的生产车间,一般由土建工程、工业管道安装工程、设备安装工程、电气安装工程和给排水工程等单位工程组成。

(3)分部工程。组成单位工程的若干个部分称为分部工程。如一幢房屋的土建单位工程，按其结构或构造部位划分，可以分为基础、主体结构、屋面、装修等分部工程；按其工种工程划分，可以分为土(石)方工程、桩基工程、钢筋混凝土工程、砌筑工程、防水工程、装饰工程等分部工程；按其质量检验评定要求划分，可以分为地基与基础工程、主体工程、地面与楼面工程、门窗工程、装饰工程、屋面工程等。

(4)分项工程。组织分部工程的若干个施工过程称为分项工程。分项工程可以按不同的施工内容或施工方法来划分，以便于专业施工班组的施工。如砖混结构房屋的基础工程，可以划分为基槽(坑)挖土、混凝土垫层、砖砌基础、回填土等分项工程；现浇钢筋混凝土剪力墙结构的主体工程，可以划分绑扎墙体钢筋、支设墙体大模板、浇筑墙体混凝土、支设梁板模板、绑扎梁板钢筋、浇筑梁板混凝土等分项工程。

▷ 1.2.2 基本建设程序

基本建设程序就是建设项目在整个建设过程中各项工作必须遵循的先后顺序，是经过大量实践工作总结出来的工程建设过程的客观规律，也是拟建建设项目在整个建设过程中必须遵循的客观规律。

基本建设程序，一般可划分为决策、设计文件、建设准备、建设实施及竣工验收、交付使用等五个阶段。

1. 决策阶段

决策阶段包括编制建设项目建议书、可行性研究、可行性研究报告的编制与审批、组建建设单位等内容。

(1)编制建设项目建议书。建设项目建议书是业主单位向国家提出要求建设某一建设项目的建议文件，是对建设项目的轮廓设想，是从拟建项目的必要性及可能性角度加以考虑的。

项目建议书的内容，根据项目的不同情况，一般包括以下几个方面：建设项目提出的必要性和依据；产品方案、拟建规模和建设地点的初步设想；资源情况、建设条件、协作关系等的初步分析；投资估算和资金筹措设想；经济效益和社会效益的估计。

项目建议书按要求编制完成后，按照建设总规模和限额的划分审批权限进行报批。

(2)可行性研究。可行性研究是通过多方案比较，对拟建项目在技术上是否可行和经济上是否合理进行科学的分析与论证，并提出评价意见。可行性研究是在项目建议书批准后着手进行的。我国在20世纪80年代初将可行性研究正式纳入基本建设程序，规定大中型项目、利用外资项目、引进技术和设备进口项目都要进行可行性研究。其他项目有条件也要进行可行性研究。凡是经过可行性研究未通过的项目，不得进行下一步工作。

可行性研究包括以下内容：项目提出的背景和依据；建设规模、产品方案、市场预测和确定的依据；技术工艺、主要设备、建设标准；资源、原材料、燃料供应、动力、运输、供水等协作配合条件；建设地点、厂区布置方案、占地面积；项目设计方案、协作配套工程；环保、防震等要求；劳动定员和人员培训；建设工期和实际进度；投资估算和资金筹措方式；经济效益和社会效益。

(3)可行性研究报告的编制与审批。编制可行性研究报告是在可行性研究通过的基础上，选择经济效益最好的方案进行编制，它是确定建设项目、编制设计文件的重要依据。各类建设项目的可行性研究报告，内容不尽相同。大中型项目一般应包括以下几个方面：根据经济预测、市场预测确定的建设规模和产品方案；资源、原材料、动力、运输、供水条件；建厂条件和厂址方案;技术工艺、主要设备选型和相应的技术经济指标;主要单项工程、公用辅助设施、配套工程;环境保护、城市规划、防震防洪等要求和采取的相应措施方案;企业组织、劳动定员和管理制度;建设进度和工期;投资估算和资金筹措;经济效益和社会效益。

可行性研究报告的审批是国家发改委或地方发改委根据行业主管部门和国家专业投资公司的意见以及有资格的工程咨询公司的评估意见进行的。可行性研究报告经批准后,不得随意修改和变更。经过批准的可行性研究报告是初步设计的依据。

(4)组建建设单位。按现行规定,大中型和限额以上项目的可行性研究报告经批准后,项目可根据实际需要组建筹建机构,即建设单位。

目前建设单位的形式很多,有董事会或管委会、工程指挥部、业主代表等。有的建设单位待竣工投产交付使用后就不再存在;有的建设单位待项目建成后即转入生产,不仅负责建设过程,而且负责生产管理。

2. 设计文件阶段

设计文件是指工程图纸及说明书,是安排建设项目和建筑施工的主要依据。设计文件一般由建设单位通过招标投标或直接委托设计单位编制。编制设计文件时,应根据批准的可行性研究报告,将建设项目的要求逐步具体化为可用于指导建筑施工的工程图纸及其说明书。对于一般不太复杂的中小型项目多采用两阶段设计,即扩大初步设计(或称初步设计)和施工图设计;对重要的、复杂的、大型的项目,经主管部门指定,可采用三阶段设计,即初步设计、技术设计和施工图设计。

初步设计是对批准的可行性研究报告所提出的内容进行概略的设计,作出初步的规定(大型、复杂的项目,还需绘制建筑透视图或制作建筑模型)。技术设计是在初步设计的基础上,进一步确定建筑、结构、设备、消防、通信、抗震、自动化系统等的技术要求。施工图设计是在前一阶段的基础上,进一步形象化、具体化、明确化,完成建筑、结构、水、电、气、自动化系统、工业管道等全部施工图纸以及设计说明书、结构计算书和施工图设计概预算等。

初步设计由主要投资方或监理方组织审批,其中大型和限额以上项目要报国家发改委和行业归口主管部门备案。初步设计文件经批准后,项目总平面布置、主要工艺过程、主要设备、建筑面积、建筑结构、总概算等均不得随意修改、变更。

3. 建设准备阶段

建设准备工作在可行性研究报告批准后就可着手进行。其主要内容是:工程地质勘察,提出资源申请计划,组织大型专用设备预安排和特殊材料预订货,办理征地拆迁手续,落实水、电、气源以及平整场地、交通运输及施工力量等,准备必要的施工图纸,组织施工招标、投标,择优选定施工单位。

4. 建设实施阶段

建设实施阶段是根据设计图纸进行建筑安装施工。建筑安装施工是基本建设程序中的一个重要环节。要做到计划、设计、施工三个环节相互衔接,投资、工程内容、施工图纸、设备材料、施工力量五个方面的落实,以保证建设计划的全面完成。施工前要认真做好图纸会审工作,编制施工图预算和施工组织设计,明确投资、进度、质量的控制要求。施工中要严格按照施工图施工,如需要变动应取得设计单位的同意,要坚持合理的施工程序和顺序,要严格执行施工验收规范,按照质量检验评定标准进行工程质量验收,确保工程质量。对质量不合格的工程要及时采取措施,不留隐患,不合格的工程不得交工。施工单位必须按合同规定的内容全面完成施工任务,不留尾巴。

5. 竣工验收、交付使用阶段

按批准的设计文件和合同规定的内容建成的工程项目,其中生产性建设项目经负荷试运转和试生产合格,并能够生产合格产品的;非生产性建设项目符合设计要求,能够正常使用的,都要及时组织验收,办理移交固定资产手续,交付使用。

竣工验收前,建设单位要组织设计、施工等单位进行初验,向主管部门提出竣工验收报告,系统整理技术资料,绘制竣工图,并编制竣工决算,报上级主管部门审查。

基本建设各项工作的先后顺序,一般不能违背与颠倒,但在具体工作中有相互交叉平等的情况。

▶ 1.2.3 建筑施工程序

1. 建筑施工程序的概念

建筑施工程序是指工程建设项目在整个施工过程中各项工作必须遵循的先后顺序,它反映了施工过程中的客观规律。多年来的施工实践已经证明,坚持施工程序,按建筑产品生产的客观规律组织施工,是高质量、高速度从事建筑产品生产的重要手段;而违反了建筑施工程序,就会造成重大事故和经济损失。

2. 建筑施工程序的步骤

建筑施工程序从承接施工任务开始到竣工验收为止,可分为以下五个步骤进行。

(1)承揽施工任务,签订施工合同。施工单位承揽施工任务的主要方式有两种,即通过投标或直接发包承接,除此之外,还有一些国家重点建设项目由国家或上级主管部门直接下达给施工企业。不论采用哪种方式承接施工任务,施工单位都要检查其施工项目是否有批准的正式文件,是否列入基本建设年度计划,是否落实投资等。

承接施工任务后,建设单位与施工单位应根据《中华人民共和国合同法》和《中华人民共和国建筑法》的有关规定及要求签订施工合同。施工合同应规定承包的内容、要求、工期、质量、造价及材料供应等,明确合同双方应承担的义务和职责以及应完成的施工准备工作(如土地征购,申请施工用地、施工许可证,拆除障碍物,接通场外水源、电源、道路等内容)。施工合同经双方法人代表签字后具有法律效力,必须共同遵守。

(2)全面统筹安排,作好施工规划。签订施工合同后,施工单位应全面了解工程性质、规模、特点、工期等,并进行各种技术、经济、社会调查,收集有关资料,编制施工组织总设计,与建设单位密切配合,共同做好开工前的准备工作,为顺利开工创造条件。

(3)落实施工准备工作,提出开工报告。根据施工组织总设计的规划,对首批施工的各单位工程,及时抓紧落实各项施工准备工作。如会审施工图纸,编制单位工程施工组织设计,落实资金、劳动力、材料、构件、施工机具及现场"三通一平"等。具备开工条件后,提出开工报告,经审查批准后,即可正式开工。

(4)精心组织施工,加强各项管理。施工过程是施工程序中的主要阶段,应从整个施工现场的全局出发,根据拟定的施工组织设计的要求,精心组织施工,加强各单位、各部门的配合与协作,协调解决各方面的问题,使施工活动顺利开展。在施工过程中,应加强施工现场技术、材料、质量、安全、进度等各方面的管理工作，落实施工单位内部承包的经济责任制，全面做好各项经济核算与管理工作，严格执行各项技术、质量检验制度，抓紧工程收尾和竣工。

（5）进行工程验收，交付生产使用。这是施工的最后阶段，在交工验收前，施工单位内部应进行预验收，检查各分部分项工程的施工质量，整理各项交工验收资料，并经监理工程师签字确认。在此基础上，由建设单位组织竣工验收，经质量监督主管部门验收合格后，办理工程移交证书，并交付生产使用。

1.3　建筑产品及其施工的技术经济特点

▷ 1.3.1　建筑产品的概念及其技术经济特点

1. 建筑产品的概念

建筑业生产的各种建筑物或构筑物等称为建筑产品。它与其他工业生产的产品相比，具有一系列特有的技术经济特点，这主要体现在其产品本身及其施工过程上。

2. 建筑产品的技术经济特点

（1）建筑产品的庞体性。建筑产品与一般工业产品相比，其体形远远比工业产品庞大，自重也大。因为无论是复杂还是简单的建筑产品，均是为构成人们生活和生产活动空间或满足某种使用功能而建造的，所以，建筑产品要占用大片的土地和大量的空间。

（2）建筑产品的固定性。一般建筑产品都是在选定的地点上建造，在建造过程中直接与地基基础连接，因此，只能在建造地点固定地使用，而无法转移。这种一经建造就在空间固定的属性，叫做建筑产品的固定性。固定性是建筑产品与一般工业产品最大的区别。

（3）建筑产品的多样性。由于建筑物的使用功能及用途不同，建筑规模、建筑设计、结构类型、装饰等方面也各不相同。即使是同一类型的建筑物，也因坐落地点、环境条件、城市规划要求等而些有所不同。因此，建筑产品是丰富多彩，多种多样的。

（4）建筑产品的复杂性。建筑产品是一个完整固定资产实物体系，不仅土建工程的艺术风格、建筑功能、结构构造、装饰做法等方面堪称是一种复杂的产品，而且工艺设备、采暖通风、供水供电、卫生设备、办公自动化系统、通信自动化系统等各类设施也错综复杂。

▷ 1.3.2　建筑施工的特点

建筑施工具有以下特点：

（1）建筑施工的周期长。建筑产品的庞大性决定了建筑施工的工期长。建筑产品在建造过程中要投入大量的劳动力、材料、机械等，因而与一般工业产品相比，其生产周期较长，少则几个月，多则几年。这就要求事先有一个合理的施工组织设计，尽可能缩短工期。

（2）建筑施工的流动性。建筑产品的固定性决定了建筑施工的流动性。一般的产品，生产者和生产设备是固定的，产品在生产线上流动；而建筑产品则相反，产品是固定的，生产者和生产设备不仅要随着建筑物地点的变更而流动，而且还要随着建筑物施工部位的改变而在不同的空间流动。这就要求有一个周密的施工组织设计，使流动的人、机、物等互相协调配合，做到连续、均衡施工。

（3）建筑施工的单件性。建筑产品的多样性决定了建筑施工的单件性。不同的甚至相同的建筑物,在不同的地区、季节及现场条件下,施工准备工作、施工工艺和施工方法等也不尽相同,因此,建筑产品的生产基本是单个"定做",这就要求施工组织设计根据每个工程的特点、条件等因素制订出可行的施工方案。

（4）建筑施工的复杂性。建筑产品的综合性决定了建筑施工的复杂性。建筑施工是露天、高空作业,甚至有的是地下作业,加上施工的流动性和个别性,必然造成施工的复杂性,这就要求施工组织设计不仅要从质量和技术组织方面考虑措施,还要从安全等方面综合考虑施工方案,使建筑工程顺利地进行施工。

（5）建筑施工协作单位多。建筑产品施工涉及面广,在建筑企业内部,要组织多专业、多工种的综合作业;在建筑企业外部,需要不同种类的专业施工企业以及城市规划、土地征用、勘察设计、公安消防、环保、质量监督、科研试验、交通运输、银行业务、物资供应等单位和主管部门协作配合。

1.4 施工组织与管理的原则及内容

▶ 1.4.1 施工组织与管理的主要原则

在我国,施工组织与管理应遵循社会化生产条件下管理的根本原则和企业组织的一般原则,最大限度地节约人力、物力、财力,确保工程质量、合理缩短施工周期、全面完成施工任务。

（1）认真贯彻党和国家对基本建设的各项方针与政策。严格控制固定资产投资规模,确保国家重点建设;对基本建设项目必须实行严格的审批制度;严格按照基本建设程序办事;按照国家规定履行申报手续;严格执行建筑施工程序及国家颁布的技术标准、操作规程,把好工程质量关。

（2）严格遵守国家和合同规定的工程竣工及交付使用期限。严格控制工程建设各阶段中的工作内容、工作顺序、持续时间及工作之间的相互搭接关系,在计划实施过程中应经常检查实际进度是否按计划进行,一旦发现偏差,应在分析偏差的基础上采取有效措施排除障碍或进行调整,确保工程项目按预定的时间交付使用。

（3）合理安排施工顺序,科学地组织施工。施工程序反映了工序之间先后顺序的客观规律的要求,交叉搭接关系则体现争取时间的主观努力。在组织施工时,必须合理地安排施工程序和顺序,避免不必要的重复工作,加快施工速度,缩短工期。

（4）尽量采用先进的施工方法,科学地确定施工方案。先进的施工方法是提高劳动生产率、改善工程质量、加快施工进度、降低工程成本的主要途径。科学地确定施工方案体现在新材料、新设备、新工艺和新技术的运用上,当然,先进适用性和经济合理性要紧密结合,防止单纯追求先进而忽视经济效益的做法;同时还要满足施工验收规范、操作规程及防火、环保的规定。

（5）组织流水施工,以保证施工连续地、均衡地、有节奏地进行。在编制计划时,应从实际出发组织流水施工,采用网络技术编制施工计划,作好人力、物力的综合平衡,提高施工的连续性和均衡性。

（6）减少暂设工程和临时性设施,合理布置施工平面图,节约施工用地。尽量利用正式工程、原有或就近已有设施;尽量利用当地资源,减少物资运输量,避免二次搬运;精心进行施工平面图的设计,最大限度节约施工用地。

(7)贯彻工厂预制和现场预制结合的方针,提高建筑工业化程度。根据地区条件和构件性质,通过技术经济比较,恰当地选用预制方案或浇筑方案。确定预制方案时就应考虑有利于提高建筑工业化程度。

(8)充分利用现有机械设备,扩大机械化施工范围。恰当选择自有装备、租赁机械或机械化分包施工等方式逐步扩大机械化施工范围,提高劳动生产率,减轻劳动强度。

(9)尽量降低工程成本,提高工程经济效益。严格控制机械设备的闲置、暂设工程的建造;制定节约能源和材料的措施;尽量减少运输量;合理安排人力、物力,使建设项目投资控制在批准的投资限额以内。

(10)安全生产,质量第一。尽量采用先进的科学技术和管理方法,提高工程质量,严格履行施工单位的质量责任和义务;遵守国家规定的工程质量保修制度,建造满足用户要求的合格工程。要贯彻"安全为了生产,生产必须安全"的方针,建立、健全各项安全管理制度,落实安全施工措施并检查监督。

➢ 1.4.2　施工组织与管理的主要方法和内容

施工组织与管理的方法和内容是多方面的,本章仅就与建筑产品全面效益紧密相关的工程质量、施工工期、工程成本和文明施工与安全管理的主要内容综述如下。

1. 工程质量管理

建筑工程质量管理是指建(构)筑物能符合交工验收规范要求,能满足人们的使用需要,具备适用、坚固、安全、耐久、经济、美观等特征的活动过程。建筑安装施工质量是确保建筑产品质量的重要因素。此外,勘察设计质量、建筑材料和构配件质量及其维护使用都是影响建筑产品质量的因素。为了确保工程质量,必须加强质量观念,建立从建设前期工作到竣工验收的质量保证体系。在施工中做到:

(1)制定切实可行的、保证工程质量的技术组织措施,并付诸实施;

(2)使用符合标准的建筑材料、构配件等;

(3)认真保养、维护施工机具、设备;

(4)按图施工,严格执行施工操作规程;

(5)注意创造良好的施工操作条件,加强成品保护;

(6)认真执行"自检、互检和交接检"制度,出现差错及时纠正;

(7)加强专业检查,完善检测手段;

(8)做好各项质量内部管理工作,用好的工作质量保证好的工程质量。

2. 施工工期管理

工期管理是施工管理的一项主要工作内容,也是实现建筑施工整体效益的一个重要组成部分。在工期管理中为了尽快完成施工任务,施工单位应在可能条件下主动积极地在施工准备工作中组织与勘察设计、工程建设前期准备阶段有关的工作适当交叉,为施工工期的缩短创造有利条件。

对于施工工期的管理也同其他管理一样,通过"计划—实施—检查—调整"四个阶段反复循环才能有效地实现预期管理目标。

3. 单位工程成本管理

建筑工程成本,是完成一定数量(如一个单位工程或分部分项)建筑安装施工任务所耗费的生产费用的总和。工程成本中的大部分费用开支与工程量、工程施工时间的长短有关。所以,降低物资损耗,减少支出,缩短工期和确保工程质量,避免发生质量、安全事故,都能节约实际成本的支出,从而提高工程的经济效益。

4. 文明施工与安全管理

确保文明施工是施工组织与管理的重要内容。加强劳动保护、改善劳动条件,是我国宪法以国家最高法律形式固定下来的生产原则。施工组织管理者的职责,就是在建筑施工中创造安全操作的环境,制定各种防止安全事故发生的有效措施,并认真贯彻执行,使现场施工人员能够放心操作,充满信心地在不断提高劳动生产率的基础上全面完成施工任务。

 思考题

1. 试述建筑施工组织与管理课程的研究对象和任务。
2. 什么叫基本建设?一个建设项目由哪些工程内容组成?
3. 试述基本建设程序的主要内容。
4. 什么是建筑施工程序?它分为哪几个步骤?
5. 试述建筑产品的特点以及建筑施工的特点。

第 2 章　流水施工原理

生产实践已经证明,在所有的生产领域中,流水作业法是组织产品生产的理想方法;流水施工也是建筑安装工程施工的最有效的科学组织方法之一。组织流水作业可以充分利用时间和空间(工作面),使其连续、均衡、有节奏地进行施工,从而提高劳动生产率,缩短工期,节省施工费用。但是,由于建筑产品固定性和施工流动性的特点,应用流水原理组织施工,与其他产品的流水作业相比,具有不同的特点和要求。它是建立在分工协作基础之上,由顺序作业和平行作业发展而来。

2.1　基本概念

2.1.1　流水施工

1.组织施工的方式

考虑工程项目的施工特点、工艺特点、资源利用、平面或空间布置等要求,其施工可以采用依次、平行、流水等三种组织方式。

为说明这三种施工方式的含义及其特点,现设某住宅区拟建三幢结构相同的建筑物,其编号分别为 Ⅰ、Ⅱ、Ⅲ,各建筑物的基础工程均可分解为挖土方、浇混凝土基础和回填土三个施工过程,分别由相应的专业队按施工工艺要求依次完成,每个专业队在每幢建筑物的施工时间均为 5 周,各专业队的人数分别为 10 人、16 人和 8 人。三幢建筑物基础工程施工的不同组织方式如图 2-1 所示。

(1)依次施工。依次施工方式是将拟建工程项目中的每一个施工对象分解为若干个施工过程,按施工工艺要求依次完成每一个施工过程;当一个施工对象完成后,再按同样的顺序完成下一个施工对象,以此类推,直至完成所有施工对象。这种方式的施工进度安排、总工期及劳动力需求曲线如图 2-1“依次施工”栏所示。

依次施工方式具有以下特点:

①没有充分地利用工作面进行施工,工期长;

②如果按专业成立工作队,则各专业队不能连续作业,有时间间歇,劳动力及施工机具等资源无法均衡使用;

③如果由一个工作队完成全部施工任务,则不能实现专业化施工,不利于提高劳动生产率和工程质量;

④单位时间内投入的劳动力、施工机具、材料等资源量较少,有利于资源供应的组织;

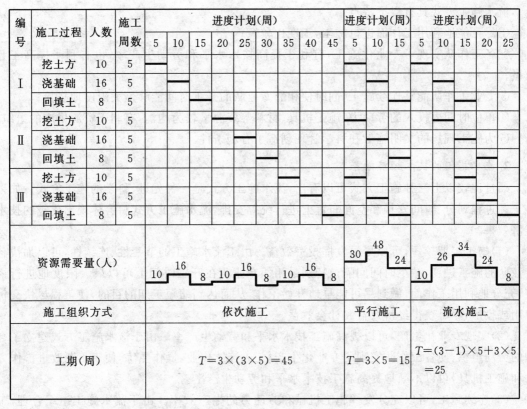

图 2-1 施工方式比较图

⑤施工现场的组织、管理比较简单。

（2）平行施工。平行施工方式是组织几个劳动组织相同的工作队，在同一时间、不同的空间，按施工工艺要求完成各施工对象。这种方式的施工进度安排、总工期及劳动力需求曲线如图 2-1"平行施工"栏所示。

平行施工方式具有以下特点：

①充分地利用工作面进行施工，工期短；

②如果每一个施工对象均按专业成立工作队，则各专业队不能连续作业，劳动力及施工机具等资源无法均衡使用；

③如果由一个工作队完成一个施工对象的全部施工任务，则不能实现专业化施工，不利于提高劳动生产率和工程质量；

④单位时间内投入的劳动力、施工机具、材料等资源量成倍地增加，不利于资源供应的组织；

⑤施工现场的组织、管理比较复杂。

（3）流水施工。流水施工方式是将拟建工程项目中的每一个施工对象分解为若干个施工过程，并按照施工过程成立相应的专业工作队，各专业队按照施工顺序依次完成各个施工对象的施工过程，同时保证施工在时间和空间上连续、均衡和有节奏地进行，使相邻两专业队能最大限度地搭接作业。这种方式的施工进度安排、总工期及劳动力需求曲线如图 2-1"流水施工"栏所示。

流水施工方式具有以下特点：

①尽可能地利用工作面进行施工，工期比较短；

②各工作队实现了专业化施工，有利于提高技术水平和劳动生产率，也有利于提高工程质量；

③专业工作队能够连续施工，同时使相邻专业队的开工时间能够最大限度地搭接；

④单位时间内投入的劳动力、施工机具、材料等资源量较为均衡，有利于资源供应的组织；

⑤为施工现场的文明施工和科学管理创造了有利条件。

2. 流水施工的技术经济效果

通过比较以上三种施工方式可以看出，流水施工方式是一种先进、科学的施工方式。如果在工艺过程划分、时间安排和空间布置上进行统筹安排，流水施工方式将会体现出优越的技术经济效果。

（1）施工工期较短，可以尽早发挥投资效益。由于流水施工的节奏性、连续性，可以加快各专业队的施工进度，减少时间间隔。特别是相邻专业队在开工时间上可以最大限度地进行搭接，充分地利用工作面，做到尽可能早地开始工作，从而达到缩短工期的目的，使工程尽快交付使用或投产，尽早获得经济效益和社会效益。

（2）实现专业化生产，可以提高施工技术水平和劳动生产率。由于流水施工方式建立了合理的劳动组织，使各工作队实现了专业化生产，工人连续作业，操作熟练，便于不断改进操作方法和施工机具，可以不断地提高施工技术水平和劳动生产率。

（3）连续施工，可以充分发挥施工机械和劳动力的生产效率。由于流水施工组织合理，工人连续作业，没有窝工现象，机械闲置时间少，增加了有效劳动时间，从而使施工机械和劳动力的生产效率得以充分发挥。

（4）提高工程质量，可以增加建设工程的使用寿命和节约使用过程中的维修费用。由于流水施工实现了专业化生产，工人技术水平高，而且各专业队之间紧密地搭接作业，互相监督，可以使工程质量得到提高。因而可以延长建设工程的使用寿命，同时可以减少建设工程使用过程中的维修费用。

（5）降低工程成本，可以提高承包单位的经济效益。由于流水施工资源消耗均衡，便于组织资源供应，使得资源储存合理，利用充分，可以减少各种不必要的损失，节约材料费；由于流水施工生产效率高，可以节约人工费和机械使用费；由于流水施工降低了施工高峰人数，使材料、设备得到合理供应，可以减少临时设施工程费；由于流水施工工期较短，可以减少企业管理费，从而降低工程成本，提高承包单位的经济效益。

3. 流水施工的表达方式

流水施工的表达方式除网络图外，还有横道图和垂直图两种。

（1）流水施工的横道图表示法。某基础工程流水施工的横道图表示法如图 2-2 所示。图 2-2 中的横坐标表示流水施工的持续时间；纵坐标表示施工过程的名称或编号。n 条带有编号的水平线段表示 n 个施工过程或专业工作队的施工进度安排，其编号①、②……表示不同的施工段。

横道图表示法的优点是：绘图简单，施工过程及其先后顺序表达清楚，时间和空间状况形象直观，使用方便，因而被广泛用来表达施工进度计划。

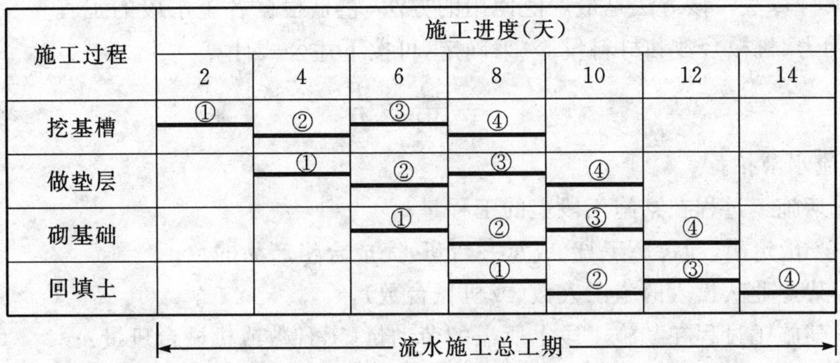

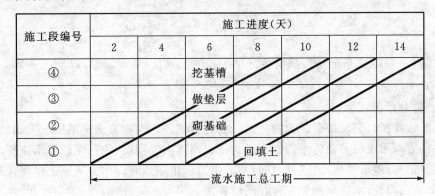

图2-2 流水施工横道图表示法

（2）流水施工的垂直图表示法。某基础工程流水施工的垂直图表示法如图2-3所示。图2-3中的横坐标表示流水施工的持续时间；纵坐标表示流水施工所处的空间位置，即施工段的编号。n条斜向线段表示n个施工过程或专业工作队的施工进度。

图2-3 流水施工垂直图表示法

垂直图表示法的优点是：施工过程及其先后顺序表达清楚，时间和空间状况形象直观，斜向进度线的斜率可以直观地表示出各施工过程的进展速度，但编制实际工程进度计划不像横道图那样方便。

▶ 2.1.2 主要流水作业参数的确定

为了设计流水作业，表明流水施工在时间上和空间上的开展情况，我们必须引入一些描述施工进度计划图表特征和各种数量关系的参数，这些参数称为流水参数。流水施工首先是在研究工程特点和施工条件的基础上，通过一系列流水参数的计算来实现的。现将主要的流水参数介绍如下：

1. 流水节拍（t）

流水节拍是指某一施工过程的专业工作队（组）在某一施工段上的施工持续时间。流水节拍的大小，可以反映出施工速度的快慢、节奏感的强弱和资源消耗（劳动力、机械和材料量）的多少。因此，正确、合理地确定各施工过程的流水节拍具有很重要的意义。通常有以下三种确定方法。

（1）定额计算法。该方法是最广泛使用的方法，它是根据各施工段的工程量、能够投入的资源量（劳动力、机械台数和材料量等）来确定，可按下述公式计算：

$$t = \frac{Q}{SR} = \frac{P}{R} \tag{2-1}$$

式中：t——流水节拍；

　　Q——某施工过程在某施工段上的工程量；

　　S——产量定额，即每一工日（或每一台班）完成合格产品的数；

　　R——某专业队投入的施工人数（或机械台数）；

　　P——某施工过程在某施工段上所需的劳动量（工日数或机械台班量）。

按上式计算出的流水节拍应取整数或半天的整数倍。因为，这样在专业队转移工作地点时，正是下班或午间休息的时间，可以不占用生产操作时间来转移工作地点。

公式中的 S，最好是该施工单位的实际水平，也可以参照施工定额水平采用。如果项目是综合性的，它也应是综合的，计算公式是：

$$\overline{S} = \frac{\sum\limits_{i=1}^{n} Q_i}{\dfrac{Q_1}{S_1} + \dfrac{Q_2}{S_2} + \cdots + \dfrac{Q_n}{S_n}} = \frac{\sum\limits_{i=1}^{n} Q_i}{\sum\limits_{i=1}^{n} \dfrac{Q_i}{S_i}} \tag{2-2}$$

式中：Q_1，Q_2，$\cdots$，Q_n——同一性质的各分项工程的工程量；

　　S_1，S_2，$\cdots$，S_n——同一性质的各分项工程的产量定额；

　　$\overline{S}$——综合产量定额。

（2）经验估算法。它是根据过去的施工经验进行估计。这种方法多适用于采用新工艺、新方法、新材料等而无定额可循的工程。一般为了提高其准确程度，往往先估算出该流水节拍的最长、最短和正常（即最可能）的三种时间，然后据以求出期望时间作为某施工过程在某施工段上的流水节拍。因此，本法也称为三种时间估算法。可按下式计算：

$$t = \mu = \frac{a + 4c + b}{6} \tag{2-3}$$

式中：μ——某施工过程在某施工段上的期望时间；

　　a——某施工过程在某施工段上的最短估算时间；

　　b——某施工过程在某施工段上的最长估算时间；

　　c——某施工过程在某施工段上的正常估算时间。

（3）工期估算法。根据工程项目施工工期的限制确定流水节拍，流水节拍的大小与流水施工工期和整个工程施工的工期有直接的关系。通常情况下，流水节拍越大，工程的工期越长；流水节拍越小，工程的工期将缩短。因此，当工程的施工工期受到限制时，则必须从工期的要求方面反过来确定流水节拍的大小。对某些施工任务在规定期内必须完成的工程项目，往往采用倒排进度的方法，这时，流水节拍的计算确定按下述步骤进行：

①根据工期倒排进度，确定某分部分项工程的工作延续时间；

②确定某施工过程在某施工段上的流水节拍。若同一施工过程的流水节拍不等，则用估算法；若同一施工过程的流水节拍均相等，则按下述公式进行计算：

$$t = \frac{T}{m} \tag{2-4}$$

式中：t——流水节拍；

　　　　T——某分部分项工程的工期；

　　　　m——某分部分项工程划分的施工段数。

③根据已定流水节拍计算劳动力或机械需用量，可按下式计算：

$$R = \frac{p}{t} = \frac{Q}{St} \tag{2-5}$$

式中，符号与公式（2-1）相同。在这种情况下，必须检查劳动力和机械供应的现实可能性，材料供应能否适应，工作面是否足够等。若不能满足这些条件，则需重新调整流水节拍，再计算劳动量或机械量，直到满足要求。

一般情况下，当施工段数确定以后，流水节拍长，则工期相应的也长，因此，总希望流水节拍越短越好，然而，由于工作面的限制，流水节拍也受到限制。所谓工作面，即工人操作或机械设备运行的工作场地大小，反映工人或机械在空间布置的可能性，如砌砖墙的瓦工工作面为长度（m），支现浇混凝土楼板的模板的木工工作面为面积（m²）。流水节拍必须满足最小工作面的要求，保证施工操作的安全和能发挥专业队（组）的劳动效率。所谓最小工作面是指每个工人（每台机械）为完成定额所需的最小工作场地，如表 2-1 所示。

表 2-1　主要工种工人工作面参考数据

工作项目	每个技工工作面	说明
砖基础	7.6 m/人	以 $1\frac{1}{2}$ 砖计，2 砖乘以 0.8，3 砖乘以 0.55
砌砖墙	8.5 m/人	以 1 砖计，$1\frac{1}{2}$ 砖乘以 0.71，2 砖乘以 0.57
浇筑钢筋混凝土板	5.3 m³/人	机拌　机捣
浇筑钢筋混凝土梁	3.6 m³/人	机拌　机捣
浇筑钢筋混凝土柱	2.45 m³/人	机拌　机捣
浇筑钢筋混凝土墙	5 m²/人	机拌　机捣
浇筑钢筋混凝土地及面层	40 m²/人	机拌　机捣
外墙抹灰	16 m²/人	
内墙抹灰	18.5 m²/人	
卷材屋面	18.5 m²/人	
防水水泥砂浆屋面	16 m²/人	
门窗安装	11 m²/人	

每一施工过程在各施工段上都有最短的流水节拍，其数值可用下式求得：

$$t_{min} = \frac{A_{min}u}{S} \tag{2-6}$$

式中：t_{min}——最短流水节拍；

　　　　A_{min}——每个工人所需的最小工作面；

　　　　u——单位工作面所含工程量；

　　　　S——产量定额。

上式算出的流水节拍,应取整数或半天的整数倍。根据工期计算的流水节拍,应大于最短流水节拍。

2. 流水步距（K）

流水步距是指两个相邻的施工过程相继开始投入流水施工的时间差（时间间隔），为了计算方便,规定它不包括技术与组织间歇时间。确定流水步距的前提条件是保持两施工过程的先后工艺顺序,满足连续施工要求和时间上最大搭接及工程质量、安全生产的要求。一般通过计算才能确定。流水步距的大小,反映着流水作业的紧凑程度,对工期也起着很大的影响。在施工段不变的条件下,流水步距大,工期就长;流水步距小,工期就短。流水步距过小,虽然工期缩短很多,但它将接近平行作业,等于全面开花,同一时间就需要投入大量的劳动力或机械,不能体现分段的优点,也无法反映出流水作业的优越性。因此,扩大或缩小流水步距都会违背流水施工的基本要求,正确的流水步距应与流水节拍保持一定的比例协调关系,应该是最恰当、最紧凑的时间间隔。流水步距一般至少也应为一个工作班或半个工作班,其数目取决于参加流水的施工过程数,如施工过程数为 n 个,则流水步距的总数为($n-1$)个。

此外,在组织流水作业中,由于施工过程之间的工艺或组织上的需要,在同一施工段的两个相邻施工过程之间必须留有一定的时间间歇,即技术间歇时间和组织间歇时间。例如混凝土的养护时间、抹灰工程的养护时间、屋面找平层的养护时间等,都属于工艺、技术间歇时间;又如基础混凝土浇捣并经养护以后,施工人员必须进行墙身位置的弹线,然后才能砌砖基础,回填土以前必须对埋设的地下管道检查验收等,都属于由于组织上的需要,使相邻两施工过程在规定的流水步距以外,需要增加的时间间歇,即组织间歇时间。当它们发生在层与层之间时,称为层间技术与组织间歇时间,当它们发生在同一层的施工过程中,则称为施工过程间的技术与组织间歇时间。它们都是流水作业中的中断间歇时间,在具体组织流水施工时,一般都是一起考虑的,也可以分别考虑。

3. 施工过程数（n）

组织工程项目的流水施工时,首先要根据工程计划的性质、工程本身的构造特点,施工工艺的客观要求,采用的施工方法以及劳动组织的具体条件等多方面因素,进行全面考虑。将工程项目分解成若干专业工程,再将某一专业工程划分成若干个分部工程,然后将各个分部工程再分解成若干施工过程（又称分项工程或工序）,分解的目的主要是便于对工程的施工进行具体的安排和进行相应的资源调配。

分解工程项目时要根据实际情况决定,粗细要适中,划分太粗,则所编制的流水施工进度不能起指导和控制作用;划分太细,则在组织流水作业时过于繁琐。因此,要合理确定工程项目分解的粗细程度。如一般混合结构居住房屋的施工过程数 n 大致可取 20～30 个,工业建筑的施工过程要多一些。

4. 施工段数（m）

在组织流水施工时,通常把拟建工程项目在平面上划分为若干个劳动量相等或大致相等的施工地段,这些施工地段称为施工段。每一个施工段在某一时间内只供一个施工过程的工作队（组）使用。施工段的划分是组织流水施工的基础,其目的是保证各专业队（组）能在不同的工作面上同时进行工作,消除由于各专业队（组）不能依次连续进入同一工作面上工作而产生的互等、停歇等窝工现象,为流水施工创造条件。

施工段可以是固定的,也可以是不固定的。在固定施工段的情况下,所有施工过程都采用同样的施工分段,施工段的分界对所有施工过程来说都是固定不变的。在不固定的施工段情况下,对不同的施工过程分别地规定出一种施工段划分方法,施工段的分界对于不同的施工过程来说是不同的。固定施工段便于组织流水施工,采用较广,而不固定的施工段则较少使用。

(1)划分施工段的基本原则。

①施工段的大小,决定着施工过程的各施工段上工程量的大小,为了使每个施工过程的流水作业保持较好的连续性、均衡性和节奏性,要求所划分的各个施工段的工程量(或劳动量)要大致相等,其相差幅度不宜超过 15%。

②划分施工段时必须保证各专业队(组)有足够的工作面,即应大于最小工作面,使施工作业能在安全、高效的条件下进行。

③为了保证建筑结构的整体性,划分施工段时,要利用工程的结构特征,以结构的某些自然分界作为施工段的分界。如房屋的伸缩缝、沉降缝,道路工程中路面的伸缩缝,管线工程的接合部位等,都是比较理想的划分施工段的界限。有些建筑物没有结构界限,或者必须划分建筑物的结构时,应尽量选在对结构整体性影响较小的部位(剪力最小的地方),例如门窗洞口处,以减少留槎。若由多幢同类型房屋组成的建筑群,常以幢为单位作施工段。

④施工段的划分,通常是以主导施工过程的组织为依据进行的。例如混合结构房屋的砌砖和安装楼板,钢筋混凝土框架结构的支模、绑扎钢筋、浇混凝土等都是主导施工过程。

⑤施工段数不宜过多,过多了势必要减少人数反而拉长工期。同时要考虑某些机具的服务半径,要有利于发挥机械的效率。

⑥当拟建工程项目有层高关系时,分段又分层时,应使各专业队能够连续施工。即各施工过程的工作队做完第一段,能立即转入第二段;做完第一层的最后一段,能立即转入第二层的第一段。

前述施工段是在建筑物平面上划分的,除此之外,还需在建筑物的垂直方向逐层流水,为了满足专业工种对操作和工艺的要求,还需将拟建工程项目在竖向上划分为若干个施工区段,如砌筑工程和钢筋混凝土工程,一般是每层的施工段数和平面上相一致,而室内抹灰、木装修、油漆、玻璃和水电安装等可将楼层作为施工层段。

总之,划分施工段时必须从保证质量、操作安全和有利于充分发挥专业队和机械的施工效率出发,并为流水施工的连续性、均衡性和节奏性创造条件。

(2)施工段数 m 的确定。

①当拟建工程项目无层高关系时,施工段数的确定可以根据前述划分施工段的原则任取,尽可能采用施工段数等于施工过程数,即 $m=n$,可使工作队连续施工,施工段无空闲间歇。

②当拟建工程项目有层高关系时,则流水施工分段又分层。每层施工段的确定,除考虑前述划分施工段的原则外,分为下列几种情况:

无技术、组织间歇时,若 $m=n$ 时,则工作队连续施工,施工段上始终有工作队在工作,即施工段无空闲,比较理想;若 $m>n$ 时,工作队仍然是连续的,施工段上有空闲,但不一定有害;若 $m<n$ 时,工作队不连续施工而窝工,但各施工段上始终有工作队在工作,对一个有层高关系的工程项目,用该法组织流水施工是不适宜的,但是,在建筑群中可与另一些建筑物组织大流水。

从上述情况可以看出:要想保证专业工作队能连续施工,必须满足:

$$m \geqslant n$$

当有技术、组织间歇时，为了保证各施工过程连续施工，应取 $m > n$，此时，施工段有空闲，应使施工段空闲时间等于技术、组织间歇时间。

若组织全等节拍流水时，可得：每层空闲施工段数为 $m-n$，一个空闲施工段的时间为：$(m-n)t = (m-n)K$；若每层的技术与组织间歇时间为 $\sum Z_1 + Z_2$；其中 $\sum Z_1$ 为一个楼层中施工过程之间技术与组织间歇时间之和，Z_2 为层间技术与组织间歇时间；若每层的 $\sum Z_1$ 均相同，且每层间的 Z_2 也相同；则为了保证连续施工，施工段除了技术与组织间歇时间外无空闲，那么

$$(m-n)K = \sum Z_1 + Z_2$$

由此可得到每层的施工段数：

$$m = n + \frac{\sum Z_1}{K} + \frac{Z_2}{K} \qquad (2-7)$$

如果每层的 $\sum z_1$ 不完全相等，Z_2 也不完全相等，应取各层中最大的 $\sum Z_1$ 和 Z_2，可得：

$$m = n + \frac{\max \sum Z_1}{K} + \frac{\max Z_2}{K} \qquad (2-8)$$

若施工层内存在着平行搭接施工时，还要考虑平行搭接时间的影响，用 $\sum C$ 表示一层内平行搭接时间之和，则按下列公式确定施工段数：

$$m = n + \frac{\sum Z_1}{K} + \frac{Z_2}{K} - \frac{\sum C}{K} \qquad (2-9)$$

同理，若每一层的 $\sum C$ 不相等，则应取各层中最小的 $\sum C$ 来确定施工段。

对于成倍节拍流水作业，计算公式是相同的，只是不再是施工过程数，而是各专业队数之和。

▷ 2.1.3　流水施工的基本组织方式

在流水施工中，由于流水节拍的规律不同，决定了流水步距、流水施工工期的计算方法等也不同，甚至影响到各个施工过程的专业工作队数目。因此，有必要按照流水节拍的特征将流水施工进行分类，其分类情况如图 2-4 所示。

1. 有节奏流水施工

有节奏流水施工是指在组织流水施工时，每一个施工过程在各个施工段上的流水节拍都各自相等的流水施工，它分为等节奏流水施工和异节奏流水施工。

(1)等节奏流水施工。等节奏流水施工是指在有节奏流水施工中，各施工过程的流水节拍都相等的流水施工，也称为固定节拍流水施工或全等节拍流水施工。

(2)异节奏流水施工。异节奏流水施工是指在有节奏流水施工中，各施工过程的流水节拍各自相等而不同施工过程之间的流水节拍不尽相等的流水施工。在组织异节奏流水施工时，又可以采用等步距和异步距两种方式。

①等步距异节奏流水施工。等步距异节奏流水施工是指在组织异节奏流水施工时，按每

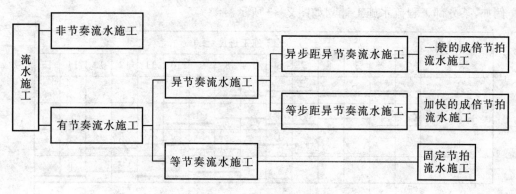

图 2-4　流水施工分类图

个施工过程流水节拍之间的比例关系,成立相应数量的专业工作队而进行的流水施工,也称为加快的成倍节拍流水施工。

②异步距异节奏流水施工。异步距异节奏流水施工是指在组织异节奏流水施工时,每个施工过程成立一个专业工作队,由其完成各施工段任务的流水施工,也称为一般的成倍节拍流水施工。

2. 非节奏流水施工

非节奏流水施工是指在组织流水施工时,全部或部分施工过程在各个施工段上的流水节拍不相等的流水施工。这种施工是流水施工中最常见的一种。

2.2　有节奏流水施工

➤ 2.2.1　固定节拍流水施工

1. 固定节拍流水施工的特点

固定节拍流水施工是一种最理想的流水施工方式,其特点如下:

(1)所有施工过程在各个施工段上的流水节拍均相等;

(2)相邻施工过程的流水步距相等,且等于流水节拍;

(3)专业工作队数等于施工过程数,即每一个施工过程成立一个专业工作队,由该队完成相应施工过程所有施工段上的任务;

(4)各个专业工作队在各施工段上能够连续作业,施工段之间没有空闲时间。

2. 固定节拍流水施工工期

(1)有间歇时间的固定节拍流水施工。所谓间歇时间,是指相邻两个施工过程之间由于工艺或组织安排需要而增加的额外等待时间,包括工艺间歇时间($G_{j,j+1}$)和组织间歇时间($Z_{j,j+1}$)。对于有间歇时间的固定节拍流水施工,其流水施工工期 T 可按公式(2-10)计算:

$$T = (n-1)t + \sum G + \sum Z + m \cdot t$$
$$= (m+n-1)t + \sum G + \sum Z \tag{2-10}$$

式中符号如前所述。

例如,某分部工程流水施工计划如图 2-5 所示。

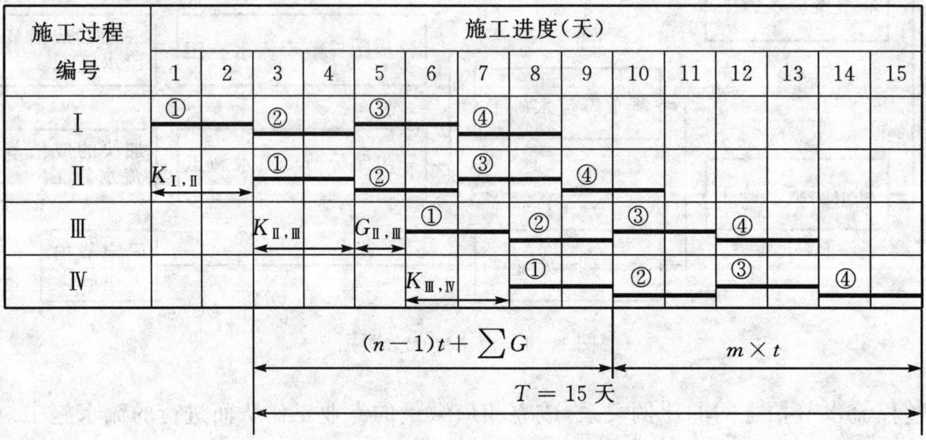

施工过程编号	施工进度(天)														
	1	2	3	4	5	6	7	8	9	10	11	12	13	14	15
Ⅰ	①		②		③		④								
Ⅱ	$K_{Ⅰ,Ⅱ}$		①		②		③		④						
Ⅲ			$K_{Ⅱ,Ⅲ}$		$G_{Ⅱ,Ⅲ}$	①		②		③		④			
Ⅳ						$K_{Ⅲ,Ⅳ}$		①		②		③		④	

$$(n-1)t + \sum G \qquad m \times t$$

$$T = 15 \text{ 天}$$

图 2-5　有间歇时间的固定节拍流水施工进度计划

在该计划中,施工过程数目 $n=4$ 个;施工段数目 $m=4$ 个;流水节拍 $t=2$ 天;流水步距 $K_{Ⅰ,Ⅱ}=K_{Ⅱ,Ⅲ}=K_{Ⅲ,Ⅳ}=t=2$ 天;组织间歇 $Z_{Ⅰ,Ⅱ}=Z_{Ⅱ,Ⅲ}=Z_{Ⅲ,Ⅳ}=0$ 天;工艺间歇 $G_{Ⅰ,Ⅱ}=G_{Ⅲ,Ⅳ}=0$ 天,$G_{Ⅱ,Ⅲ}=1$ 天。因此,其流水施工工期为:

$$T = (m+n-1)t + \sum G + \sum Z$$
$$= (4+4-1) \times 2 + 1 + 0$$
$$= 15(\text{天})$$

(2)有提前插入时间的固定节拍流水施工。所谓提前插入时间,是指相邻两个专业工作队在同一施工段上共同作业的时间。在工作面允许和资源有保证的前提下,专业工作队提前插入施工,可以缩短流水施工工期。对于有提前插入时间的固定节拍流水施工,其流水施工工期 T 可按公式(2-11)计算:

$$T = (n-1)t + \sum G + \sum Z - \sum C + m \cdot t$$
$$= (m+n-1)t + \sum G + \sum Z - \sum C \qquad (2-11)$$

式中符号如前所述。

例如,某分部工程流水施工计划如图 2-6 所示。

在该计划中,施工过程数目 $n=4$ 个;施工段数目 $m=3$ 个;流水节拍 $t=3$ 天;流水步距 $K_{Ⅰ,Ⅱ}=K_{Ⅱ,Ⅲ}=K_{Ⅲ,Ⅳ}=t=3$ 天;组织间歇 $Z_{Ⅰ,Ⅱ}=Z_{Ⅱ,Ⅲ}=Z_{Ⅲ,Ⅳ}=0$ 天;工艺间歇 $G_{Ⅰ,Ⅱ}=G_{Ⅱ,Ⅲ}=G_{Ⅲ,Ⅳ}=0$ 天;提前插入时间 $C_{Ⅰ,Ⅱ}=C_{Ⅱ,Ⅲ}=1$,$C_{Ⅲ,Ⅳ}=2$。因此,其流水施工工期为:

$$T = (n-1)t + \sum G + \sum Z - \sum C + m \cdot t$$
$$= (4-1) \times 3 + 0 + 0 - (1+1+2) + 3 \times 3$$
$$= 14(\text{天})$$

➤ 2.2.2　成倍节拍流水施工

在通常情况下,组织固定节拍的流水施工是比较困难的。因为在任一施工段上,不同的施工过程,其复杂程度不同,影响流水节拍的因素也各不相同,很难使得各个施工过程的流水节

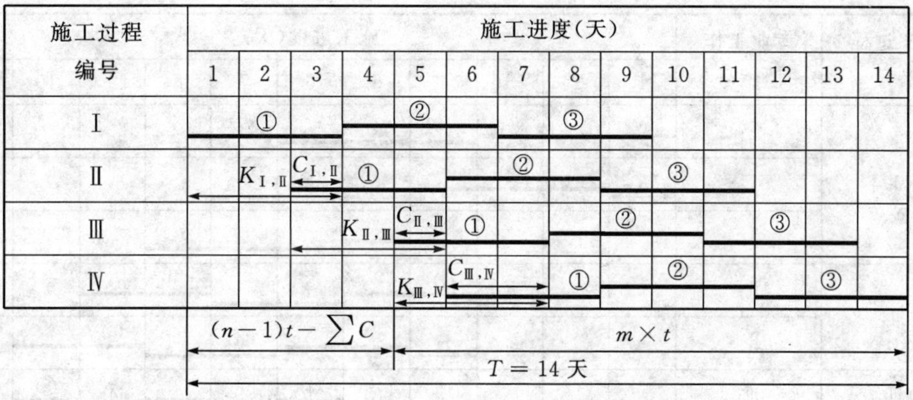

施工过程编号	施工进度（天）													
	1	2	3	4	5	6	7	8	9	10	11	12	13	14
I		①			②			③						
II	$K_{I,II}$ $C_{I,II}$		①				②			③				
III			$K_{II,III}$ $C_{II,III}$		①			②			③			
IV				$K_{III,IV}$ $C_{III,IV}$			①		②				③	

$(n-1)t-\sum C$　　　　　　$m \times t$

$T = 14$ 天

图 2-6　有提前插入时间的固定节拍流水施工进度计划

拍都彼此相等。但是，如果施工段划分得合适，保持同一施工过程各施工段的流水节拍相等是不难实现的。使某些施工过程的流水节拍成为其他施工过程流水节拍的倍数，即形成成倍节拍流水施工。成倍节拍流水施工包括一般的成倍节拍流水施工和加快的成倍节拍流水施工。为了缩短流水施工工期，一般均采用加快的成倍节拍流水施工方式。

1. 加快的成倍节拍流水施工的特点

加快的成倍节拍流水施工的特点如下：

（1）同一施工过程在其各个施工段上的流水节拍均相等；不同施工过程的流水节拍不等，但其值为倍数关系。

（2）相邻专业工作队的流水步距相等，且等于流水节拍的最大公约数（K）。

（3）专业工作队数大于施工过程数，即有的施工过程只成立一个专业工作队，而对于流水节拍大的施工过程，可按其倍数增加相应专业工作队数目。

（4）各个专业工作队在施工段上能够连续作业，施工段之间没有空闲时间。

2. 加快的成倍节拍流水施工工期

加快的成倍节拍流水施工工期 T 可按公式（2-12）计算：

$$T = (n'-1)K + \sum G + \sum Z - \sum C + m \cdot K$$
$$= (m+n'-1)K + \sum G + \sum Z - \sum C \qquad (2-12)$$

式中：n'——专业工作队数目；其余符号如前所述。

例如，某分部工程流水施工计划如图 2-7 所示。

在该计划中，施工过程数目 $n=3$ 个；专业工作队数目 $n'=6$ 个；施工段数目 $m=6$ 个；流水步距 $K=1$ 天；组织间歇 $Z=0$ 天；工艺间歇 $G=0$ 天；提前插入时间 $C=0$ 天。因此，其流水施工工期为：

$$T = (m+n'-1)K + \sum G + \sum Z - \sum C$$
$$= (6+6-1) \times 1 + 0 + 0 - 0$$
$$= 11（天）$$

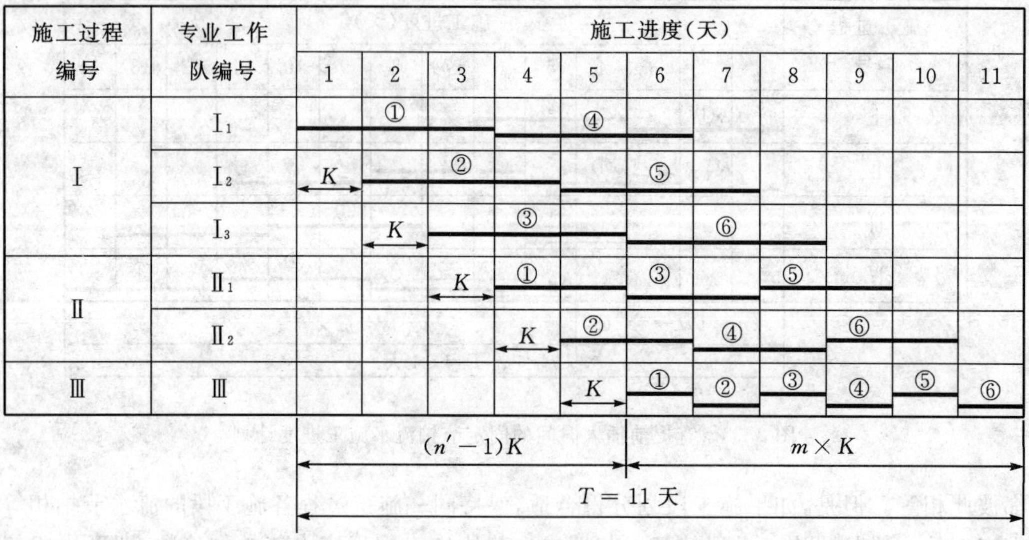

施工过程编号	专业工作队编号	施工进度（天）										
		1	2	3	4	5	6	7	8	9	10	11
Ⅰ	Ⅰ₁		①			④						
	Ⅰ₂	K		②			⑤					
	Ⅰ₃		K		③			⑥				
Ⅱ	Ⅱ₁			K		①		③		⑤		
	Ⅱ₂				K		②		④		⑥	
Ⅲ	Ⅲ					K	①	②	③	④	⑤	⑥

$(n'-1)K$　　　　$m \times K$

$T = 11$ 天

图 2-7　加快的成倍节拍流水施工进度计划

3. 成倍节拍流水施工示例

　　某建设工程由四幢大板结构楼房组成，每幢楼房为一个施工段，施工过程划分为基础工程、结构安装、室内装修和室外工程四项，其一般的成倍节拍流水施工进度计划如图 2-8 所示。

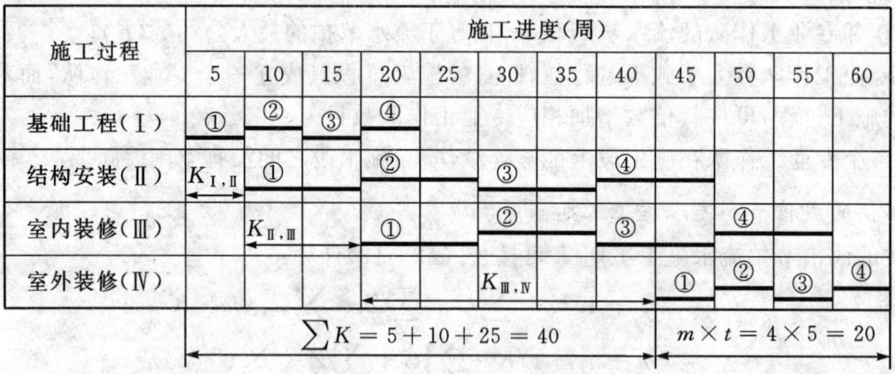

施工过程	施工进度（周）											
	5	10	15	20	25	30	35	40	45	50	55	60
基础工程（Ⅰ）	①	②	③	④								
结构安装（Ⅱ）	$K_{Ⅰ,Ⅱ}$	①		②		③		④				
室内装修（Ⅲ）		$K_{Ⅱ,Ⅲ}$		①		②		③		④		
室外装修（Ⅳ）						$K_{Ⅲ,Ⅳ}$			①	②	③	④

$\sum K = 5+10+25 = 40$　　　　$m \times t = 4 \times 5 = 20$

图 2-8　大板结构楼房一般的成倍节拍流水施工计划

　　由图 2-8 可知，如果按四个施工过程成立四个专业工作队组织流水施工，其总工期为：

$$T_0 = (5+10+25) + 4 \times 5 = 60（周）$$

为加快施工进度，增加专业工作队，组织加快的成倍节拍流水施工。

（1）计算流水步距。流水步距等于流水节拍的最大公约数，即：

$$K = \min[5,10,10,5] = 5（天）$$

（2）确定专业工作队数目。每个施工过程成立的专业工作队数目可按公式（2-13）计算：

$$b_j = \frac{t_j}{K} \tag{2-13}$$

式中：b_j——第 j 个施工过程的专业工作队数目；

t_j——第 j 个施工过程的流水节拍；

K——流水步距。

在本例中，各施工过程的专业工作队数目分别为：

基础工程（Ⅰ）：$b_Ⅰ = t_Ⅰ/K = 5/5 = 1$（个）

结构安装（Ⅱ）：$b_Ⅱ = t_Ⅱ/K = 10/5 = 2$（个）

室内装修（Ⅲ）：$b_Ⅲ = t_Ⅲ/K = 10/5 = 2$（个）

室外工程（Ⅳ）：$b_Ⅳ = t_Ⅳ/K = 5/5 = 1$（个）

于是，参与该工程流水施工的专业工作队总数 n' 为：

$$n' = \sum b_i = (1 + 2 + 2 + 1) = 6（个）$$

（3）绘制加快的成倍节拍流水施工进度计划图。在加快的成倍节拍流水施工进度计划图中，除表明施工过程的编号或名称外，还应表明专业工作队的编号。在表明各施工段的编号时，一定要注意有多个专业工作队的施工过程。各专业工作队连续作业的施工段编号不应该是连续的，否则，无法组织合理的流水施工。

根据图 2-8 所示进度计划编制的加快的成倍节拍流水施工进度计划如图 2-9 所示。

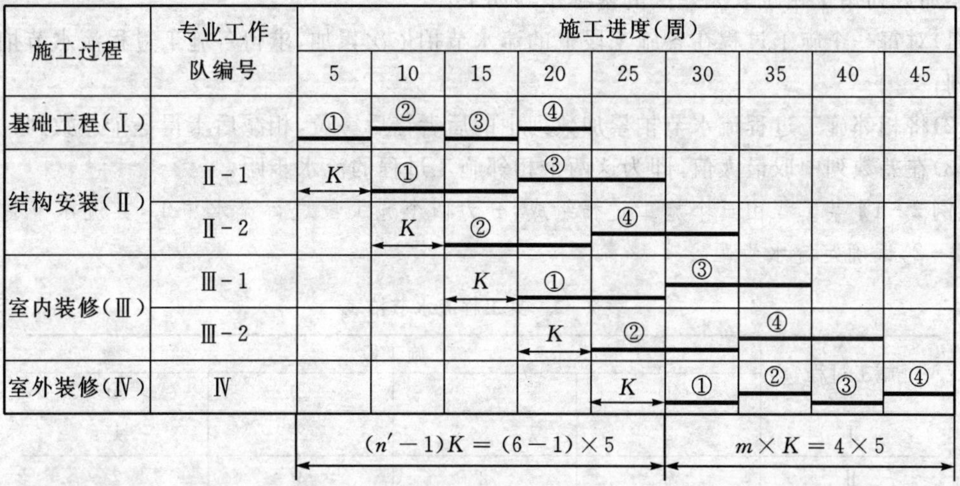

施工过程	专业工作队编号	施工进度（周）								
		5	10	15	20	25	30	35	40	45
基础工程（Ⅰ）		①	②	③	④					
结构安装（Ⅱ）	Ⅱ-1	K	①		③					
	Ⅱ-2		K	②		④				
室内装修（Ⅲ）	Ⅲ-1			K	①		③			
	Ⅲ-2				K	②		④		
室外装修（Ⅳ）	Ⅳ					K	①	②	③	④

$(n'-1)K = (6-1) \times 5$　　　　$m \times K = 4 \times 5$

图 2-9　大板结构楼房加快的成倍节拍流水施工计划

（4）确定流水施工工期。由图 2-9 可知，本计划中没有组织间歇、工艺间歇及提前插入，故根据公式（2-12）算得流水施工工期为：

$$T = (m + n' - 1)K = (4 + 6 - 1) \times 5 = 45（周）$$

与一般的成倍节拍流水施工进度计划比较，该工程组织加快的成倍节拍流水施工使得总工期缩短了 15 周。

2.3 非节奏流水施工

在组织流水施工时，经常由于工程结构形式、施工条件不同等原因，使得各施工过程在各施工段上的工程量有较大差异,或因专业工作队的生产效率相差较大,导致各施工过程的流水节拍随施工段的不同而不同,且不同施工过程之间的流水节拍又有很大差异。这时,流水节拍虽无任何规律,但仍可利用流水施工原理组织流水施工,使各专业工作队在满足连续施工的条件下,实现最大搭接。这种非节奏流水施工方式是建设工程流水施工的普遍方式。

2.3.1 非节奏流水施工的特点

非节奏流水施工具有以下特点:

(1)各施工过程在各施工段的流水节拍不全相等;

(2)相邻施工过程的流水步距不尽相等;

(3)专业工作队数等于施工过程数;

(4)各专业工作队能够在施工段上连续作业,但有的施工段之间可能有空闲时间。

2.3.2 流水步距的确定

在非节奏流水施工中,通常采用累加数列错位相减取大差法计算流水步距。由于这种方法是由潘特考夫斯基首先提出的,故又称为潘特考夫斯基法。这种方法简捷、准确,便于掌握。

累加数列错位相减取大差法的基本步骤如下:

(1)对每一个施工过程在各施工段上的流水节拍依次累加,求得各施工过程流水节拍的累加数列;

(2)将相邻施工过程流水节拍累加数列中的后者错后一位,相减后求得一个差数列;

(3)在差数列中取最大值,即为这两个相邻施工过程的流水步距。

【例2-1】某工程由三个施工过程组成,分为四个施工段进行流水施工,其流水节拍(天)见表2-2,试确定流水步距。

表2-2 某工程流水节拍表

施工过程	施工段			
	①	②	③	④
Ⅰ	2	3	2	1
Ⅱ	3	2	4	2
Ⅲ	3	4	2	2

【解】(1)求各施工过程流水节拍的累加数列。

施工过程Ⅰ:2,5,7,8

施工过程Ⅱ:3,5,9,11

施工过程Ⅲ:3,7,9,11

(2)错位相减求得差数列。

Ⅰ与Ⅱ: 2, 5, 7, 8

$-$)   3, 5, 9, 11

————————————————

  2, 2, 2, -1, -11

Ⅱ与Ⅲ: 3, 5, 9, 11

一)   3, 7, 9, 11

_____

3, 2, 2, 2, −11

（3）在差数列中取最大值求得流水步距。

施工过程Ⅰ与Ⅱ之间的流水步距：$K_{1,2} = \max[2,2,2,-1,-11] = 2$（天）

施工过程Ⅱ与Ⅲ之间的流水步距：$K_{2,3} = \max[3,2,2,2,-11] = 3$（天）

2.3.3 流水施工工期的确定

流水施工工期可按公式（2-14）计算：

$$T = \sum K + \sum t_n + \sum Z + \sum G - \sum C \qquad (2-14)$$

式中：T—— 流水施工工期；

$\sum K$—— 各施工过程（或专业工作队）之间流水步距之和；

$\sum t_n$—— 最后一个施工过程（或专业工作队）在各施工段流水节拍之和；

$\sum Z$—— 组织间歇时间之和；

$\sum G$—— 工艺间歇时间之和；

$\sum C$—— 提前插入时间之和。

【例2-2】某工厂需要修建4台设备的基础工程，施工过程包括基础开挖、基础处理和浇筑混凝土。因设备型号与基础条件等不同，使得4台设备（施工段）的各施工过程有着不同的流水节拍（单位：周），见表2-3。试绘制该工程的施工进度计划图。

表2-3 某基础工程流水节拍表

施工过程	施工段			
	设备A	设备B	设备C	设备D
基础开挖	2	3	2	2
基础处理	4	4	2	3
浇筑混凝土	2	3	2	3

【解】从流水节拍的特点可以看出，该工程应按非节奏流水施工方式组织施工。

（1）确定施工流向由设备A→B→C→D，施工段数 $m=4$ 个。

（2）确定施工过程数 $n=3$ 个，包括基础开挖、基础处理和浇筑混凝土。

（3）采用累加数列错位相减取大差法求流水步距：

2, 5, 7, 9

一)   4, 8, 10, 13

_____

$K_{1,2} = \max[2, 1, -1, -1, -13] = 2$（天）

4, 8, 10, 13

一)   2, 5, 7, 10

_____

$K_{2,3} = \max[4, 6, 5, 6, -10] = 6$（天）

(4)计算流水施工工期：

$$T = \sum K + \sum t_n = (2+6) + (2+3+2+3) = 18(周)$$

(5)绘制非节奏流水施工进度计划，如图2-10所示。

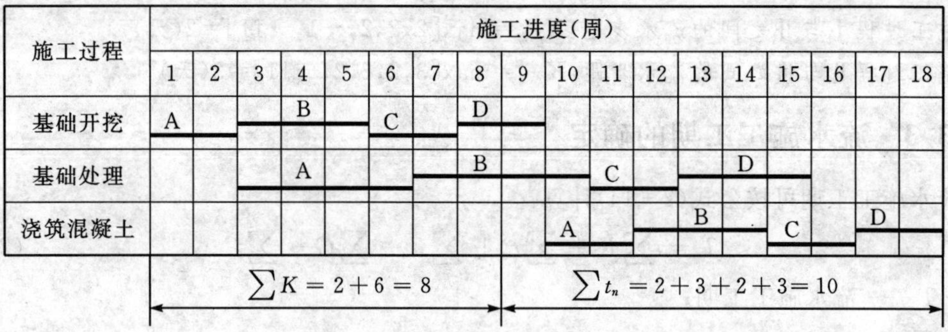

施工过程	施工进度（周）																	
	1	2	3	4	5	6	7	8	9	10	11	12	13	14	15	16	17	18
基础开挖	A			B		C		D										
基础处理				A				B			C			D				
浇筑混凝土										A			B		C		D	

$\sum K = 2+6 = 8$ 　　　$\sum t_n = 2+3+2+3 = 10$

图2-10　设备基础工程流水施工进度计划

思考题

1.工程项目组织施工的方式有哪些？各有何特点？

2.流水施工的技术经济效果有哪些？

3.流水施工参数包括哪些内容？

4.流水施工的基本方式有哪些？

5.固定节拍流水施工、加快的成倍节拍流水施工、非节奏流水施工各具有哪些特点？

6.当组织非节奏流水施工时，如何确定其流水步距？

练习题

1. 单项选择题

(1)相邻两工序在同一施工段上相继开始的时间间隔称为（　）。

　　A.流水作业　　　　　B.流水步距　　　　　C.流水节拍　　　　　D.技术间隔

(2)某工程划分为四个施工过程，五个施工段进行施工，各施工过程的流水节拍分别为6天、4天、4天、2天。如果组织成倍节拍流水施工，则流水施工工期为（　）天。

　　A.40　　　　　　　　B.30　　　　　　　　C.24　　　　　　　　D.20

(3)某工程需挖土4800 m^3，分成四段组织施工，拟选择两台挖土机挖土，每台挖土机的产量定额为50 m^3/台班，拟采用两个队组倒班作业，则该工程土方开挖的流水节拍为（　）天。

　　A.24　　　　　　　　B.15　　　　　　　　C.12　　　　　　　　D.6

(4)对多层建筑物，为保证层间连续作业，施工段数 m 应（　）施工过程数 n。

　　A.大于　　　　　　　B.小于　　　　　　　C.等于　　　　　　　D.大于或等于

(5)流水施工中的空间参数是指（　）。

　　A.搭接时间　　　　　B.施工过程数　　　　C.施工段数　　　　　D.流水强度

(6)流水步距是指相邻两个工作队相继投入工作的( )。

　　A.持续时间　　　　B.最小时间间隔　　C.流水组的工期　　D.施工段数

(7)固定节拍流水施工的特点是( )。

　　A.各专业队在同一施工段流水节拍固定　　B.各专业队在施工段可间歇作业

　　C.各专业队在各施工段的流水节拍均相等　D.专业队数等于施工段数

(8)某工程由 A、B、C、D 四个施工过程组成,划分为三个施工段,流水节拍分别为 6 天、6 天、12 天,组织异节奏流水施工,该施工工期为( )天。

　　A.36　　　　　　　B.24　　　　　　　C.30　　　　　　　D.20

(9)下列属于等节奏流水施工特点的是( )。

　　A.施工过程数等于施工段数　　　　　　　B.所有施工过程的流水节拍都相等

　　C.专业工作队数目大于施工过程数　　　　D.流水步距大于流水节拍

(10)某工程有前后两道施工工序,在四个施工段组织时间连续的流水施工,流水节拍分别为 4 天、3 天、2 天、5 天与 3 天、2 天、4 天、3 天,则组织时间连续时的流水步距与流水施工工期分别为( )天。

　　A.5 和 17　　　　　B.5 和 19　　　　　C.4 和 16　　　　　D.4 和 26

2.多项选择题

(1)无论是否应用流水作业原理,工程进展状况均可用( )等表示方法。

　　A.横道图　　　　　B.网络图　　　　　C.系统图

　　D.结构图　　　　　E.流程图

(2)流水施工是一种科学合理、经济效果明显的作业方式,其特点为( )。

　　A.工期比较合理　　B.提高劳动生产率　C.保证工程质量

　　D.降低工程成本　　E.施工现场的组织及管理比较复杂

(3)组织流水施工的时间参数有( )。

　　A.流水节拍　　　　B.流水步距　　　　C.流水段数

　　D.施工过程数　　　E.工期

(4)下列有关非节奏流水施工的说法正确的是( )。

　　A.流水节拍没有规律　　　　　　　　　　B.流水步距没有规律

　　C.施工队数目大于施工过程数目　　　　　D.施工过程数大于施工段的数目

　　E.相邻作业队之间没有搭接

(5)划分施工段,通常应遵循( )等基本原则。

　　A.各施工段上的工程量大致相等

　　B.能充分发挥主导机械的效率

　　C.对于多层建筑,施工段数应小于施工过程数

　　D.保证结构整体性

　　E.对于多层建筑,施工段数应不小于施工过程数

(6)有可能同时保证时间连续和保证空间连续的组织方式是( )流水作业。

　　A.全部　　　　　　B.全等节拍　　　　C.成倍节拍

　　D.分别　　　　　　E.不定节拍

(7)组织流水作业的基本方式有( )。

A.全等节拍流水 B.分别流水 C.成倍节拍流水

D.平行作业 E.依次作业

(8)确定流水步距的原则是( )。

A.保证各专业队能连续作业

B.流水步距等于流水节拍

C.满足安全生产需要

D.流水步距等于各流水节拍的最大公约数

E.满足相邻工序在工艺上的要求

(9)流水施工工期 $T = (j \cdot m + n - 1) \cdot K + \sum Z_1 - \sum C$ 计算式,适用于( )。

A.单层建筑物全等节拍流水　　　　　B.多层建筑物全等节拍流水,无技术间歇

C.分别流水　　　　　　　　　　　　D.有技术间歇和平行搭接的流水作业

E.多层建筑物全等节拍流水,且有技术间歇

3.计算绘图题

(1)某屋面工程有三道工序:保温层→找平层→卷材层,分三段进行流水施工,流水节拍均为2天,且找平层需两天干燥后才能在其上铺卷材层。试绘制该工程流水施工横道图计划。

(2)某两层建筑物有A→B→C三道工序,组织流水施工,施工过程A与B之间技术间歇2天,施工过程C与A之间技术间歇1天,流水节拍均为1天,试绘制其流水施工横道图计划。

(3)某工程包括三幢结构相同的单层砖混住宅楼,以每幢住宅楼为一个施工段组织流水作业。已知±0.00m以下部分有挖土、垫层、基础混凝土、回填土四个施工过程,组织全等节拍流水施工,流水节拍为2周;±0.00m以上部分按主体结构、装修、室外工程组织成倍节拍流水施工,流水节拍分别为4周、4周、2周。不考虑间歇时间,试绘制其横道图施工计划。

(4)某住宅小区工程共有12幢高层剪力墙结构住宅楼,每幢有2个单元,各单元结构基本相同。每幢高层住宅楼的基础工程有挖土→铺垫层→钢筋混凝土基础→回填土四道工序,工作持续时间分别是8天、4天、12天、4天,若每四幢划分为一个施工段组织成倍节拍流水施工,试绘制其流水施工横道图计划。

(5)某工程采用现浇整体式框架结构,主体结构施工顺序划分为:柱、梁、板。拟分成三段组织流水施工,某标准层的流水节拍如表2-4所示,计算该主体结构标准层施工所需要的时间,并绘制该框架结构工程标准层施工的横道图计划。

表2-4　某标准层的流水节拍

施工过程编号	施工过程名称	流水节拍(天)		
		①	②	③
1	柱	4	3	3
2	梁	2	4	2
3	板	2	2	3

第 3 章　网络计划技术

网络计划技术是 20 世纪 50 年代后期发展起来的一种计划管理的科学方法。它可用来解决生产经营管理中的许多问题,已广泛地应用于编制各种计划。在建筑施工管理中,主要用来编制建筑安装工程施工进度计划,其方法主要有关键线路法(critical path method,简称 CPM)和计划评审法(program evaluation and review technique,简称 PERT)两种,还有其他各种类型,但基本原理与前两种方法类同。

我国对网络技术的应用始于 20 世纪 60 年代,华罗庚教授根据统筹兼顾的思想将 CPM 和 PERT 概括为统筹法,前者称为肯定型,后者称为非肯定型。目前,该方法已在工农业生产管理、国防、科研等方面得到广泛应用。

3.1　基本概念

▷ 3.1.1　网络图和工作

网络图是由箭线和节点组成,用来表示工作流程的有向、有序网状图形。一个网络图表示一项计划任务。网络图中的工作是计划任务按需要、粗细程度、消耗时间、消耗资源划分而成的一个子项目或子任务。工作可以是单位工程,也可以是分部工程、分项工程;一个施工过程也可以作为一项工作。在一般情况下,完成一项工作既需要消耗时间,也需要消耗劳动力、原材料、施工机具等资源。但也有一些工作只消耗时间而不消耗资源,如混凝土浇筑后的养护过程和墙面抹灰后的干燥过程等。

网络图有双代号网络图和单代号网络图两种。双代号网络图又称箭线式网络图,它是以箭线及其两端节点的编号表示工作;同时,节点表示工作的开始或结束以及工作之间的连接状态。单代号网络图又称节点式网络图,它是以节点及其编号表示工作,箭线表示工作之间的逻辑关系。网络图中工作的表示方法如图 3-1 和图 3-2 所示。

网络图中的节点都必须有编号,其编号严禁重复,并应使每一条箭线上箭尾节点编号小于箭头节点编号。

在双代号网络图中,一项工作必须有唯一的一条箭线和相应的一对不重复出现的箭尾、箭头节点编号。因此,一项工作的名称可以用其箭尾和箭头节点编号来表示。而在单代号网络图中,一项工作必须有唯一的一个节点及相应的一个代号,该工作的名称可以用其节点编号来表示。

在双代号网络图中,有时存在虚箭线,虚箭线不代表实际工作,我们称之为虚工作。虚工

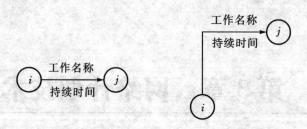

图 3-1　双代号网络图中工作的表示方法

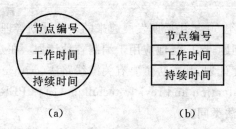

图 3-2　单代号网络图中工作的表示方法

作既不消耗时间,也不消耗资源。虚工作主要用来表示相邻两项工作之间的逻辑关系。但有时为了避免两项同时开始、同时进行的工作具有相同的开始节点和完成节点,也需要用虚工作加以区分。

在单代号网络图中,虚拟工作只能出现在网络图的起点节点或终点节点处。

▷3.1.2　工艺关系和组织关系

工艺关系和组织关系是工作之间先后顺序关系——逻辑关系的组成部分。

1. 工艺关系

生产性工作之间由工艺过程决定的、非生产性工作之间由工作程序决定的先后顺序关系称为工艺关系。如图 3-3 所示,支模 1→扎筋 1→混凝土 1 为工艺关系。

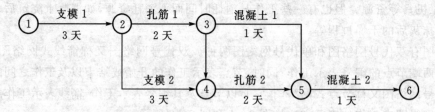

图 3-3　某混凝土工程双代号网络计划

2. 组织关系

工作之间由于组织安排需要或资源(劳动力、原材料、施工机具等)调配需要而规定的先后顺序关系称为组织关系。如图 3-3 所示,支模 1→支模 2、扎筋 1→扎筋 2 等为组织关系。

▶3.1.3 紧前工作、紧后工作和平行工作

1. 紧前工作

在网络图中,相对于某工作而言,紧排在该工作之前的工作称为该工作的紧前工作。在双代号网络图中,工作与其紧前工作之间可能有虚工作存在。如图 3-3 所示,支模 1 是支模 2 在组织关系上的紧前工作;扎筋 1 和扎筋 2 之间虽然存在虚工作,但扎筋 1 仍然是扎筋 2 在组织关系上的紧前工作。支模 1 则是扎筋 1 在工艺关系上的紧前工作。

2. 紧后工作

在网络图中,相对于某工作而言,紧排在该工作之后的工作称为该工作的紧后工作。在双代号网络图中,工作与其紧后工作之间也可能有虚工作存在。如图 3-3 所示,扎筋 2 是扎筋 1 在组织关系上的紧后工作;混凝土 1 是扎筋 1 在工艺关系上的紧后工件。

3. 平行工作

在网络图中,相对于某工作而言,可以与该工作同时进行的工作即为该工作的平行工作。如图 3-3 所示,扎筋 1 和支模 2 互为平行工作。

紧前工作、紧后工作及平行工作是工作之间逻辑关系的具体表现,只要能根据工作之间的工艺关系和组织关系明确其紧前或紧后关系,即可据此绘出网络图。它是正确绘制网络图的前提条件。

▶3.1.4 先行工作和后续工作

1. 先行工作

相对于某工作而言,从网络图的第一个节点(起点节点)开始,顺箭头方向经过一系列箭线与节点到达该工作为止的各条通路上的所有工作,都称为该工作的先行工作。如图 3-3 所示,支模 1、扎筋 1、混凝土 1、支模 2、扎筋 2 均为混凝土 2 的先行工作。

2. 后续工作

相对于某工作而言,从该工作之后开始,顺箭头方向经过一系列箭线与节点到网络图最后一个节点(终点节点)的各条通路上的所有工作,都称为该工作的后续工作。如图 3-3 所示,扎筋 1 的后续工作有混凝土 1、扎筋 2 和混凝土 2。

在建设工程进度控制中,后续工作是一个非常重要的概念。因为在工程网络计划的实施过程中,如果发现某项工作进度出现拖延,则受到影响的工作必然是该工作的后续工作。

▶3.1.5 线路、关键线路和关键工作

1. 线路

网络图中从起点节点开始,沿箭头方向顺序通过一系列箭线与节点,最后到达终点节点的通路称为线路。线路既可依次用该线路上的节点编号来表示,也可依次用该线路上的工作名称来表示。如图 3-3 所示,该网络图中有三条线路,这三条线路既可表示为:①—②—③—⑤—⑥、①—②—③—④—⑤—⑥和①—②—④—⑤—⑥,也可表示为:支模 1→扎筋 1→混凝土 1→混凝土 2、支模 1→扎筋 1→扎筋 2→混凝土 2 和支模 1→支模 2→扎筋 2→混凝土 2。

2.关键线路和关键工作

在关键线路法中,线路上所有工作的持续时间总和称为该线路的总持续时间。总持续时间最长的线路称为关键线路,关键线路的长度就是网络计划的总工期。如图 3-3 所示,线路①—②—④—⑤—⑥或支模 1→支模 2→扎筋 2→混凝土 2 为关键线路。

在网络计划中,关键线路可能不止一条。而且在网络计划执行过程中,关键线路还会发生转移。

关键线路上的工作称为关键工作。在网络计划的实施过程中,关键工作的实际进度提前或拖后,均会对总工期产生影响。因此,关键工作的实际进度是建设工程进度控制工作中的重点。

3.2 网络图的绘制

➤ 3.2.1 双代号网络图的绘制

1.绘图规则

(1)双代号网络图必须正确表达已确定的逻辑关系。网络图中常见的各种工作逻辑关系的表示方法如表 3-1 所示。

表 3-1　网络图中常见的各种工作逻辑关系的表示方法

序号	工作之间的逻辑关系	网络图中的表示方法
1	A 完成后进行 B 和 C	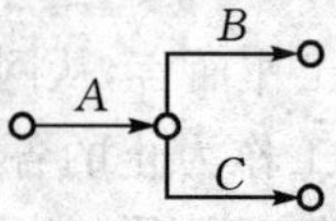
2	A、B 均完成后进行 C	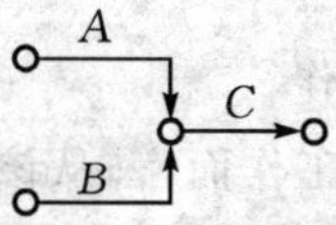
3	A、B 均完成后同时进行 C 和 D	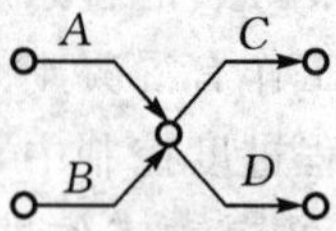
4	A 完成后进行 C A、B 均完成后进行 D	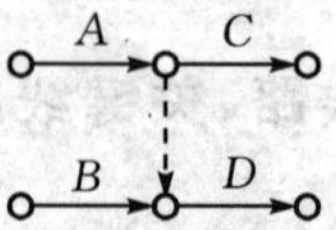
5	A、B 均完成后进行 D A、B、C 均完成后进行 E D、E 均完成后进行 F	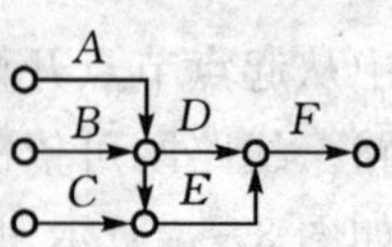

序号	工作之间的逻辑关系	网络图中的表示方法
6	A、B 均完成后进行 C B、D 均完成后进行 E	
7	A、B、C 均完成后进行 D B、C 均完成后进行 E	
8	A 完成后进行 C A、B 均完成后进行 D B 完成后进行 E	
9	A、B 两项工作分成三个施工段,分流水施工:A_1 完成后进行 A_2、B_1,A_2 完成后进行 A_3、B_2,A_2、B_1 完成后进行 B_2、A_3,B_2 完成后进行 B_3	有两种表示方法

(2)双代号网络图中,不允许出现循环回路。所谓循环回路是指从网络图中的某一个节点出发,顺着箭线方向又回到了原来出发点的线路。

(3)双代号网络图中,在节点之间不能出现带双向箭头或无箭头的连线。

(4)双代号网络图中,不能出现没有箭头节点或没有箭尾节点的箭线。

(5)当双代号网络图的某些节点有多条外向箭线或多条内向箭线时,为使图形简洁,可使用母线法绘制(但应满足一项工作用一条箭线和相应的一对节点表示),如图 3-4 所示。

(6)绘制网络图时,箭线不宜交叉。当交叉不可避免时,可用过桥法或指向法,如图 3-5 所示。

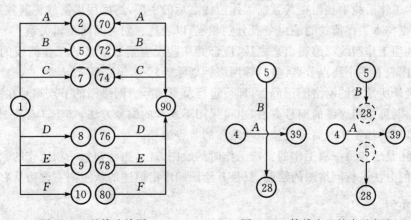

图 3-4　母线法绘图　　　　图 3-5　箭线交叉的表示方法

(7)双代号网络图中应只有一个起点节点和一个终点节点(多目标网络计划除外),而其他所有节点均应是中间节点。

(8)双代号网络图应条理清楚,布局合理。例如,网络图中的工作箭线不宜画成任意方向或曲线形状,尽可能用水平线或斜线;关键线路、关键工作尽可能安排在图面中心位置,其他工作分散在两边;避免倒回箭头等。

2. 绘图方法

当已知每一项工作的紧前工作时,可按下述步骤绘制双代号网络图。

(1)绘制没有紧前工作的工作箭线,使它们具有相同的开始节点,以保证网络图只有一个起点节点。

(2)依次绘制其他工作箭线。这些工作箭线的绘制条件是其所有紧前工作箭线都已经绘制出来。在绘制这些工作箭线时,应按下列原则进行:

①当所要绘制的工作只有一项紧前工作时,则将该工作箭线直接画在其紧前工作箭线之后即可。

②当所要绘制的工作有多项紧前工作时,应按以下四种情况分别予以考虑:

a. 对于所要绘制的工作(本工作)而言,如果在其紧前工作之中存在一项只作为本工作紧前工作的工作(即在紧前工作栏目中,该紧前工作只出现一次),则应将本工作箭线直接画在该紧前工作箭线之后,然后用虚箭线将其他紧前工作箭线的箭头节点与本工作箭线的箭尾节点分别相连,以表达它们之间的逻辑关系。

b. 对于所要绘制的工作(本工作)而言,如果在其紧前工作之中存在多项只作为本工作紧前工作的工作,应先将这些紧前工作箭线的箭头节点合并,再从合并后的节点开始,画出本工作箭线,最后用虚箭线将其他紧前工作箭线的箭头节点与本工作箭线的箭尾节点分别相连,以表达它们之间的逻辑关系。

c. 对于所要绘制的工作(本工作)而言,如果不存在情况 a 和情况 b 时,应判断本工作的所有紧前工作是否都同时作为其他工作的紧前工作(即在紧前工作栏目中,这几项紧前工作是否均同时出现若干次)。如果上述条件成立,应先将这些紧前工作箭线的箭头节点合并,再从合并后的节点开始画出本工作箭线。

d. 对于所要绘制的工作(本工作)而言,如果既不存在情况 a 和情况 b,也不存在情况 c时,则应将本工作箭线单独画在其紧前工作箭线之后的中部,然后用虚箭线将其各紧前工作箭线的箭头节点与本工作箭线的箭尾节点分别相连,以表达它们之间的逻辑关系。

(3)当各项工作箭线都绘制出来之后,应合并那些没有紧后工作的工作箭线的箭头节点,以保证网络图只有一个终点节点(多目标网络计划除外)。

(4)当确认所绘制的网络图正确后,即可进行节点编号。网络图的节点编号在满足前述要求的前提下,既可采用连续的编号方法,也可采用不连续的编号方法,如 1,3,5,…或 5,10,15,…,以避免以后增加工作时而改动整个网络图的节点编号。

以上所述是已知每一项工作的紧前工作时的绘图方法,当已知每一项工作的紧后工作时,也可按类似的方法进行网络图的绘制,只是其绘图顺序由前述的从左向右改为从右向左。

3. 绘图示例

现举例说明前述双代号网络图的绘制方法。

【**例 3-1**】已知各工作之间的逻辑关系如表 3-2 所示,则可按下述步骤绘制其双代号网络图。

表 3-2　工作逻辑过程

工　作	A	B	C	D	E
紧前工作	—	—	A	A、B	B

(1)绘制工作箭线 A 和工作箭线 B,如图 3-6(a)所示。

(2)按前述原则①分别绘制工作箭线 C 和工作箭线 E,如图 3-6(b)所示。

(3)按前述原则②中的情况 d 绘制工作箭线 D,并将工作箭线 C、工作箭线 D 和工作箭线 E 的箭头节点合并,以保证网络图的终点节点只有一个。当确认给定的逻辑关系表达正确后,再进行节点编号。表 3-2 给定逻辑关系所对应的双代号网络图如图 3-7(c)所示。

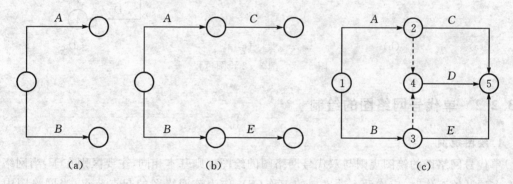

图 3-6　例 3-1 绘图过程

【**例 3-2**】已知各工作之间的逻辑关系如表 3-3 所示,则可按下述步骤绘制其双代号网络图。

表 3-3　工作逻辑关系

工　作	A	B	C	D	E	G	H
紧前工作	—	—	—	—	A、B	B、C、D	C、D

(1)绘制工作箭线 A、工作箭线 B、工作箭线 C 和工作箭线 D,如图 3-7(a)所示。

(2)按前述原则②中的情况 a 绘制工作箭线 E,如图 3-7(b)所示。

(3)按前述原则②中的情况 b 绘制工作箭线 H,如图 3-7(c)所示。

(4)按前述原则②中的情况 d 绘制工作箭线 G,并将工作箭线 E、工作箭线 G 和工作箭线 H 的箭头节点合并,以保证网络图的终点节点只有一个。当确认给定的逻辑关系表达正确后,再进行节点编号。表 3-5 给定逻辑关系所对应的双代号网络图如图 3-7(d)所示。

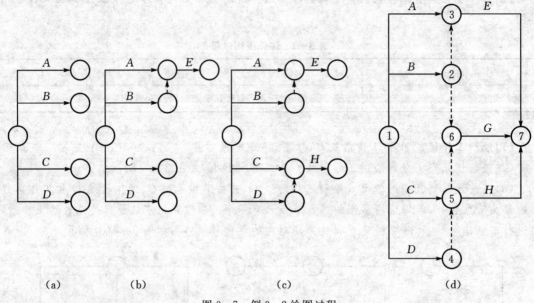

（a）　　　　　　（b）　　　　　　　（c）　　　　　　　　（d）

图 3-7　例 3-2 绘图过程

▶ 3.2.2　单代号网络图的绘制

1. 绘图规则

单代号网络图的绘图规则与双代号网络图的绘图规则基本相同，主要区别在于：当网络图中有多项开始工作时，应增设一项虚拟的工作（S），作为该网络图的起点节点；当网络图中有多项结束工作时，应增设一项虚拟的工作（F），作为该网络图的终点节点。如图 3-8 所示，其中 S 和 F 为虚拟工作。

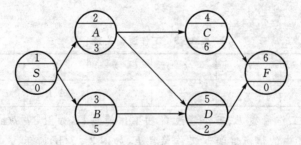

图 3-8　具有虚拟起点节点和终点节点的单代号网络图

2. 绘图示例

绘制单代号网络图比绘制双代号网络图容易得多，这里仅举一例说明单代号网络图的绘制方法。

【例 3-3】已知各工作之间的逻辑关系如表 3-4 所示，绘制单代号网络图的过程如图 3-9 所示。

表 3-4   工作逻辑关系

工 作	A	B	C	D	E	G	H	I
紧前工作	—	—	—	—	A、B	B、C、D	C、D	E、G、H

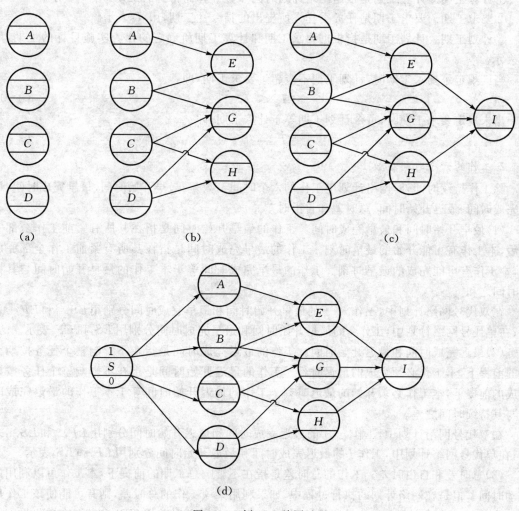

图 3-9   例 3-3 绘图过程

3.3   网络计划时间参数计算

所谓网络计划,是指在网络图上加注时间参数而编制的进度计划。网络计划时间参数的计算应在各项工作的持续时间确定之后进行。

➤ 3.3.1   网络计划时间参数的概念

所谓时间参数,是指网络计划、工作及节点所具有的各种时间值。

1. 工作持续时间和工期

（1）工作持续时间。工作持续时间是指一项工作从开始到完成的时间。在双代号网络计划中，工作 $i—j$ 的持续时间用 $D_{i—j}$ 表示；在单代号网络计划中，工作 i 的持续时间用 D_i 表示。

（2）工期。工期泛指完成一项任务所需要的时间。在网络计划中，工期一般有以下三种：

①计算工期。计算工期是根据网络计划时间参数计算而得到的工期，用 T_c 表示。

②要求工期。要求工期是任务委托人所提出的指令性工期，用 T_r 表示。

③计划工期。计划工期是指根据要求工期和计算工期所确定的作为实施目标的工期，用 T_p 表示。

当已规定了要求工期时，计划工期不应超过要求工期，即：

$$T_p \leqslant T_r \qquad\qquad (3-1)$$

当未规定要求工期时，可令计划工期等于计算工期，即：

$$T_p = T_c \qquad\qquad (3-2)$$

2. 工作的六个时间参数

除工作持续时间外，网络计划中工作的六个时间参数是：最早开始时间、最早完成时间、最迟完成时间、最迟开始时间、总时差和自由时差。

（1）最早开始时间和最早完成时间。工作的最早开始时间是指在其所有紧前工作全部完成后，本工作有可能开始的最早时刻。工作的最早完成时间是指在其所有紧前工作全部完成后，本工作有可能完成的最早时刻。工作的最早完成时间等于本工作的最早开始时间与其持续时间之和。

在双代号网络计划中，工作 $i—j$ 的最早开始时间和最早完成时间分别用 $ES_{i—j}$ 和 $EF_{i—j}$ 表示；在单代号网络计划中，工作 i 的最早开始时间和最早完成时间分别用 ES_i 和 EF_i 表示。

（2）最迟完成时间和最迟开始时间。工作的最迟完成时间是指在不影响整个任务按期完成的前提下，本工作必须完成的最迟时刻。工作的最迟开始时间是指在不影响整个任务按期完成的前提下，本工作必须开始的最迟时刻。工作的最迟开始时间等于本工作的最迟完成时间与其持续时间之差。

在双代号网络计划中，工作 $i—j$ 的最迟完成时间和最迟开始时间分别用 $LF_{i—j}$ 和 $LS_{i—j}$ 表示；在单代号网络计划中，工作 i 的最迟完成时间和最迟开始时间分别用 LF_i 和 LS_i 表示。

（3）总时差和自由时差。工作的总时差是指在不影响总工期的前提下，本工作可以利用的机动时间。但是在网络计划的执行过程中，如果利用某项工作的总时差，则有可能使该工作后续工作的总时差减小。在双代号网络计划中，工作 $i—j$ 的总时差用 $TF_{i—j}$ 表示；在单代号网络计划中，工作 i 的总时差用 TF_i 表示。

工作的自由时差是指在不影响其紧后工作最早开始时间的前提下，本工作可以利用的机动时间。在网络计划的执行过程中，工作的自由时差是该工作可以自由使用的时间。在双代号网络计划中，工作 $i—j$ 的自由时差用 $FF_{i—j}$ 表示；在单代号网络计划中，工作 i 的总时差用 FF_i 表示。

从总时差和自由时差的定义可知，对于同一项工作而言，自由时差不会超过总时差。当工作总时差为零时，其自由时差必然为零。

3. 节点最早时间和最迟时间

（1）节点最早时间。节点最早时间是指在双代号网络计划中，以该节点为开始节点的各项工作的最早时间。节点 i 的最早时间用 ET_i 表示。

（2）节点最迟时间。节点最迟时间是指在双代号网络计划中,以该节点为完成节点的各项工作的最迟完成时间。节点 j 的最迟时间用 LT_j 表示。

4. 相邻两项工作之间的时间间隔

相邻两项工作之间的时间间隔是指本工作的最早完成时间与其紧后工作最早开始时间之间可能存在的差值。工作 i 与工作 j 之间的时间间隔用 $LAG_{i,j}$ 表示。

3.3.2 双代号网络计划时间参数的计算

双代号网络计划时间参数既可以按工作计算,也可以按节点计算,下面分别以简例说明。

1. 按工作计算法

所谓按工作计算法,就是以网络计划中的工作为对象,直接计算各项工作的时间参数。这些时间参数包括:工作的最早开始时间和最早完成时间、工作的最迟开始时间和最迟完成时间、工作的总时差和自由时差。此外,还应计算网络计划的计算工期。

为了简化计算,网络计划时间参数中的开始时间和完成时间都应以时间单位的终了时刻为标准。如第 3 天开始即是指第 3 天终了(下班)时刻开始,实际上是第 4 天上班时刻才开始;第 5 天完成即是指第 5 天终了(下班)时刻完成。

下面以图 3-10 所示双代号网络计划为例,说明按工作计算法计算时间参数的过程。其计算结果如图 3-11 所示。

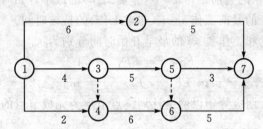

图 3-10 双代号网络计划

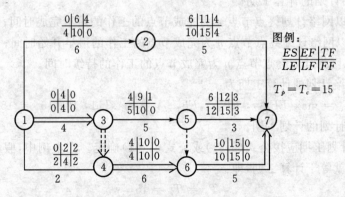

图 3-11 双代号网络计划(六时标注法)

（1）计算工作的最早开始时间和最早完成时间。

工作最早开始时间和最早完成时间的计算应从网络计划的起点节点开始,顺着箭线方向依次进行。其计算步骤如下:

①以网络计划起点节点为开始节点的工作,当未规定其最早开始时间时,其最早开始时间为零。例如在本例中,工作1—2、工作1—3和工作1—4的最早开始时间都为零,即:

$$ES_{1-2} = ES_{1-3} = ES_{1-4} = 0$$

②工作的最早完成时间可利用公式(3-3)进行计算:

$$EF_{i-j} = ES_{i-j} + D_{i-j} \tag{3-3}$$

式中:EF_{i-j}——工作 i—j 的最早完成时间;

ES_{i-j}——工作 i—j 的最早开始时间;

D_{i-j}——工作 i—j 的持续时间。

在本例中,工作1—2、工作1—3和工作1—4的最早完成时间分别为:

$$工作 1—2: EF_{1-2} = ES_{1-2} + D_{1-2} = 0+6 = 6$$
$$工作 1—3: EF_{1-3} = ES_{1-3} + D_{1-3} = 0+4 = 4$$
$$工作 1—4: EF_{1-4} = ES_{1-4} + D_{1-4} = 0+2 = 2$$

③其他工作的最早开始时间应等于其紧前工作最早完成时间的最大值,即:

$$ES_{i-j} = \max\{EF_{h-i}\} = \max\{EF_{h-i} + D_{h-i}\} \tag{3-4}$$

式中:ES_{i-j}——工作 i—j 的最早开始时间;

EF_{h-i}——工作 i—j 的紧前工作 h—i(非虚工作)的最早完成时间;

ES_{h-i}——工作 i—j 的紧前工作 h—i(非虚工作)的最早开始时间;

D_{h-i}——工作 i—j 的紧前工作 h—i(非虚工作)的持续时间。

在本例中,工作3—5和工作4—6的最早开始时间分别为:

$$ES_{3-5} = EF_{1-3} = 4$$
$$ES_{4-6} = \max\{EF_{1-3}, EF_{1-4}\} = \max\{4,2\} = 4$$

④网络计划的计算工期应等于以网络计划终点节点为完成节点的工作的最早完成时间的最大值,即:

$$T_c = \max\{EF_{i-n}\} = \max\{ES_{i-n} + D_{i-n}\} \tag{3-5}$$

式中:T_c——网络计划的计算工期;

EF_{i-n}——以网络计划终点节点 n 为完成节点的工作的最早完成时间;

ES_{i-n}——以网络计划终点节点 n 为完成节点的工作的最早开始时间;

D_{i-n}——以网络计划终点节点 n 为完成节点的工作的持续时间。

在本例中,网络计划的计算工期为:

$$T_c = \max\{EF_{2-7}, EF_{5-7}, EF_{6-7}\} = \max\{11, 12, 15\} = 15$$

(2)确定网络计划的计划工期。

网络计划的计划工期应按公式(3-1)或公式(3-2)确定。在本例中,假设未规定要求工期,则其计划工期就等于计算工期,即:

$$T_p = T_c = 15$$

计划工期应标注在网络计划终点节点的右上方,如图3-11所示。

(3)计算工作的最迟完成时间和最迟开始时间。

工作最迟完成时间和最迟开始时间的计算应从网络计划的终点节点开始,逆着箭线方向依次进行。其计算步骤如下：

①以网络计划终点节点为完成节点的工作，其最迟完成时间等于网络计划的计划期，即：

$$LF_{i-n} = T_p \tag{3-6}$$

式中：LF_{i-n}——以网络计划节点 n 为完成节点的工作的最迟完成时间；

T_p——网络计划的计划工期。

在本例中，工作 2—7、工作 5—7 和工作 6—7 的最迟完成时间为：

$$LF_{2-7} = LF_{5-7} = LF_{6-7} = T_p = 15$$

②工作的最迟开始时间可利用公式(3-7)进行计算：

$$LF_{i-j} = LS_{i-j} - D_{i-j} \tag{3-7}$$

式中：LS_{i-j}——工作 i—j 的最迟开始时间；

LF_{i-j}——工作 i—j 的最迟完成时间；

D_{i-j}——工作 i—j 的持续时间。

在本例中，工作 2—7、工作 5—7 和工作 6—7 的最迟开始时间为：

$$LF_{2-7} = LS_{2-7} - D_{2-7} = 15 - 5 = 10$$
$$LF_{5-7} = LS_{5-7} - D_{5-7} = 15 - 3 = 12$$
$$LF_{6-7} = LS_{6-7} - D_{6-7} = 15 - 5 = 10$$

③其他工作的最迟完成时间应等于其紧后工作最迟开始时间的最小值，即：

$$LF_{i-j} = \min\{LS_{j-K}\} = \min\{LS_{j-K} - D_{j-k}\} \tag{3-8}$$

式中：LF_{i-j}——工作 i—j 的最迟完成时间；

LS_{j-k}——工作 i—j 的紧后工作 j—k(非虚工作)的最迟开始时间；

LF_{j-k}——工作 i—j 的紧后工作 j—k(非虚工作)的最迟完成时间；

D_{j-k}——工作 i—j 的紧后工作 j—k(非虚工作)的持续时间。

在本例中，工作 3—5 和工作 4—6 的最迟完成时间分别为：

$$LF_{3-5} = \min\{LS_{5-7}, LS_{6-7}\} = \min\{12, 10\} = 10$$
$$LF_{4-6} = LS_{6-7} = 10$$

(4)计算工作的总时差。

工作的总时差等于该工作最迟完成时间与最早完成时间之差，或该工作最迟开始时间与最早开始时间之差，即：

$$TF_{i-j} = LF_{i-j} - EF_{i-j} = LS_{i-j} - ES_{i-j} \tag{3-9}$$

式中：TF_{i-j}——工作 i—j 的总时差；其余符号同前。

在本例中，工作 3—5 的总时差为：

$$TF_{3-5} = LF_{3-5} - EF_{3-5} = 10 - 9 = 1$$

或

$$TF_{3-5} = LF_{3-5} - EF_{3-5} = 5 - 4 = 1$$

(5)计算工作的自由时差。

工作自由时差的计算应按以下两种情况分别考虑：

①对于有紧后工作的工作，其自由时差等于本工作之紧后工作最早开始时间减本工作最早完成时间所得之差的最小值，即：

$$FF_{i-j} = \min\{ES_{j-k} - EF_{i-j}\}$$

$$= \min\{ES_{j-k} - ES_{i-j} - D_{i-j}\} \qquad (3-10)$$

式中：FF_{i-j}——工作 $i-j$ 的自由时差；

ES_{j-k}——工作 $i-j$ 的紧后工作 $j-k$（非虚工作）的最早开始时间；

EF_{i-j}——工作 $i-j$ 的最早完成时间；

ES_{i-j}——工作 $i-j$ 的最早开始时间；

D_{i-j}——工作 $i-j$ 的持续时间。

在本例中，工作 1—4 和工作 3—5 的自由时差分别为：

$$FF_{1-4} = ES_{4-6} - EF_{i-4} = 4 - 2 = 2$$
$$FF_{3-5} = \min\{ES_{5-7} - EF_{3-5}, ES_{6-7} - EF_{3-5}\}$$
$$= \min\{9 - 9, 10 - 9\}$$
$$= 0$$

②对于无紧后工作的工作，也就是以网络计划终点节点为完成节点的工作，其自由时差等于计划工期与本工作最早完成时间之差，即：

$$FF_{i-n} = T_p - EF_{i-n} = T_p - ES_{i-n} - D_{i-n} \qquad (3-11)$$

式中：FF_{i-n}——以网络计划终点节点 n 为完成节点的工作 $i-n$ 的自由时差；

T_p——网络计划的计划工期；

EF_{i-n}——以网络计划终点节点 n 为完成节点的工作 $i-n$ 的最早完成时间；

ES_{i-n}——以网络计划终点节点 n 为完成节点的工作 $i-n$ 的最早开始时间；

D_{i-n}——以网络计划终点节点 n 为完成节点的工作 $i-n$ 的持续时间。

在本例中，工作 2—7、工作 5—7 和工作 6—7 的自由时差分别为：

$$FF_{2-7} = T_p - EF_{2-7} = 15 - 11 = 4$$
$$FF_{5-7} = T_p - EF_{5-7} = 15 - 12 = 3$$
$$FF_{6-7} = T_p - EF_{6-7} = 15 - 15 = 0$$

需要指出的是，对于网络计划中以终点节点为完成节点的工作，其自由时差与总时差相等。此外，由于工作的自由时差是其总时差的构成部分，所以，当工作的总时差为零时，其自由时差必然为零，可不必进行专门计算。在本例中，工作 1—3、工作 4—6 和工作 6—7 的总时差全部为零，故其自由时差也全部为零。

(6)确定关键工作和关键线路。

在网络计划中，总时差最小的工作是关键工作。特别地，当网络计划的计划工期等于计算工期时，总时差为零的工作就是关键工作。在本例中，工作 1—3、工作 4—6 和工作 6—7 的总时差均为零，故它们都是关键工作。

找出关键工作之后，将这些关键工作首尾相连，便至少构成一条从起点节点到终点节点的通路，通路上各项工作的持续时间总和最大的就是关键线路。在关键线路上可能有虚工作存在。

关键线路一般用粗箭线或双线箭线标出，也可以用彩色箭线标出。例如在本例中①—③—④—⑥—⑦即为关键线路。如图 3-12 所示。关键线路上各项工作的持续时间总和应等于网络计划的计算工期，这一特点也是判别关键线路是否正确的准则。

在上述计算过程中，是将每项工作的六个时间参数均标注在图中，故称为六时标注法，如图 3-11 所示。为使网络计划的图面更加简洁，在双代号网络计划中，除各项工作的持续时间

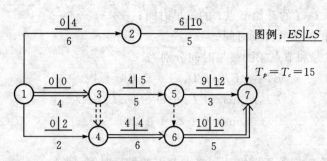

图 3-12　双代号网络计划(二时标注法)

以外,通常只需标注两个最基本的时间参数——各项工作的最早开始时间和最迟开始时间即可,而工作的其他四个时间参数(最早完成时间、最迟完成时间、总时差和自由时差)均可根据工作的最早开始时间、最迟开始时间及持续时间导出。这种方法称为二时标注法,如图 3-12所示。

2.按节点计算法

所谓按节点计算法,就是先计算网络计划中各个节点的最早时间和最迟时间,然后再据此计算各项工作的时间参数和网络计划的计算工期。

下面仍以图 3-10 所示双代号网络计划为例,说明按节点计算法计算时间参数的过程。其计算结果如图 3-13 所示。

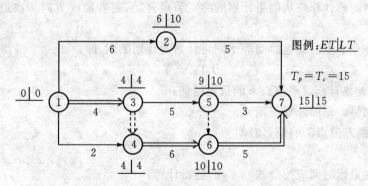

图 3-13　双代号网络计划(按节点计算法)

(1)计算节点的最早时间和最迟时间。

①计算节点的最早时间。

节点最早时间的计算应从网络计划的起点节点开始,顺着箭线方向依次进行。其计算步骤如下:

网络计划起点节点,如未规定最早时间,其值等于零。在本例中,起点节点①的最早时间为零,即:

$$ET_1 = 0$$

其他节点的最早时间应按公式(3-12)进行计算:

$$ET_j = \max\{ET_i + D_{i-j}\} \tag{3-12}$$

式中:ET_j——工作 $i—j$ 的完成节点 j 的最早时间;

ET_i——工作 i—j 的开始节点 i 的最早时间；

D_{i-j}——工作 i—j 的持续时间。

在本例中，节点③和节点④的最早时间分别为：

$$ET_3 = ET_1 + D_{1-3} = 0 + 4 = 4$$
$$ET_4 = \max\{ET_1 + D_{1-4}, ET_3 + D_{3-4}\}$$
$$= \max\{0 + 2, 4 + 0\}$$
$$= 4$$

网络计划的计算工期等于网络计划终点节点的最早时间，即：

$$T_c = ET_n \tag{3-13}$$

式中：T_c——网络计划的计算工期；

　　ET_n——网络计划终点节点 n 的最早时间。

在本例中，其计算工期为：

$$T_c = ET_7 = 15$$

②确定网络计划的计划工期。网络计划的计划工期应按公式(3-1)或公式(3-2)确定。在本例中，假设未规定要求工期，则其计划工期就等于计算工期，即：

$$T_p = T_c = 15 \tag{3-14}$$

计划工期应标注在终点节点的右上方，如图 3-13 所示。

③计算节点的最迟时间。

节点最迟时间的计算应从网络计划的终点节点开始，逆着箭线方向依次进行。其计算步骤如下：

网络计划终点节点的最迟时间等于网络计划的计划工期，即：

$$LT_n = T_p \tag{3-15}$$

式中：LT_n——网络计划终点节点 n 的最迟时间；

　　T_p——网络计划的计划工期。

在本例中，终点节点⑦的最迟时间为：

$$LT_7 = T_p = 15$$

其他节点的最迟时间应按公式(3-16)进行计算：

$$LT_i = \min\{LT_n - D_{i-j}\} \tag{3-16}$$

式中：LT_i——工作 i—j 的开始节点 i 的最迟时间；

　　LT_j——工作 i—j 的完成节点 j 的最迟时间；

　　D_{i-j}——工作 i—j 的持续时间。

在本例中，节点⑥和节点⑤的最迟时间分别为：

$$LT_6 = LT_7 - D_{6-7} = 15 - 5 = 10$$
$$LT_5 = \min\{LT_6 - D_{5-6}, LT_7 - D_{5-7}\}$$
$$= \min\{10 - 0, 15 - 3\}$$
$$= 10$$

(2)根据节点的最早时间和最迟时间判定工作的六个时间参数。

①工作的最早开始时间等于该工作开始节点的最早时间，即：

$$ES_{i-j} = ET_i \tag{3-17}$$

在本例中,工作 1—2 和工作 2—7 的最早开始时间分别为:

$$ES_{1-2} = ET_1 = 0$$

$$ES_{2-7} = ET_2 = 6$$

②工作的最早完成时间等于该工作开始节点的最早时间与其持续时间之和,即:

$$EF_{i-j} = ET_i + D_{i-j} \tag{3-18}$$

在本例中,工作 1—2 和工作 2—7 的最早完成时间分别为:

$$EF_{1-2} = ET_1 + D_{1-2} = 0 + 6 = 6$$

$$EF_{2-7} = ET_2 + D_{2-7} = 6 + 5 = 11$$

③工作的最迟完成时间等于该工作完成节点的最迟时间,即:

$$LF_{i-j} = LT_i \tag{3-19}$$

在本例中,工作 1—2 和工作 2—7 的最迟完成时间分别为:

$$LF_{1-2} = LT_2 = 10$$

$$LF_{2-7} = LT_7 = 15$$

④工作的最迟开始时间等于该工作完成节点的最迟时间与其持续时间之差,即:

$$LS_{i-j} = LT_j - D_{i-j} \tag{3-20}$$

在本例中,工作 1—2 和工作 2—7 的最迟开始时间分别为:

$$LS_{1-2} = LT_2 - D_{1-2} = 10 - 6 = 4$$

$$LS_{2-7} = LT_7 - D_{2-7} = 15 - 5 = 10$$

⑤工作的总时差可根据公式(3-9)、公式(3-19)和公式(3-18)得到:

$$\begin{aligned} TF_{i-j} &= LF_{i-j} - EF_{i-j} \\ &= LT_j - (ET_i + D_{i-j}) \\ &= LT_j - ET_i - D_{i-j} \end{aligned} \tag{3-21}$$

由公式(3-21)可知,工作的总时差等于该工作完成节点的最迟时间减去该工作开始节点的最早时间所得差值再减去其持续时间。在本例中,工作 1—2 和工作 3—5 的总时差分别为:

$$TF_{1-2} = LT_2 - ET_1 - D_{1-2} = 10 - 0 - 6 = 4$$

$$TF_{3-5} = LT_5 - ET_3 - D_{3-5} = 10 - 4 - 5 = 1$$

⑥工作的自由时差可根据公式(3-10)和公式(3-17)得到:

$$\begin{aligned} FF_{i-j} &= \min\{ES_{j-k} - ES_{i-j} - D_{i-j}\} \\ &= \min\{ES_{j-k}\} - ES_{i-j} - D_{i-j} \\ &= \min\{ET_j\} - ET_i - D_{i-j} \end{aligned} \tag{3-22}$$

由公式(3-22)可知,工作的自由时差等于该工作完成节点的最早时间减去该工作开始节点的最早时间所得差值再减其持续时间。在本例中,工作 1—2 和 3—5 的自由时差分别为:

$$FF_{1-2} = ET_2 - ET_1 - D_{1-2} = 6 - 0 - 6 = 0$$

$$FF_{3-5} = ET_5 - ET_3 - D_{3-5} = 9 - 4 - 5 = 0$$

特别需要注意的是,如果本工作与其各紧后工作之间存在虚工作时,其中的 ET_j 应为本工作紧后工作开始节点的最早时间,而不是本工作完成节点的最早时间。

(3)确定关键线路和关键工作。

在双代号网络计划中,关键线路上的节点称为关键节点。关键工作两端的节点必为关键节点,但两端为关键节点的工作不一定是关键工作。关键节点的最迟时间与最早时间的差值最小。特别地,当网络计划的计划工期等于计算工期时,关键节点的最早时间与最迟时间必然相等。例如在本例中,节点①、③、④、⑥、⑦就是关键节点。关键节点必然处在关键线路上,但由关键节点组成的线路不一定是关键线路。例如在本例中,由关键节点①、④、⑥、⑦组成的线路就不是关键线路。

当利用关键节点判别关键线路和关键工作时,还要满足下列判别式:

$$ET_i + D_{i-j} = ET_j \qquad (3-23)$$

或

$$LT_i + D_{i-j} = LT_j \qquad (3-24)$$

式中：ET_i——工作 i—j 的开始节点(关键节点)i 的最早时间;

D_{i-j}——工作 i—j 的持续时间;

ET_j——工作 i—j 的完成节点(关键节点)j 的最早时间;

LT_i——工作 i—j 的开始节点(关键节点)i 的最迟时间;

LT_j——工作 i—j 的完成节点(关键节点)j 的最迟时间。

如果两个关键节点之间的工作符合上述判别式,则该工作必然为关键工作,它应该在关键线路上。否则,该工作就不是关键工作,关键线路也就不会从此处通过。在本例中,工作 1—3、虚工作 3—4、工作 4—6 和工作 6—7 均符合上述判别式,故线路①—③—④—⑥—⑦为关键线路。

(4)关键节点的特性。

在双代号网络计划中,当计划工期等于计算工期时,关键节点具有以下一些特性,掌握好这些特性,有助于确定工作的时间参数。

①开始节点和完成节点均为关键节点的工作,不一定是关键工作。例如在图 3 - 13 所示网络计划中,节点①和节点④为关键节点,但工作 1—4 为非关键工作。由于其两端为关键节点,机动时间不可能为其他工作所利用,故其总时差和自由时差均为 2。

②以关键节点为完成节点的工作,其总时差和自由时差必然相等。例如在图 3 - 13 所示网络计划中,工作 1—4 的总时差和自由时差均为 2;工作 2—7 的总时差和自由时差均为 4;工作 5—7 的总时差和自由时差均为 3。

③当两个关键节点间有多项工作,且工作间的非关键节点无其他内向箭线和外向箭线时,则两个关键节点间各项工作的总时差均相等。在这些工作中,除以关键节点为完成的节点的工作自由时差等于总时差外,其余工作的自由时差均为零。例如在图 3 - 13 所示网络计划中,工作 1—2 和工作 2—7 的总时差均为 4。工作 2—7 的自由时差等于总时差,而工作 1—2 的自由时差为零。

④当两个关键节点间有多项工作,且工作间的非关键节点有外向箭线而无其他内向箭线时,则两个关键节点间各项工作的总时差不一定相等。在这些工作中,除以关键节点为完成的节点的工作自由时差等于总时差外,其余工作的自由时差均为零。例如在图 3 - 13 所示网络计划中,工作 3—5 和工作 5—7 的总时差分别为 1 和 3。工作 5—7 的自由时差等于总时差,而工作 3—5 的自由时差为零。

3. 标号法

标号法是一种快速寻求网络计划计算工期和关键线路的方法。它利用按节点计算法的基本原理,对网络计划中的每一个节点进行标号,然后利用标号值确定网络计划的计算工期和关键线路。

下面仍以图 3 - 10 所示网络计划为例,说明标号法的计算过程。其计算结果如图 3 - 14 所示。

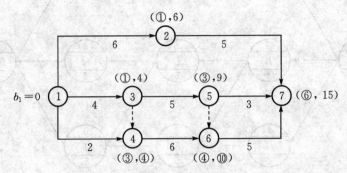

图 3 - 14 双代号网络计划(标号法)

(1)网络计划起点节点的标号值为零。在本例中,节点①的标号值为零,即:

$$b_1 = 0$$

(2)其他节点的标号值应根据公式(3-25)按节点编号从小到大的顺序逐个进行计算:

$$b_j = \max\{b_i + D_{i-j}\} \tag{3-25}$$

式中:b_j——工作 i—j 的完成节点 j 的标号值;

b_i——工作 i—j 的开始节点 i 的标号值;

D_{i-j}——工作 i—j 的持续时间。

在本例中,节点③和节点④的标号值分别为:

$$b_3 = b_1 + D_{1-3} = 0 + 4 = 4$$
$$b_4 = \max\{b_1 + D_{1-4}, b_3 + D_{3-4}\}$$
$$= \max\{0 + 2, 4 + 0\}$$
$$= 4$$

当计算出节点的标号值后,应该用其标号值及其源节点对该节点进行双标号。所谓源节点,就是用来确定本节点标号值的节点。在本例中,节点④的标号值 4 是由节点③所确定,故节点④的源节点就是节点③。如果源节点有多个,应将所有源节点标出。

(3)网络计划的计算工期就是网络计划终点节点的标号值。在本例中,其计算工期就等于终点节点⑦的标号值 15。

(4)关键线路应从网络计划的终点节点开始,逆着箭线方向按源节点确定。在本例中,从终点节点⑦开始,逆着箭线方向按源节点可以找出关键线路为①—③—④—⑥—⑦。

➤ 3.3.3 单代号网络计划时间参数的计算

单代号网络计划与双代号网络计划只是表现形式不同,它们所表达的内容则完全一样。下面以图 3-15 所示单代号网络计划为例,说明其时间参数的计算过程。计算结果如图 3-16 所示。

1. 计算工作的最早开始时间和最早完成时间

工作最早开始时间和最早完成时间的计算应从网络计划的起点节点开始,顺着箭线方向

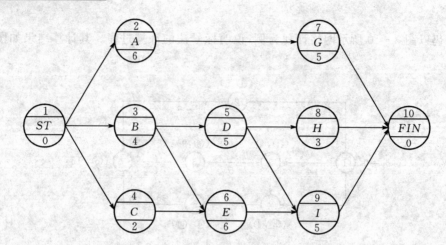

图 3-15　单代号网络计划

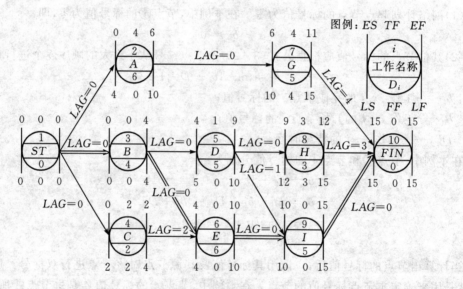

图 3-16　单代号网络计划

按节点编号从小到大的顺序依次进行。其计算步骤如下：

（1）网络计划起点节点所代表的工作,其最早开始时间未规定时取值为零。在本例中,起点节点 ST 所代表的工作(虚拟工作)的最早开始时间为零,即：

$$ES_1 = 0 \qquad (3-26)$$

（2）工作的最早完成时间应等于本工作的最早开始时间与其持续时间之和,即：

$$EF_i = ES_i + D_i \qquad (3-27)$$

式中：EF_i——工作 i 的最早完成时间；

$\quad ES_i$——工作 i 的最早开始时间；

$\quad D_i$——工作 i 的持续时间。

在本例中,虚拟工作 ST 和工作 A 的最早完成时间分别为：

$$EF_1 = ES_1 + D_1 = 0 + 0 = 0$$

$$EF_2 = ES_2 + D_2 = 0 + 6 = 6$$

（3）其他工作的最早开始时间应等于其紧前工作最早完成时间的最大值，即：

$$ES_j = \max\{EF_i\} \qquad (3-28)$$

式中：ES_j——工作 j 的最早开始时间；

EF_i——工作 j 的紧前工作 i 的最早完成时间。

在本例中，工作 E 和工作 G 的最早开始时间分别为：

$$ES_6 = \max\{EF_3, EF_4\} = \max\{4, 2\} = 4$$

$$ES_7 = EF_2 = 6$$

（4）网络计划的计算工期等于其终点节点所代表的工作的最早完成时间。在本例中，其计算工期为：

$$T_c = EF_{10} = 15$$

2. 计算相邻两项工作之间的时间间隔

相邻两项工作之间的时间间隔是指其紧后工作的最早开始时间与本工作最早完成时间的差值。即：

$$LAG_{i,j} = ES_j - EF_i \qquad (3-29)$$

式中：$LAG_{i,j}$——工作 i 与其紧后工作 j 之间的时间间隔；

ES_j——工作 i 的紧后工作 j 的最早开始时间；

EF_i——工作 i 的最早完成时间。

在本例中，工作 A 与工作 G、工作 C 与工作 E 的时间间隔分别为：

$$LAG_{2,7} = ES_7 - EF_2 = 6 - 6 = 0$$

$$LAG_{4,6} = ES_6 - EF_4 = 4 - 2 = 2$$

3. 确定网络计划的计划工期

网络计划的计划工期仍按公式（3-1）或公式（3-2）确定。在本例中，假设未规定要求工期，则其计划工期就等于计算工期，即：

$$T_p = T_c = 15$$

4. 计算工作的总时差

工作总时差的计算应从网络计划的终点节点开始，逆着箭线方向按节点编号从大到小的顺序依次进行。

（1）网络计划终点节点 n 所代表的工作的总时差应等于计划工期与计算工期之差，即：

$$TF_n = T_p - T_c \qquad (3-30)$$

当计划工期等于计算工期时，该工作的总时差为零。在本例中，终点节点⑩所代表的工作 FIN（虚拟工作）的总时差为：

$$TF_{10} = T_p - T_c = 15 - 15 = 0$$

（2）其他工作的总时差应等于本工作与其各紧后工作之间的时间间隔加该紧后工作的总时差所得之和的最小值，即：

$$TF_i = \min\{LAG_{i,j} + TF_j\} \qquad (3-31)$$

式中：TF_i——工作 i 的总时差；

$LAG_{i,j}$——工作 i 与其紧后工作 j 之间的时间间隔；

TF_j——工作 i 的紧后工作 j 的总时差。

在本例中,工作 H 和工作 D 的总时差分别为:

$$TF_8 = LAG_{8,10} + TF_{10} = 3 + 0 = 3$$

$$TF_5 = \min\{LAG_{5,8} + TF_8, LAG_{5,9} + TF_9\}$$

$$= \min\{0 + 3, 1 + 0\}$$

$$= 1$$

5. 计算工作的自由时差

(1)网络计划终点节点 n 所代表的工作的自由时差等于计划工期与本工作的最早完成时间之差。即:

$$FF_n = T_p - EF_n \tag{3-32}$$

式中:FF_n——终点节点 n 所代表的工作的自由时差;

T_p——网络计划的计划工期;

EF_n——终点节点 n 所代表的工作的最早完成时间(即计算工期)。

在本例中,终点节点⑩所代表的工作 FIN(虚拟工作)的自由时差为:

$$FF_{10} = T_p - EF_{10} = 15 - 15 = 0$$

(2)其他工作的自由时差等于本工作与其紧后工作之间时间间隔的最小值,即:

$$FF_i = \min\{LAG_{i,j}\} \tag{3-33}$$

在本例中,工作 D 和工作 G 的自由时差分别为:

$$FF_5 = \min\{LAG_{5,8}, LAG_{5,9}\} = \min\{0, 1\} = 0$$

$$FF_7 = LAG_{7,10} = 4$$

6. 计算工作的最迟完成时间和最迟开始时间

工作的最迟完成时间和最迟开始时间的计算可按以下两种方法进行。

(1)根据总时差计算。

①工作的最迟完成时间等于本工作的最早完成时间与其总时差之和,即:

$$LF_i = EF_i + TF_i \tag{3-34}$$

在本例中,工作 D 和工作 G 的最迟完成时间分别为:

$$LF_5 = EF_5 + TF_5 = 9 + 1 = 10$$

$$LF_7 = EF_7 + TF_7 = 11 + 4 = 15$$

②工作的最迟开始时间等于本工作的最早开始时间与其总时差之和,即:

$$LS_i = ES_i + TF_i \tag{3-35}$$

在本例中,工作 D 和工作 G 的最迟开始时间分别为:

$$LS_5 = ES_5 + TF_5 = 4 + 1 = 5$$

$$LS_7 = ES_7 + TF_7 = 6 + 4 = 10$$

(2)根据计划工期计算。

工作最迟完成时间和最迟开始时间的计算应从网络计划的终点节点开始,逆着箭线方向按节点编号从大到小的顺序依次进行。

①网络计划终点节点 n 所代表的工作的最迟完成时间等于该网络计划的计划工期,即:

$$LF_n = T_p \tag{3-36}$$

在本例中，终点节点⑩所代表的工作 FIN（虚拟工作）的最迟完成时间为：

$$LF_{10} = T_p = 15$$

②工作的最迟开始时间等于本工作的最迟完成时间与其持续时间之差，即：

$$LS_i = LF_i - D_i \qquad\qquad (3-37)$$

在本例中，虚拟工作 FIN 和工作 G 的最迟开始时间分别为：

$$LS_{10} = LF_{10} - D_{10} = 15 - 0 = 15$$
$$LS_7 = LF_7 - D_7 = 15 - 5 = 10$$

③其他工作的最迟完成时间等于该工作各紧后工作最迟开始时间的最小值，即：

$$LF_i = \min\{LS_j\} \qquad\qquad (3-38)$$

式中：LF_i——工作 i 的最迟完成时间；

LS_j——工作 i 的紧后工作 j 的最迟开始时间。

在本例中，工作 H 和工作 D 的最迟完成时间分别为：

$$LF_8 = LS_{10} = 15$$
$$LF_5 = \min\{LS_8, LS_9\}$$
$$= \min\{12, 10\}$$
$$= 10$$

7. 确定网络计划的关键线路

(1) 利用关键工作确定关键线路。

如前所述，总时差最小的工作为关键工作。将这些关键工作相连，并保证相邻两项关键工作之间的时间间隔为零而构成的线路就是关键线路。

在本例中，由于工作 B、工作 E 和工作 I 的总时差均为零，故它们为关键工作。由网络计划的起点节点①和终点节点⑩与上述三项关键工作组成的线路上，相邻两项工作之间的时间间隔全部为零，故线路①—③—⑥—⑨—⑩为关键线路。

(2) 利用相邻两项工作之间的时间间隔确定关键线路。

从网络计划的终点节点开始，逆着箭线方向依次找出相邻两项工作之间时间间隔为零的线路就是关键线路。在本例中，逆着箭线方向可以直接找出关键线路①—③—⑥—⑨—⑩，因为在这条线路上，相邻两项工作之间的时间间隔均为零。

在网络计划中，关键线路可以用粗箭线或双箭线标出，也可以用彩色箭线标出。

3.4 时标网络计划

双代号时标网络计划（简称时标网络计划）必须以水平时间坐标为尺度表示工作时间。时标的时间单位应根据需要在编制网络计划之前确定，可以是小时、天、周、月或季度等。

在时标网络计划中，以实箭线表示工作，实箭线的水平投影长度表示该工作的持续时间；以虚箭线表示虚工作，由于虚工作的持续时间为零，故虚箭线只能垂直画；以波形线表示工作与其紧后工作之间的时间间隔（以终点节点为完成节点的工作除外，当计划工期等于计算工期时，这些工作箭线中波形线的水平投影长度表示其自由时差）。

时标网络计划既具有网络计划的优点，又具有横道计划直观易懂的优点，它将网络计划的时间参数直观地表达出来。

▷ 3.4.1　时标网络计划的编制方法

时标网络计划宜按各项工作的最早开始时间编制。为此,在编制时标网络计划时应使每一个节点和每一项工作(包括虚工作)尽量向左靠,直至不出现从右向左的逆向箭线为止。

在编制时标网络计划之前,应先按已经确定的时间单位绘制时标网络计划表。时间坐标可以标注在时标网络计划表的顶部或底部。当网络计划的规模比较大,且比较复杂时,可以在时标网络计划表的顶部和底部同时标注时间坐标。必要时,还可以在顶部时间坐标之上或底部时间坐标之下同时加注日历时间,时标网络计划表如表3-5所示。表中部的刻度线宜为细线,为使图面清晰简洁,此线也可不画或少画。

表3-5　时标网络计划表

日　历																
(时间单位)	1	2	3	4	5	6	7	8	9	10	11	12	13	14	15	16
网络计划																
(时间单位)	1	2	3	4	5	6	7	8	9	10	11	12	13	14	15	16

编制时标网络计划应先绘制无时标的网络计划草图,然后按间接绘制法或直接绘制法进行。

1. 间接绘制法

所谓间接绘制法,是指先根据无时标的网络计划草图计算其时间参数并确定关键线路,然后在时标网络计划表中进行绘制。在绘制时应先将所有节点按其最早时间定位在时标网络计划表中的相应位置,然后再用规定线型(实箭线和虚箭线)按比例绘出工作和虚工作。当某些工作箭线的长度不足以到达该工作的完成节点时,须用波形线补足,箭头应画在与该工作完成节点的连接处。

2. 直接绘制法

所谓直接绘制法,是指不计算时间参数而直接按无时标的网络计划草图绘制时标网络计划。现以图3-17所示网络计划为例,说明时标网络计划的绘制过程。

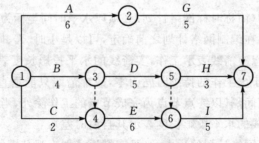

图3-17　双代号网络计划

(1)将网络计划的起点节点定位在时标网络计划表的起始刻度线上。如图 3-18 所示,节点①就是定位在时标网络计划表的起始刻度线"0"位置上。

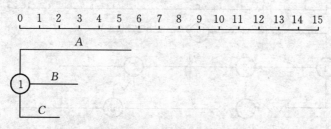

图 3-18　直接绘制法第一步

(2)按工作的持续时间绘制以网络计划起点节点为开始节点的工作箭线。如图 3-18 所示,分别绘出工作箭线 A、B 和 C。

(3)除网络计划的起点节点外,其他节点必须在所有以该节点为完成节点的工作箭线均绘出后,定位在这些工作箭线中最迟的箭线末端。当某些工作箭线的长度不足以到达该节点时,须用波形线补足,箭头画在与该节点的连接处。在本例中,节点②直接定位在工作箭线 A 的末端;节点③直接定位在工作箭线 B 的末端;节点④的位置需要在绘出虚箭线 3—4 之后,定位在工作箭线 C 和虚箭线 3—4 中最迟的箭线末端,即坐标"4"的位置上。此时,工作箭线 C 的长度不足以到达节点④,因而用波形线补足,如图 3-19 所示。

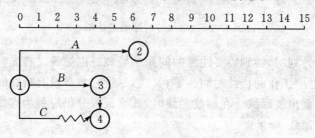

图 3-19　直接绘制法第二步

(4)当某个节点的位置确定之后,即可绘制以该节点为开始节点的工作箭线。在本例中,在图 3-19 基础之上,可以分别以节点②、节点③和节点④为开始节点绘制工作箭线 G、工作箭线 D 和工作箭线 E,如图 3-20 所示。

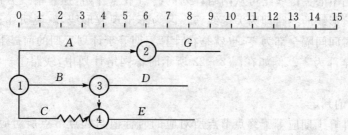

图 3-20　直接绘制法第三步

(5)利用上述方法从左至右依次确定其他各个节点的位置,直至绘出网络计划的终点节点。在本例中,在图 3-20 基础之上,可以分别确定节点⑤和节点⑥的位置,并在它们之后分

别绘制工作箭线 H 和工作箭线 I，如图 3—21 所示。

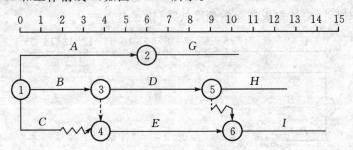

图 3-21　直接绘制法第四步

最后，根据工作箭线 G、工作箭线 H 和工作箭线 I，确定出终点节点的位置。本例所对应的时标网络计划如图 3—22 所示，图中双箭线表示的线路为关键线路。

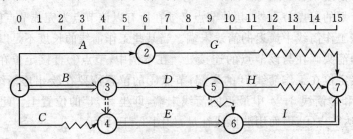

图 3-22　双代号时标网络计划

在绘制时标网络计划时，特别需要注意的问题是处理好虚箭线。首先，应将虚箭线与实箭线等同看待，只是其对应工作的持续时间为零；其次，尽管它本身没有持续时间，但可能存在波形线，因此，要按规定画出波形线。在画波形线时，其垂直部分仍应画为虚线（如图 3—22 所示时标网络计划中的虚箭线 5—6）。

3.4.2　时标网络计划中时间参数的判定

1.关键线路和计算工期的判定

（1）关键线路的判定。

时标网络计划中的关键线路可从网络计划的终点节点开始，逆着箭线方向进行判定。凡自始至终不出现波形线的线路即为关键线路。因为不出现波形线，就说明在这条线路上相邻两项工作之间的时间间隔全部为零，也就是在计算工期等于计划工期的前提下，这些工作的总时差和自由时差全部为零。例如在图 3—22 所示时标网络计划中，线路①—③—④—⑥—⑦即为关键线路。

（2）计算工期的判定。

网络计划的计算工期应等于终点节点所对应的时标值与起点节点所对应的时标值之差。例如，图 3—22 所示时标网络计划的计算工期为：

$$T_c = 15 - 0 = 15$$

2.相邻两项工作之间时间间隔的判定

除以终点节点为完成节点的工作外，工作箭线中波形线的水平投影长度表示工作与其紧后工作之间的时间间隔。例如在图 3-22 所示的时标网络计划中,工作 C 和工作 E 之间的时间间隔为 2;工作 D 和工作 I 之间的时间间隔为 1;其他工作之间的时间间隔均为零。

3. 工作六个时间参数的判定

(1)工作最早开始时间和最早完成时间的判定。

工作箭线左端节点中心所对应的时标值为该工作的最早开始时间。当工作箭线中不存在波形线时,其右端节点中心所对应的时标值为该工作的最早完成时间;当工作箭线中存在波形线时,工作箭线实线部分右端点所对应的时标值为该工作的最早完成时间。例如在图 3-22 所示的时标网络计划中,工作 A 和工作 H 的最早开始时间分别为 0 和 9,而它们的最早完成时间分别为 6 和 12。

(2)工作总时差的判定。

工作总时差的判定应从网络计划的终点节点开始,逆着箭线方向依次进行。

①以终点节点为完成节点的工作,其总时差应等于计划工期与本工作最早完成时间之差,即:

$$TF_{i-n} = T_p - EF_{i-n} \tag{3-39}$$

式中:TF_{i-n}——以网络计划终点节点 n 为完成节点的工作的总时差;

T_p——网络计划的计划工期;

EF_{i-n}——以网络计划终点节点 n 为完成节点的工作的最早完成时间。

例如在图 3-22 所示的时标网络计划中,假设计划工期为 15,则工作 G、工作 H 和工作 I 的总时差分别为:

$$TF_{2-7} = T_p - EF_{2-7} = 15 - 11 = 4$$
$$TF_{5-7} = T_p - EF_{5-7} = 15 - 12 = 3$$
$$TF_{6-7} = T_p - EF_{6-7} = 15 - 15 = 0$$

②其他工作的总时差等于其紧后工作的总时差加本工作与该紧后工作之间的时间间隔所得之和的最小值,即:

$$TF_{i-j} = \min\{TF_{j-k} + LAG_{i-j,j-k}\} \tag{3-40}$$

式中:TF_{i-j}——工作 $i—j$ 的总时差;

TF_{j-k}——工作 $i—j$ 的紧后工作 $j—k$(非虚工作)的总时差;

$LAG_{i-j,j-k}$——工作 $i—j$ 与其紧后工作 $j—k$(非虚工作)之间的时间间隔。

例如在图 3-22 所示的时标网络计划中,工作 A、工作 C 和工作 D 的总时差分别为:

$$TF_{1-2} = TF_{2-7} + LAG_{1-2,2-7} = 4 + 0 = 4$$
$$TF_{1-4} = TF_{4-6} + LAG_{1-4,4-6} = 0 + 2 = 2$$
$$TF_{3-5} = \min\{TF_{5-7} + LAG_{3-5,5-7}, TF_{6-7} + LAG_{3-5,6-7}\}$$
$$= \min\{3 + 0, 0 + 1\}$$
$$= 1$$

(3)工作自由时差的判定。

①以终点节点为完成节点的工作,其自由时差应等于计划工期与本工作最早完成时间之差,即:

$$FF_{i-n} = T_p - EF_{i-n} \tag{3-41}$$

式中：FF_{i-n}——以网络计划终点节点 n 为完成节点的工作的总时差；

　　T_p——网络计划的计划工期；

　　EF_{i-n}——以网络计划终点节点 n 为完成节点的工作的最早完成时间。

例如在图 3-22 所示的时标网络计划中，工作 G、工作 H 和工作 I 的自由时差分别为：

$$FF_{2-7} = T_p - EF_{2-7} = 15 - 11 = 4$$
$$FF_{5-7} = T_p - EF_{5-7} = 15 - 12 = 3$$
$$FF_{6-7} = T_p - EF_{6-7} = 15 - 15 = 0$$

事实上，以终点节点为完成节点的工作，其自由时差与总时差必然相等。

②其他工作的自由时差就是该工作箭线中波形线的水平投影长度。但当工作之后只紧接虚工作时，则该工作箭线上一定不存在波形线，而其紧接的虚箭线中波形线水平投影长度的最短者为该工作的自由时差。

例如在图 3-22 所示的时标网络计划中，工作 A、工作 B、工作 D 和工作 E 的自由时差均为零，而工作 C 的自由时差为 2。

(4)工作最迟开始时间和最迟完成时间的判定。

①工作的最迟开始时间等于本工作的最早开始时间与其总时差之和，即：

$$LS_{i-j} = ES_{i-j} + TF_{i-j} \tag{3-42}$$

式中：LS_{i-j}——工作 $i-j$ 的最迟开始时间；

　　ES_{i-j}——工作 $i-j$ 的最早开始时间；

　　TF_{i-j}——工作 $i-j$ 的总时差。

例如在图 3-22 所示的时标网络计划中，工作 A、工作 C、工作 D、工作 G 和工作 H 的最迟开始时间分别为：

$$LS_{1-2} = ES_{1-2} + TF_{1-2} = 0 + 4 = 4$$
$$LS_{1-4} = ES_{1-4} + TF_{1-4} = 0 + 2 = 2$$
$$LS_{3-5} = ES_{3-5} + TF_{3-5} = 4 + 1 = 5$$
$$LS_{2-7} = ES_{2-7} + TF_{2-7} = 6 + 4 = 10$$
$$LS_{5-7} = ES_{5-7} + TF_{5-7} = 9 + 3 = 12$$

②工作的最迟完成时间等于本工作的最早完成时间与其总时差之和，即：

$$LF_{i-j} = EF_{i-j} + TF_{i-j} \tag{3-43}$$

式中：LF_{i-j}——工作 $i-j$ 的最迟完成时间；

　　EF_{i-j}——工作 $i-j$ 的最早完成时间；

　　TF_{i-j}——工作 $i-j$ 的总时差。

例如在图 3-22 所示的时标网络计划中，工作 A、工作 C、工作 D、工作 G 和工作 H 的最迟完成时间分别为：

$$LF_{1-2} = EF_{1-2} + TF_{1-2} = 6 + 4 = 10$$
$$LF_{1-4} = EF_{1-4} + TF_{1-4} = 2 + 2 = 4$$
$$LF_{3-5} = EF_{3-5} + TF_{3-5} = 9 + 1 = 10$$
$$LF_{2-7} = EF_{2-7} + TF_{2-7} = 11 + 4 = 15$$
$$LF_{5-7} = EF_{5-7} + TF_{5-7} = 12 + 3 = 15$$

图 3-22 所示时标网络计划中时间参数的判定结果应与图 3-11 所示网络计划时间参数

的计算结果完全一致。

▶ 3.4.3 时标网络计划的坐标体系

时标网络计划的坐标体系有计算坐标体系、工作日坐标体系和日历坐标体系三种。

1. 计算坐标体系

计算坐标体系主要用作网络计划时间参数的计算。采用该坐标体系便于时间参数的计算,但不够明确。如按照计算坐标体系,网络计划所表示的计划任务从第零天开始,就不容易理解。实际上应为第 1 天开始或明确标示出开始日期。

2. 工作日坐标体系

工作日坐标体系可明确标示出各项工作在整个工程开工后第几天(上班时刻)开始和第几天(下班时刻)完成。但不能标示出整个工程的开工日期和完工日期以及各项工作的开始日期和完成日期。

在工作日坐标体系中,整个工程的开工日期和各项工作的开始日期分别等于计算坐标体系中整个工程的开工日期和各项工作的开始日期加 1;而整个工程的完工日期和各项工作的完成日期就等于计算坐标体系中整个工程的完工日期和各项工作的完成日期。

3. 日历坐标体系

日历坐标体系可以明确标示出整个工程的开工日期和完工日期以及各项工作的开始日期和完成日期,同时还可以考虑扣除节假日休息时间。

图 3-23 所示的时标网络计划中同时标出了三种坐标体系。其中上面为计算坐标体系,中间为工作日坐标体系,下面为日历坐标体系。这里假定 4 月 24 日(星期三)开工,星期六、星期日和"五一"国际劳动节休息。

0	1	2	3	4	5	6	7	8	9	10	11	12	13	14	15
1	2	3	4	5	6	7	8	9	10	11	12	13	14	15
24/4	25/4	26/4	29/4	30/4	6/5	7/5	8/5	9/5	10/5	13/5	14/5	15/5	16/5	17/5
三	四	五	一	二	一	二	三	四	五	一	二	三	四	五

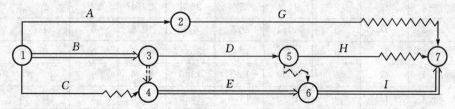

图 3-23 双代号时标网络计划

▶ 3.4.4 形象进度计划表

形象进度计划表也是建设工程进度计划的一种表达方式。它包括工作日形象进度计划表和日历形象进度计划表。

1. 工作日形象进度计划表

工作日形象进度计划表是一种根据带有工作日坐标体系的时标网络计划编制的工程进度计划表。根据图 3-23 所示时标网络计划编制的工作日形象进度计划见表 3-6。

表 3-6 工作日形象进度表

序号	工作代号	工作名称	持续时间	最早开始时期	最早完成时期	最迟开始时期	最迟完成时期	自由时差	总时差	关键工作
1	1—2	A	6	1	6	5	10	0	4	否
2	1—3	B	4	1	4	1	4	0	0	是
3	1—4	C	2	1	2	3	4	2	2	否
4	3—5	D	5	5	9	6	10	0	1	否
5	4—6	E	6	5	10	5	10	0	0	是
6	2—7	G	5	7	11	11	15	4	4	否
7	5—7	H	3	10	12	13	15	3	3	否
8	6—7	I	5	11	15	11	15	0	0	是

2. 日历形象进度计划表

日历形象进度计划表是一种根据带有日历坐标体系的时标网络计划编制的工程进度计划表。根据图 3-23 所示时标网络计划编制的日历形象进度计划见表 3-7。

表 3-7 日历形象进度计划表

序号	工作代号	工作名称	持续时间	最早开始时期	最早完成时期	最迟开始时期	最迟完成时期	自由时差	总时差	关键工作
1	1—2	A	6	24/4	6/5	30/4	10/5	0	4	否
2	1—3	B	4	24/4	29/4	24/4	29/4	0	0	是
3	1—4	C	2	24/4	25/4	26/4	29/4	2	2	否
4	3—5	D	5	30/4	9/5	6/5	10/5	0	1	否
5	4—6	E	6	30/4	10/5	30/4	10/5	0	0	是
6	2—7	G	5	7/5	13/5	13/5	17/5	4	4	否
7	5—7	H	3	10/5	14/5	15/5	17/5	3	3	否
8	6—7	I	5	13/5	17/5	13/5	17/5	0	0	是

3.5　网络计划优化

网络计划的优化是指在一定约束条件下,按既定目标对网络计划进行不断改进,以寻求满意方案的过程。

网络计划的优化目标应按计划任务的需要和条件选定,包括工期目标、费用目标和资源目标。根据优化目标的不同,网络计划的优化可分为工期优化、费用优化和资源优化三种。

▷ 3.5.1 工期优化

所谓工期优化,是指网络计划的计算工期不满足要求工期时,通过压缩关键工作的持续时间以满足要求工期目标的过程。

1. 工期优化方法

网络计划工期优化的基本方法是在不改变网络计划中各项工作之间逻辑关系的前提下,通过压缩关键工作的持续时间来达到优化目标。在工期优化过程中,按照经济合理的原则,不能将关键工作压缩成非关键工作。此外,当工期优化过程中出现多条关键线路时,必须将各条关键线路的总持续时间压缩相同数值;否则,不能有效地缩短工期。

网络计划的工期优化可按下列步骤进行:

(1)确定初始网络计划的计算工期和关键线路。

(2)按要求工期计算应缩短的时间 ΔT。

$$\Delta T = T_c - T_r \tag{3-44}$$

式中:T_c——网络计划的计算工期;

T_r——要求工期。

(3)选择应缩短持续时间的关键工作。选择压缩对象时宜在关键工作中考虑下列因素:

①缩短持续时间对质量和安全影响不大的工作;

②有充足备用资源的工作;

③缩短持续时间所需增加的费用最少的工作。

(4)将所选定的关键工作的持续时间压缩至最短,并重新确定计算工期和关键线路。若被压缩的工作变成非关键工作,则应延长其持续时间,使之仍为关键工作。

(5)当计算工期仍超过要求工期时,则重复上述(2)~(4),直至计算工期满足要求工期或计算工期已不能再缩短为止。

(6)当所有关键工作的持续时间都已达到其能缩短的极限而寻求不到继续缩短工期的方案,但网络计划的计算工期仍不能满足要求工期时,应对网络计划的原技术方案、组织方案进行调整,或对要求工期重新审定。

2. 工期优化示例

【例 3-4】已知某工程双代号网络计划如图 3-24 所示,图中箭线下方括号外数字为工作的正常持续时间,括号内数字为最短持续时间;箭线上方括号内数字为优选系数,该系数综合考虑质量、安全和费用增加情况而确定。选择关键工作压缩其持续时间时,应选择优选系数最小的关键工作。若需要同时压缩多个关键工作的持续时间时,则它们的优选系数之和(组合优选系数)最小者应优先作为压缩对象。现假设要求工期为 15,试对其进行工期优化。

【解】该网络计划的工期优化可按以下步骤进行。

(1)根据各项工作的正常持续时间,用标号法确定网络计划的计算工期和关键线路,如图 3-25 所示。此时关键线路为①—②—④—⑥。

(2)计算应缩短的时间。

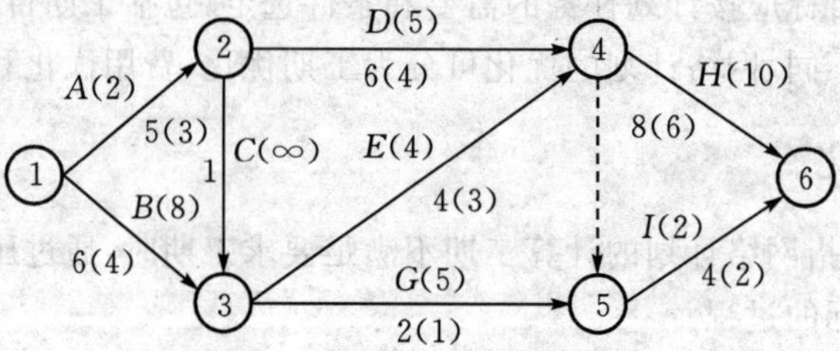

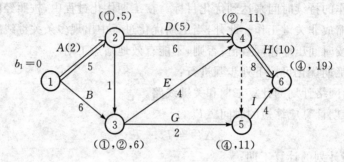

图 3-24　初始网络计划

图 3-25　初始网络计划中的关键线路

$$\Delta T = T_c - T_r = 19 - 15 = 4$$

（3）由于此时关键工作为工作 A、工作 D 和工作 H，而其中工作 A 的优选系数最小，故应将工作 A 作为优先压缩对象。

（4）将关键工作 A 的持续时间压缩至最短持续时间 3，利用标号法确定新的计算工期和关键线路，如图 3-26 所示。此时，关键工作 A 被压缩成非关键工作，故将其持续时间 3 延长为 4，使之成为关键工作。工作 A 恢复为关键工作之后，网络计划中出现两条关键线路，即：①—②—④—⑥和①—③—④—⑥，如图 3-27 所示。

（5）由于此时计算工期为 18，仍大于要求工期，故需继续压缩。需要缩短的时间：

$$\Delta T_2 = 18 - 15 = 3$$

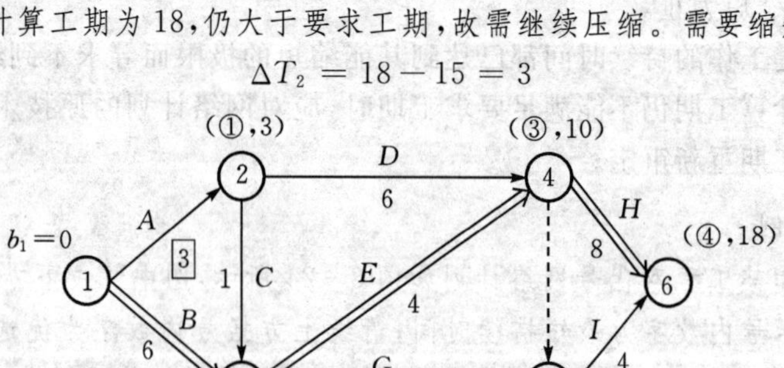

图 3-26　工作压缩最短时的关键线路

在图 3-27 所示网络计划中，有以下五个压缩方案：

①同时压缩工作 A 和工作 B，组合优选系数为：$2+8=10$；

②同时压缩工作 A 和工作 E，组合优选系数为：$2+4=6$；

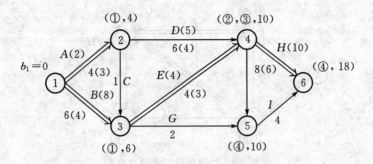

图 3-27　第一次压缩后的网络计划

③同时压缩工作 B 和工作 D,组合优选系数为:8+5=13;

④同时压缩工作 D 和工作 E,组合优选系数为:5+4=9;

⑤压缩工作 H,优选系数为 10。

在上述压缩方案中,由于工作 A 和工作 E 的组合优选系数最小,故应选择同时压缩工作 A 和工作 E 的方案。将这两项工作的持续时间各压缩 1(压缩至最短),再用标号法确定计算工期和关键线路,如图 3-28 所示。此时,关键线路仍为两条,即:①—②—④—⑥和①—③—④—⑥。

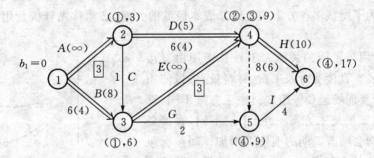

图 3-28　第二次压缩后的网络计划

在图 3-29 中,关键工作 A 和 E 的持续时间已达最短,不能再压缩,它们的优选系数变为无穷大。

(6)由于此时计算工期为 17,仍大于要求工期,故需继续压缩。需要缩短的时间:$\Delta T_2=17-15=2$。在图 3-28 所示网络计划中,由于关键工作 A 和 E 已不能再压缩。故此时只有两个压缩方案:

①同时压缩工作 B 和工作 D,组合优选系数为:8+5=13;

②压缩工作 H,优选系数为 10。

在上述压缩方案中,由于工作 H 的优选系数最小,故应选择压缩工作 H 的方案。将工作 H 的持续时间缩短 2,再用标号法确定计算工期和关键线路,如图 3-29 所示。此时,计算工期为 15,已等于要求工期,故图 3-29 所示网络计划即为优化方案。

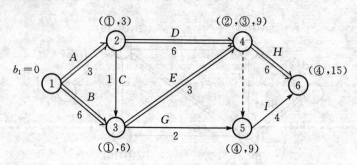

图 3-29　工期优化后的网络计划

▶ 3.5.2　费用优化

费用优化又称工期成本优化,是指寻求工程总成本最低时的工期安排,或按要求工期寻求最低成本的计划安排的过程。

1. 费用与时间的关系

在建设工程施工过程中,完成一项工作通常可以采用多种施工方法和组织方法,而不同的施工方法和组织方法,又会有不同的持续时间和费用。由于一项建设工程往往包含许多工作,所以在安排建设工程进度计划时,就会出现许多方案。进度方案不同,所对应的总工期和总费用也就不同。为了能从多种方案中找出总成本最低的方案,必须首先分析费用和时间之间的关系。

(1)工程费用与工期的关系。工程总费用由直接费和间接费组成。直接费由人工费、材料量、机械使用费、其他直接费及现场经费等组成。施工方案不同,直接费也就不同;如果施工方案一定,工期不同,直接费也不同。直接费会随着工期的缩短而增加。间接费包括企业经营管理的全部费用,它一般会随着工期的缩短而减少。在考虑工程总费用时,还应考虑工期变化带来的其他损益,包括效益增量和资金的时间价值等。工程费用与工期的关系如图 3-30 所示。

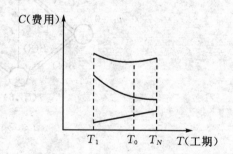

图 3-30　费用—工期曲线

(2)工作直接费与持续时间的关系。由于网络计划的工期取决于关键工作的持续时间,为了进行工期成本优化,必须分析网络计划中各项工作的直接费与持续时间之间的关系,它是网络计划工期成本优化的基础。

工作的直接费与持续时间之间的关系类似于工程直接费与工期之间的关系,工作的直接费随着持续时间的缩短而增加,如图 3-31 所示。为简化计算,工作的直接费与持续时间之间的关系被近似地认为是一条直线关系。当工作划分不是很粗时,其计算结果还是比较精确的。

工作的持续时间每缩短单位时间而增加的直接费称为直接费用率。直接费用率可按公式(3-45)计算:

$$\Delta C_{i-j} = \frac{CC_{i-j} - CN_{i-j}}{DN_{i-j} - DC_{i-j}} \tag{3-45}$$

式中：ΔC_{i-j}——工作 i—j 的直接费用率；

CC_{i-j}——按最短持续时间完成工作 i—j 时所需的直接费；

CN_{i-j}——按正常持续时间完成工作 i—j 时所需的直接费；

DN_{i-j}——工作 i—j 的正常持续时间；

DC_{i-j}——工作 i—j 的最短持续时间。

从公式(3-45)可以看出，工作的直接费用率越大，说明将该工作的持续时间缩短一个时间单位，所需增加的直接费就越多；反之，将该工作的持续时间缩短一个时间单位，所需增加的直接费就越少。因此，在压缩关键工作的持续时间以达到缩短工期的目的时，应将直接费用率最小的关键工作作为压缩对象。当有多条关键线路出现而需要同时压缩多个关键工作的持续时间时，应将它们的直接费用率之和(组合直接费用率)最小者作为压缩对象。

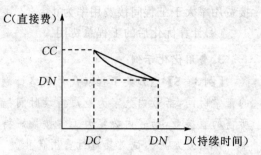

图 3-31　直接费—持续时间曲线

DN—工作的正常持续时间；

CN—按正常持续时间完成工作时所需的直接费；

DC—工作的最短持续时间；

CC—按最短持续时间完成工作时所需的直接费

2. 费用优化方法

费用优化的基本思路为：不断地在网络计划中找出直接费用率(或组合直接费用率)最小的关键工作，缩短其持续时间，同时考虑间接费随工期缩短而减少的数值，最后求得工程总成本最低时的最优工期安排或按要求工期求得最低成本的计划安排。

按照上述基本思路，费用优化可按以下步骤进行：

(1)按工作的正常持续时间确定计算工期和关键线路。

(2)计算各项工作的直接费用率。直接费用率的计算按公式(3-45)进行。

(3)当只有一条关键线路时，应找出直接费用率最小的一项关键工作，作为缩短持续时间的对象；当有多条关键线路时，应找出组合直接费用率最小的一组关键工作，作为缩短持续时间的对象。

(4)对于选定的压缩对象(一项关键工作或一组关键工作)，首先比较其直接费用率或组合直接费用率与工程间接费用率的大小。

①如果被压缩对象的直接费用率或组合直接费用率大于工程间接费用率，说明压缩关键工作的持续时间会使工程总费用增加，此时应停止缩短关键工作的持续时间，在此之前的方案即为优化方案。

②如果被压缩对象的直接费用率或组合直接费用率等于工程间接费用率，说明压缩关键工作的持续时间不会使工程总费用增加，故应缩短关键工作的持续时间。

③如果被压缩对象的直接费用率或组合直接费用率小于工程间接费用率，说明压缩关键工作的持续时间会使工程总费用减少，故应缩短关键工作的持续时间。

(5)当需要缩短关键工作的持续时间时，其缩短值的确定必须符合下列两条原则：①缩短后工作的持续时间不能小于其最短持续时间；②缩短持续时间的工作不能变成非关键工作。

(6)计算关键工作持续时间缩短后相应增加的总费用。

(7)重复上述(3)～(6)，直至计算工期满足要求工期或被压缩对象的直接费用率或组合直接费用率大于工程间接费用率为止。

(8)计算优化后的工程总费用。

3. 费用优化示例

【例3-5】已知某工程双代号网络计划如图3-32所示,图中箭线下方括号外数字为工作的正常时间,括号内数字为最短持续时间;箭线上方括号外数字为工作按正常持续时间完成时所需的直接费,括号内数字为工作按最短持续时间完成时所需的直接费。该工程的间接费用率为0.8万元/天,试对其进行费用优化。

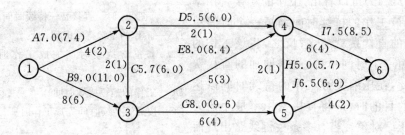

图3-32 初始网络计划

【解】该网络计划的费用优化可按以下步骤进行。

(1)根据各项工作的正常持续时间,用标号法确定网络计划的计算工期和关键线路,如图3-33所示。计算工期为19天,关键线路有两条,即:①—③—④—⑥和①—③—④—⑤—⑥。

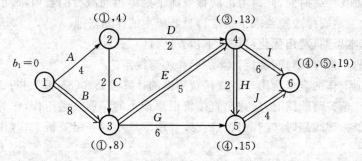

图3-33 初始网络计划中的关键线路

(2)计算各项工作的直接费用率:

$$\Delta C_{1-2} = \frac{CC_{1-2} - CN_{1-2}}{DN_{1-2} - DC_{1-2}} = \frac{7.4 - 7.0}{4 - 2} = 0.2(万元 / 天)$$

$$\Delta C_{1-3} = \frac{CC_{1-3} - CN_{1-3}}{DN_{1-3} - DC_{1-3}} = \frac{11.0 - 9.0}{8 - 6} = 1.0(万元 / 天)$$

$$\Delta C_{2-3} = \frac{CC_{2-3} - CN_{2-3}}{DN_{2-3} - DC_{2-3}} = \frac{6.0 - 5.7}{2 - 1} = 0.3(万元 / 天)$$

$$\Delta C_{2-4} = \frac{CC_{2-4} - CN_{2-4}}{DN_{2-4} - DC_{2-4}} = \frac{6.0 - 5.5}{2 - 1} = 0.5(万元 / 天)$$

$$\Delta C_{3-4} = \frac{CC_{3-4} - CN_{3-4}}{DN_{3-4} - DC_{3-4}} = \frac{8.4 - 8.0}{5 - 3} = 0.2(万元 / 天)$$

$$\Delta C_{3-5} = \frac{CC_{3-5} - CN_{3-5}}{DN_{3-5} - DC_{3-5}} = \frac{9.6 - 8.0}{6 - 4} = 0.8(万元／天)$$

$$\Delta C_{4-5} = \frac{CC_{4-5} - CN_{4-5}}{DN_{4-5} - DC_{4-5}} = \frac{5.7 - 5.0}{2 - 1} = 0.7(万元／天)$$

$$\Delta C_{4-6} = \frac{CC_{4-6} - CN_{4-6}}{DN_{4-6} - DC_{4-6}} = \frac{8.5 - 7.5}{6 - 4} = 0.5(万元／天)$$

$$\Delta C_{5-6} = \frac{CC_{5-6} - CN_{5-6}}{DN_{5-6} - DC_{5-6}} = \frac{6.9 - 6.5}{4 - 2} = 0.2(万元／天)$$

(3)计算工程总费用：

①直接费总和：C_d＝7.0＋9.0＋5.7＋5.5＋8.0＋8.0＋5.0＋7.5＋6.5＝62.2(万元)。

②间接费总和：C_i＝0.8×19＝15.2(万元)。

③工程总费用：C_t＝C_d＋C_i＝62.2＋15.2＝77.4(万元)

(4)通过压缩关键工作的持续时间进行费用优化(优化过程见表3-8)。

表 3-8 优化表

压缩次数	被压缩的工作代号	被压缩的工作名称	直接费用率或组合直接费用率(万元/天)	费率差(万元/天)	缩短时间	费用增加值(万元/天)	总工期(天)	总费用(万元)
0	—	—	—	—	—	—	19	77.4
1	3—4	E	0.2	−0.6	1	−0.6	18	76.8
2	3—4 5—6	E,J	0.4	−0.4	1	−0.4	17	76.4
3	4—6 5—6	I,J	0.7	−0.1	1	−0.1	16	76.3
4	1—3	B	1.0	+0.2	—	—	—	—

第一次压缩：

从图3-33可知,该网络计划中有两条关键线路,为了同时缩短两条关键线路的总持续时间,有以下四个压缩方案:

a.压缩工作 B,直接费用率为1.0万元/天。

b.压缩工作 E,直接费用率为0.2万元/天。

c.同时压缩工作 H 和工作 I,组合直接费用率为:0.7＋0.5＝1.2(万元/天)。

d.同时压缩工作 I 和工作 J,组合直接费用率为:0.5＋0.2＝0.7(万元/天)。

在上述压缩方案中,由于工作 E 的直接费用率最小,故应选择工作 E 作为压缩对象。工作 E 的直接费用率0.2万元/天,小于间接费用率0.8万元/天,说明压缩工作 E 可使工程总费用降低。将工作 E 的持续时间压缩至最短持续时间3天,利用标号法重新确定计算。工期和关键线路,如图3-34所示。

此时,关键工作 E 被压缩成非关键工作,故将其持续时间延长为4天,使成为关键工作。第一次压缩后的网络计划如图3-35所示。图中箭线上方括号内数字为工作的直接费用率。

第二次压缩：

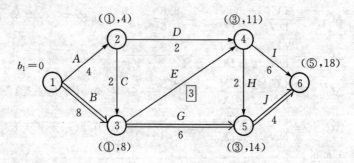

图 3-34 工作 E 压缩至最短时的关键线路

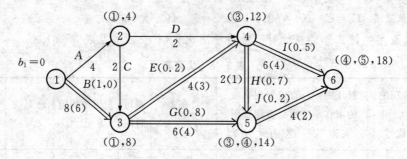

图 3-35 第一次压缩后的网络计划

从图 3-35 可知,该网络计划中有三条关键线路,即:①—③—④—⑥、①—③—④—⑤—⑥和①—③—⑤—⑥。为了同时缩短三条关键线路的总持续时间,有以下五个压缩方案:

a. 压缩工作 B,直接费用率为 1.0(万元/天);

b. 同时压缩工作 E 和工作 G,组合直接费用率为:0.2+0.8=1.0(万元/天);

c. 同时压缩工作 E 和工作 J,组合直接费用率为:0.2+0.2=0.4(万元/天);

d. 同时压缩工作 G、工作 H 和工作 I,组合直接费用率为:0.8+0.7+0.5=2.0(万元/天);

e. 同时压缩工作 I 和工作 J,组合直接费用率为:0.5+0.2=0.7(万元/天)。

在上述压缩方案中,由于工作 E 和工作 J 的组合直接费用率最小,故应选择工作 E 和工作 J 作为压缩对象。工作 E 和工作 J 的组合直接费用率 0.4 万元/天,小于间接费用率 0.8 万元/天,说明同时压缩工作 E 和工作 J 可使工程总费用降低。由于工作 E 的持续时间只能压缩 1 天,工作 J 的持续时间也只能随之压缩 1 天。工作 E 和工作 J 的持续时间同时压缩 1 天后,利用标号法重新确定计算工期和关键线路。此时,关键线路由压缩前的三条变为两条,即:①—③—④—⑥和①—③—⑤—⑥。原来的关键工作 H 未经压缩而被动地变成了非关键工作。第二次压缩后的网络计划如图 3-36 所示。此时,关键工作 E 的持续时间已达最短,不能再压缩,故其直接费用率变为无穷大。

第三次压缩:

从图 3-36 可知,由于工作 E 不能再压缩,而为了同时缩短两条关键线路①—③—④—⑥和①—③—⑤—⑥的总持续时间,只有以下三个压缩方案:

a. 压缩工作 B,直接费用率为 1.0(万元/天);

b. 同时压缩工作 G 和工作 I,组合直接费用率为:0.8+0.5=1.3(万元/天);

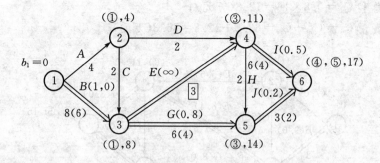

图 3-36　第二次压缩后的网络计划

c. 同时压缩工作 I 和工作 J，组合直接费用率为：0.5+0.2=0.7（万元/天）。

在上述压缩方案中，由于工作 I 和工作 J 的组合直接费用率最小，故应选择工作 I 和工作 J 作为压缩对象。工作 I 和工作 J 的组合直接费用率 0.7 万元/天，小于间接费用率 0.8 万元/天，说明同时压缩工作 I 和工作 J 可使工程总费用降低。由于工作 J 的持续时间只能压缩 1 天，工作 I 的持续时间也只能随之压缩 1 天。工作 I 和工作 J 的持续时间同时压缩 1 天后，利用标号法重新确定计算工期和关键线路。此时，关键线路仍然为两条，即：①—③—④—⑥和①—③—⑤—⑥。第三次压缩后的网络计划如图 3-37 所示。此时，关键工作 J 的持续时间也已达最短，不能再压缩，故其直接费用率变为无穷大。

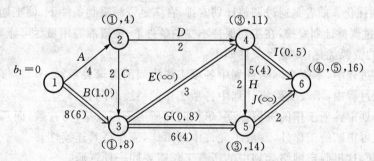

图 3-37　第三次压缩后的网络计划

第四次压缩：

从图 3-37 可知，由于工作 E 和工作 J 不能再压缩，而为了同时缩短两条关键线路①—③—④—⑥和①—③—⑤—⑥的总持续时间，只有以下两个压缩方案：

a. 压缩工作 B，直接费用率为 1.0 万元/天；

b. 同时压缩工作 G 和工作 I，组合直接费用率为 0.8+0.5=1.3（万元/天）。

在上述压缩方案中，由于工作 B 的直接费用率最小，故应选择工作 B 作为压缩对象。但是，由于工作 B 的直接费用率 1.0 万元/天，大于间接费用率 0.8 万元/天，说明压缩工作 B 会使工程总费用增加。因此，不需要压缩工作 B，优化方案已得到，优化后的网络计划如图 3-38 所示。图上箭线上方括号内数字为工作的直接费。

（5）计算优化后的工程总费用为：

①直接费总和 C_{d0} =7.0+9.0+5.7+5.5+8.4+8.0+5.0+8.0+6.9=63.5（万元）；

②间接费总和 $C_{i0} = 0.8 \times 16 = 12.8$（万元）；

③工程总费用 $C_{t0} = C_{d0} + C_{i0} = 63.5 + 12.8 = 76.3$（万元）。

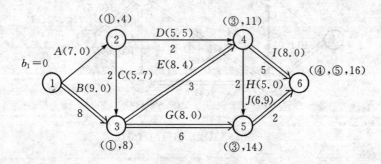

图 3-38　费用优化后的网络计划

▶ 3.5.3　资源优化

资源是指完成一项计划任务所需投入的人力、材料、机械设备和资金等。完成一项工程任务所需要的资源量基本上是不变的,不可能通过资源优化将其减少。资源优化的目的是通过改变工作的开始时间和完成时间,使资源按照时间的分布符合优化目标。

在通常情况下,网络计划的资源优化分为两种,即"资源有限,工期最短"的优化和"工期固定,资源均衡"的优化。前者是通过调整计划安排,在满足资源限制条件下,使工期延长最少的过程,而后者是通过调整计划安排,在工期保持不变的条件下,使资源需用量尽可能均衡的过程。

这里所讲的资源优化,其前提条件如下:

(1)在优化过程中,不改变网络计划中各项工作之间的逻辑关系;

(2)在优化过程中,不改变网络计划中各项工作的持续时间;

(3)网络计划中各项工作的资源强度(单位时间所需资源数量)为常数,而且是合理的;

(4)除规定可中断的工作外,一般不允许中断工作,应保持其连续性。

为简化问题,这里假定网络计划中的所有工作需要同一种资源。

1. "资源有限,工期最短"的优化

(1)优化步骤。

"资源有限,工期最短"的优化一般可按以下步骤进行:

①按照各项工作的最早开始时间安排进度计划,并计算网络计划每个时间单位的资源需用量。

②从计划开始日期起,逐个检查每个时段(每个时间单位资源需用量相同的时间段)资源需用量是否超过所能供应的资源限量。如果在整个工期范围内每个时段的资源需用量均能满足资源限量的要求,则可行优化方案就编制完成;否则,必须转入下一步进行计划的调整。

③分析超过资源限量的时段。如果在该时段内有几项工作平行作业,则采取将一项工作安排在与之平行的另一项工作之后进行的方法,以降低该时段的资源需用量。

对于两项平行作业的工作 m 和工作 n 来说,为了降低相应时段的资源需用量,现将工作 n 安排在工作 m 之后进行,如图 3-39 所示。

如果将工作 n 安排在工作 m 之后进行,网络计划的工期延长值为:

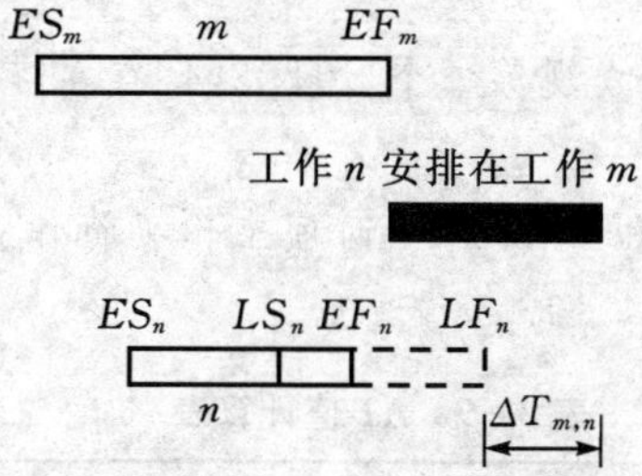

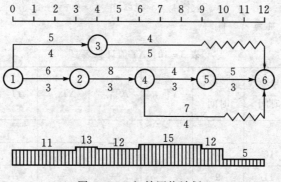

图 3-39 m,n 两项工作的排序

$$\Delta T_{m,n} = EF_m + D_n - LF_n$$
$$= EF_m - (LF_n - D_n) \qquad (3-46)$$
$$= EF_m - LS_n$$

式中：$\Delta T_{m,n}$——将工作 n 安排在工作 m 之后进行时网络计划的工期延长值；

EF_m——工作 m 的最早完成时间；

D_n——工作 n 的持续时间；

LF_n——工作 n 的最迟完成时间；

LS_n——工作 n 的最迟开始时间。

这样，在有资源冲突的时段中，对平行作业的工作进行两两排序，即可得出若干个 $\Delta T_{m,n}$，选择其中最小的 $\Delta T_{m,n}$，将相应的工作 n 安排在工作 m 之后进行，既可降低该时段的资源需用量，又使网络计划的工期延长最短。

④对调整后的网络计划安排重新计算每个时间单位的资源需用量。

⑤重复上述②～④，直至网络计划整个工期范围内每个时间单位的资源需用量均满足资源限量为止。

(2)优化示例。

【例 3-6】已知某工程双代号网络计划如图 3-40 所示，图中箭线上方数字为工作的资源强度，箭线下方数字为工作的持续时间。假定资源限量 $R_a = 12$，试对其进行"资源有限，工期最短"的优化。

图 3-40 初始网络计划

【解】该网络计划"资源有限，工期最短"的优化可按以下步骤进行：

(1)计算网络计划每个时间单位的资源需用量，绘出资源需用量动态曲线，如图 3-40 下方曲线所示。

(2)从计划开始日期起,经检查发现第二个时段[3,4]存在资源冲突,即资源需用量超过资源限量,故应首先调整该时段。

(3)在时段[3,4]有工作1—3和工作2—4两项工作平行作业,利用公式(3-46)计算 ΔT 值,其结果见表3-9。

表3-9 ΔT值计算表

工作序号	工作代号	最早完成时间	最迟完成时间	$\Delta T_{1,2}$	$\Delta T_{2,1}$
1	1—3	4	3	1	—
2	2—4	6	3	—	3

由表3-9可知,$\Delta T_{1,2}=1$ 最小,说明将第2号工作(工作2—4)安排在第1号工作(工作1—3)之后进行,工期延长最短,只延长1。因此,将工作2—4安排在工作1—3之后进行,调整后的网络计划如图3-41所示。

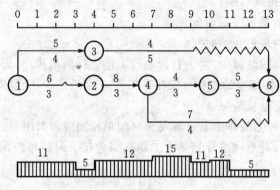

图3-41 第一次调整后的网络计划

(4)重新计算调整后的网络计划每个时间单位的资源需用量,绘出资源需用量动态曲线,如图3-41下方曲线所示。从图中可知,在第四时段[7,9]存在资源冲突,故应调整该时段。

(5)在时段[7,9]有工作3—6、工作4—5和工作4—6三项工作平行作业,利用公式(3-46)计算 ΔT 值,其结果见表3-10。

表3-10 ΔT值计算表

工作序号	工作代号	最早完成时间	最迟完成时间	$\Delta T_{1,2}$	$\Delta T_{1,3}$	$\Delta T_{2,1}$	$\Delta T_{2,3}$	$\Delta T_{3,1}$	$\Delta T_{3,2}$
1	3—6	9	8	2	0	—	—	—	—
2	4—5	10	7	—	—	2	1	—	—
3	4—6	11	9	—	—	—	—	3	4

由表3-10可知,$\Delta T_{1,3}=0$ 最小,说明将第3号工作(工作4—6)安排在第1号工作(工作3—6)之后进行,工期不延长。因此,将工作4—6安排在工作3—6之后进行,调整后的网络计

划如图 3-42 所示。

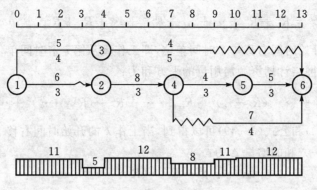

图 3-42　优化后的网络计划

(6)重新计算调整后的网络计划每个时间单位的资源需用量,绘出资源需用量动态曲线,如图 3-42 下方曲线所示,由于此时整个工期范围内的资源需用量均未超过资源限量,故图 3-42 所示方案即为最优方案,其最短工期为 13。

2. "工期固定,资源均衡"的优化

安排建设工程进度计划时,需要使资源需用量尽可能地均衡,使整个工程每单位时间的资源需用量不出现过多的高峰和低谷,这样不仅有利于工程建设的组织与管理,而且可以降低工程费用。

"工期固定,资源均衡"的优化方法有多种,如方差值最小法、极差值最小法、削高峰法等。这里仅介绍方差值最小的优化方法。

(1)方差值最小法的基本原理。现假设已知某工程网络计划的资源需用量,则其方差为:

$$\sigma^2 = \frac{1}{T} \sum_{t=1}^{T} (R_t - R_m)^2 \qquad (3-47)$$

式中:σ^2——资源需用量方差;

　　T——网络计划的计算工期;

　　R_t——第 t 个时间单位的资源需用量;

　　R_m——资源需用量的平均值。

公式(3-47)可以简化为:

$$
\begin{aligned}
\sigma^2 &= \frac{1}{T} \sum_{t=1}^{T} R_t^2 - 2R_m \cdot \frac{\sum_{t=1}^{T} R_t}{T} + \frac{1}{T} \sum_{t=1}^{T} R_m^2 \\
&= \frac{1}{T} \sum_{t=1}^{T} R_t^2 - 2R_m \cdot R_m + \frac{1}{T} \cdot T \cdot R_m^2 \\
&= \frac{1}{T} \sum_{t=1}^{T} R_t^2 - R_m^2
\end{aligned}
\qquad (3-48)
$$

由公式(3-48)可知,由于工期 T 和资源需用量的平均值 R_m 均为常数,为使方差 σ^2 最小,必须使资源需用量的平方和最小。

对于网络计划中某项工作 k 而言,其资源强度为 r_k。在调整计划前,工作 k 从第 i 个时间

单位开始,到第 j 个时间单位完成,则此时网络计划资源需用量的平方和为:

$$\sum_{t=1}^{T} R_{t0}^2 = R_1^2 + R_2^2 + \cdots + R_i^2 + R_{i+1}^2 + \cdots + R_j^2 + R_{j+1}^2 + \cdots + R_T^2 \qquad (3-49)$$

若将工作 k 的开始时间右移一个时间单位,即工作 k 从第 i 个时间单位开始,到第 j 个时间单位完成,则此时网络计划资源需用量的平方和为:

$$\sum_{t=1}^{T} R_{t1}^2 = R_1^2 + R_2^2 + \cdots + (R_i - r_k)^2 + R_{i+1}^2 + \cdots + R_j^2 + (R_{j+1} + r_k)^2 + \cdots + R_T^2 \qquad (3-50)$$

比较公式(3-50)和公式(3-49)可以得到,当工作 k 的开始时间右移一个时间单位时,网络计划资源需用量平方和的增量 Δ 为:

$$\Delta = (R_i - r_k)^2 - R_i^2 + (R_{j+1} + r_k)^2 - R_{j+1}^2$$

即:

$$\Delta = 2r_k(R_{j+1} + r_k - R_i) \qquad (3-51)$$

如果资源需用量平方和的增量 Δ 为负值,说明工作 k 的开始时间右移一个时间单位能使资源需用量的平方和减小,也就使资源需用量的方差减小,从而使资源需用量更均衡。因此,工作 k 的开始时间能够右移的判别式是:

$$\Delta = 2r_k(R_{j+1} + r_k - R_i) \leqslant 0 \qquad (3-52)$$

由于工作 k 的资源强度 r_k 不可能为负值,故判别式(3-52)可以简化为:

$$R_{j+1} + r_k - R_i \leqslant 0$$

即:

$$R_{j+1} + r_k \leqslant R_i \qquad (3-53)$$

判别式(3-53)表明,当网络计划中工作 k 完成时间之后的一个时间单位所对应的资源需用量 R_{j+1} 与工作 k 的资源强度 r_k 之和不超过工作开始时所对应的资源需用量 R_i 时,将工作 k 右移一个时间单位能使资源需用量更加均衡。这时,就应将工作 k 右移一个时间单位。

同理,如果判别式(3-54)成立,说明将工作 k 左移一个时间单位能使资源需用量更加均衡。这时,就应将工作 k 左移一个时间单位:

$$R_{i-1} - r_k \leqslant R_j \qquad (3-54)$$

如果工作 k 不满足判别式(3-53)或判别式(3-54),说明工作 k 右移或左移一个时间单位不能使资源需用量更加均衡,这时可以考虑在其总时差允许的范围内,将工作 k 右移或左移数个时间单位。

向右移时,判别式为:

$$[(R_{j+1} + r_k) + (R_{j+2} + r_k) + (R_{j+3} + r_k) + \cdots] \leqslant [R_i + R_{i+1} + R_{i+2} + R_{i+3} + \cdots] \qquad (3-55)$$

向左移时,判别式为:

$$[(R_{i-1} + r_k) + (R_{i-2} + r_k) + (R_{i-3} + r_k) + \cdots] \leqslant [R_j + R_{j-1} + R_{j-2} + R_{j-3} + \cdots] \qquad (3-56)$$

(2)优化步骤。按方差值最小的优化原理,"工期固定,资源均衡"的优化一般可按以下步骤进行:

①按照各项工作的最早开始时间安排进度计划,并计算网络计划每个时间单位的资源需用量。

②从网络计划的终点节点开始,按工作完成节点编号值从大到小的顺序依次进行调整。当某一节点同时作为多项工作的完成节点时,应先调整开始时间较迟的工作。

在调整工作时,一项工作能够右移或左移的条件是:工作具有机动时间,在不影响工期的前提下能够右移或左移;工作满足判别式(3-53)或式(3-54),或者满足判别式(3-55)或式(3-56)。只有同时满足以上两个条件,才能调整该工作,将其右移或左移至相应位置。

③当所有工作均按上述顺序自右向左调控了一次之后,为使资源需用量更加均衡,在按上述顺序自右向左进行多次调整,直至所有工作既不能右移也不能左移为止。

(3)优化示例。

【例3-7】已知某工程双代号网络计划如图3-43所示,图中箭线上方数字为工作的资源强度,箭线下方数字为工作的持续时间。试对其进行"工期固定,资源均衡"的优化。

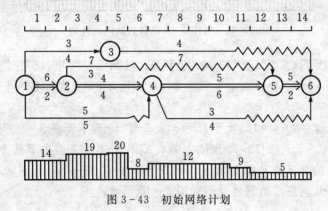

图3-43 初始网络计划

【解】该网络计划"工期固定,资源均衡"的优化可按以下步骤进行:

(1)计算网络计划每个时间单位的资源需用量,绘出资源需用量动态曲线,如图3-43下方曲线所示。

由于总工期为14,故资源需用量的平均值:

$$R_m = (2 \times 14 + 2 \times 19 + 20 + 8 + 4 \times 12 + 9 + 3 \times 5)/14 = 166/14 \approx 11.86$$

(2)第一次调整:

①以终点节点⑥为完成节点的工作有三项,即工作3-6、工作5-6和工作4-6。其中工作5-6为关键工作,由于工期固定而不能调整,只能考虑工作3-6和工作4-6。

由于工作4-6的开始时间晚于工作3-6的开始时间,应先调整工作4-6。在图3-43中,按照判别式(3-53):

a. 由于$R_{11} + r_{4-6} = 9 + 3 = 12$,$R_7 = 12$,二者相等,故工作4-6可向右移一个时间单位,改为第8个时间单位开始;

b. 由于$R_{12} + r_{4-6} = 5 + 3 = 8$,小于$R_8 = 12$,故工作4-6可再右移一个时间单位,改为第9个时间单位开始;

c. 由于$R_{13} + r_{4-6} = 5 + 3 = 8$,小于$R_9 = 12$,故工作4-6可再右移一个时间单位,改为第10个时间单位开始;

d. 由于$R_{14} + r_{4-6} = 5 + 3 = 8$,小于$R_{10} = 12$,故工作4-6可再右移一个时间单位,改为第11个时间单位开始。

至此,工作4-6的总时差已全部用完,不能再右移。工作4-6调整后的网络计划如图3-44所示。

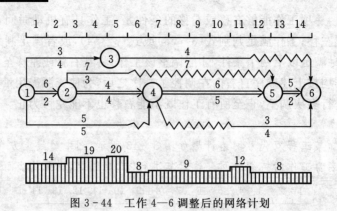

图3-44 工作4—6调整后的网络计划

工作4—6调整后,就应对工作3—6进行调整。在图3-44中,按照判别式(3-53):

a. 由于 $R_{12}+r_{3-6}=8+4=12$,小于 $R_5=20$,故工作3—6可向右移一个时间单位,改为第6个时间单位开始;

b. 由于 $R_{13}+r_{3-6}=8+4=12$,大于 $R_6=8$,故工作3—6不能右移一个时间单位;

c. 由于 $R_{14}+r_{3-6}=8+4=12$,大于 $R_7=9$,故工作3—6也不能右移两个时间单位。

由于工作3—6的总时差只有3,故该工作此时只能右移一个时间单位,改为第6个时间单位开始。工作3—6调整后的网络计划如图3-45所示。

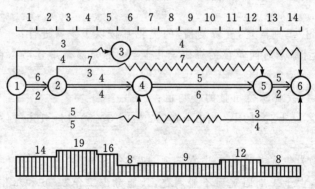

图3-45 工作3—6调整后的网络计划

②以节点⑤为完成节点的工作有两项,即工作2—5和工作4—5。其中工作4—5为关键工作,不能移动,故只能调整工作2—5。在图3-45中,按照判别式(3-53):

a. 由于 $R_6+r_{2-5}=8+7=15$,小于 $R_3=19$,故工作2—5可右移一个时间单位,改为第4个时间单位开始;

b. 由于 $R_7+r_{2-5}=9+7=16$,小于 $R_4=19$,故工作2—5可再右移一个时间单位,改为第5个时间单位开始;

c. 由于 $R_8+r_{2-5}=9+7=16$,$R_5=16$,二者相等,故工作2—5可再右移一个时间单位,改为第6个时间单位开始;

d. 由于 $R_9+r_{2-5}=9+7=16$,大于 $R_6=8$,故工作2—5不可右移一个时间单位。

此时,工作2—5虽然还有总时差,但不能满足判别式(3-53)或判别式(3-55),故工作2—5不能再右移。至此,工作2—5只能右移3,改为第6个时间单位开始。工作2—5调整后的网络计划如图 3－46 所示。

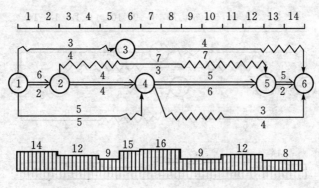

图 3－46 工作 2—5 调整后的网络计划

③以节点④为完成节点的工作有两项，即工作 1—4 和工作 2—4。其中工作 2—4 为关键工作，不能移动，故只能考虑调整工作 1—4。

在图 3－46 中，由于 $R_6 + r_{1-4} = 15 + 5 = 20$，大于 $R_1 = 14$，不满足判别式(3－53)，故工作 2—5 不可右移。

④以节点③为完成节点的工作只有工作 1—3，在图 3－46 中，由于 $R_5 + r_{1-3} = 9 + 3 = 12$，小于 $R_1 = 14$，故工作 1—3 可右移一个时间单位。工作 1—3 调整后的网络计划如图 3－47 所示。

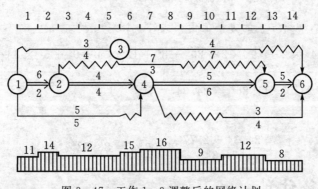

图 3－47 工作 1—3 调整后的网络计划

⑤以节点②为完成节点的工作只有工作 1—2，由于该工作为关键工作，故不能移动。至此，第一次调整结束。

(3)第二次调整：

从图 3－47 可知，在以终点节点⑥为完成节点的工作中，只有工作 3—6 有机动时间，有可能右移。按照判别式(3－53)：

①由于 $R_{13} + r_{3-6} = 8 + 4 = 12$，小于 $R_6 = 15$，故工作 3—6 可右移一个时间单位，改为第 7 个时间单位开始；

②由于 $R_{14} + r_{3-6} = 8 + 4 = 12$，小于 $R_7 = 16$，故工作 3—6 可再右移一个时间单位，改为第 8 个时间单位开始。

至此，工作 3—6 的总时差已全部用完，不能再右移。工作 3—6 调整后的网络计划如图

3—48所示。

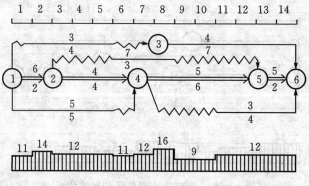

图 3-48 优化后的网络计划

从图 3-48 可知,此时所有工作右移或左移均不能使资源需用量更加均衡。因此,图 3-48 所示网络计划即为最优方案。

(4)比较优化前后的方差值。

① 根据图 3-48,优化方案的方差值由公式(3-48)得:

$$\sigma_0^2 = \frac{1}{14}[11^2 \times 2 + 14^2 + 12^2 \times 8 + 16^2 + 9^2 \times 2] - 11.86^2$$

$$= \frac{1}{14} \times 2008 - 11.86^2 = 2.77$$

②根据图 3-43,初始方案的方差值由公式(3-48)得:

$$\sigma_0^2 = \frac{1}{14}[14^2 \times 2 + 19^2 \times 2 + 20^2 + 8^2 + 12^2 \times 4 + 9^2 + 5^2 \times 3] - 11.86^2$$

$$= \frac{1}{14} \times 2310 - 11.86^2 = 24.34$$

③方差降低率为:

$$\frac{24.34 - 2.77}{24.34} \times 100\% = 88.62\%$$

3.6 搭接网络计划

在工程实施中,为了缩短工期常常将许多工序安排成平行搭接方式进行。这种平行搭接关系,如果用一般网络计划描述,将会增加网络图绘制和计算的工作量,且图面复杂,不容易掌握。20 世纪 70 年代,出现了一种能够反映各种搭接关系的网络计划技术,补充和扩大了网络计划的应用范围,简化了网络图的表示方式,得到了广泛的应用。

搭接网络计划是用搭接关系与时距表明紧邻工序之间逻辑关系的一种网络计划。有双代号和单代号两种表达方式。由于双代号搭接网络图与普通双代号网络图无多大差别,而单代号搭接网络图比较简明,使用较普遍,本节仅介绍单代号搭接网络计划。

➤ 3.6.1 工序的基本搭接关系

单代号搭接网络计划有四种基本的工序搭接关系:

　　(1)结束到开始的搭接关系(用 FS 或 FTS 表示):指相邻两工序,前项工序 i 结束后,经过时距 $Z_{i,j}$ 后面工序 j 才能开始的搭接关系。当 $Z_{i,j}=0$ 时,表示相邻两工序之间没有间歇时间,即前项工序结束后,后面工序立即开始,这就是一般单代号网络图。

　　(2)开始到开始的搭接关系(用 SS 或 STS 表示):指相邻两工序,前项工序 i 开始以后,经过时距 $Z_{i,j}$,后面工序 j 才能开始的搭接关系。

　　(3)结束到结束的搭接关系(用 FF 或 FTF 表示):指相邻两工序,前项工序 i 结束以后,经过时距 $Z_{i,j}$,后面工序 j 才能结束的搭接关系。

　　(4)开始到结束的搭接关系(用 SF 或 STF 表示):指相邻两工序,前项工序 i 开始以后,经过时距 $Z_{i,j}$,后面工序 j 才能结束的搭接关系。

　　四种基本搭接关系的表达方法如表 3-11 所示。

　　除以上搭接关系外,还有组合型搭接关系,最常用的是 SS 和 FF 之间的组合。

表 3-11　搭接关系及其表示方法

搭接关系	横道图表示方法	单代号搭接网络		举例
		表示方法	简易表示法	
FS (FTS)				屋面保温层上的找平层结束 4 天,铺油毡防水层才能开始
SS (STS)				支模板开始一天以后,开始绑扎钢筋
FF (FTF)				挖基槽结束一天以后,浇筑混凝土垫层才能结束
SF (STF)				绑扎现浇梁、板钢筋开始一天以后,开始铺设电缆与管道,待后者结束后,绑扎钢筋才能结束

▷ 3.6.2　单代号搭接网络图的绘制

　　单代号搭接网络图的绘制与单代号网络图的绘制方法基本相同。首先根据工序的工艺关系与组织关系绘制工序逻辑关系表,确定相邻工序的搭接类型与搭接时距;再根据工序逻辑关系表,按单代号网络图的绘制方法,绘制单代号网络图;最后再将搭接类型与时距标注在工序箭线上。

需强调指出的是,与一般网络图相同,在单代号搭接网络图中,也不允许存在两个或两个以上的开始节点或结束节点。此时,可通过增加虚箭线以解决这一问题。如图 3-49 中的虚箭线 1—6 和虚箭线 7—9。

【例 3-8】某工程各项工作搭接关系及时距如表 3-12 所示,试绘制搭接网络图。

表 3-12   工作搭接关系及时距

工作名称	作业时间	紧前工作	搭接关系	搭接时距 $Z_{i,j}$
A	5	—	—	—
B	8	—	—	—
C	10	A	SS	2
D	20	A	FF	15
		B	FS	4
		C	SS	11
E	15	B	FF	3
F	13	C	FS	15
		D	FS	4
G	8	D	SS	10
		D	FF	5
		E	FS	3
		F	SS	3

【解】(1)根据绘图规则,结合工作搭接类型绘制的搭接网络图如图 3-49 所示。

(2)在图 3-49 中,6 号节点工作 E 的开始时间无约束条件,故应在其前增加一条虚箭线 1—6。7 号节点工作 F 的结束时间无约束条件,应在其后增加一条虚箭线 7—9。

➤ 3.6.3   单代号搭接网络图时间参数的计算

单代号搭接网络计划时间参数的计算与普通单代号网络计划时间参数的计算原理基本相同。但在计算公式和方法上有两点区别:其一,需要考虑搭接类型;其二,需要考虑搭接时距 $Z_{i,j}$。具体计算公式见表 3-13。

当有多项紧前工作时,应按表 3-13 中相应公式计算出 ES、EF 后取最大值作为本工作的最早开始和最早完成时间。当有多项紧后工作时,应按表 3-13 中相应公式计算出 LF、LS 后取最小值作为本工作的最迟完成和最迟开始时间。自由时差的计算需要考虑各种搭接关系。

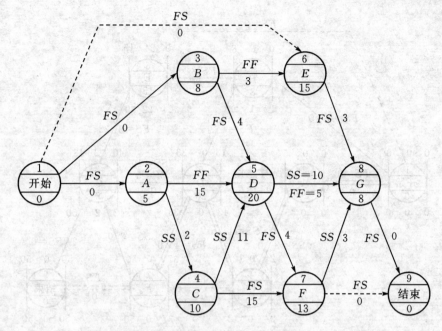

图 3-49 单代号搭接网络图的绘制

表 3-13 单代号搭接网络计划时间参数的计算

搭接类型	ES_j 与 EF_j （紧前工作为 i）	LS_i 与 LF_i （紧后工作为 j）	FF_i
FS	$ES_i = EF_i + Z_{i,j}$ $EF_j = ES_j + D_j$	$LF_i = LS_j - Z_{i,j}$ $LS_i = LF_i - D_i$	$FF_i = ES_j - EF_i - Z_{i,j}$
SS	$ES_j = ES_i + Z_{i,j}$ $EF_j = ES_j + D_j$	$LS_i = LS_j - Z_{i,j}$ $LF_i = LS_i + D_i$	$FF_i = ES_j - ES_i - Z_{i,j}$
FF	$EF_i = EF_i + Z_{i,j}$ $ES_j = EF_j - D_j$	$LF_i = LF_j - Z_{i,j}$ $LS_i = LF_i - D_i$	$FF_i = EF_j - EF_i - Z_{i,j}$
SF	$EF_j = ES_i + Z_{i,j}$ $ES_j = EF_j - D_j$	$LS_i = LF_j - Z_{i,j}$ $LF_i = LS_i + D_i$	$FF_i = EF_j - ES_i - Z_{i,j}$

按表 3-13 中相应公式计算后取最小值作为本工作的自由时差。总时差的计算与前述普通单代号图计算方法相同,不再赘述。

现以图 3-49 中的 5 号节点工作 D 为例,说明其计算方法。本例全部时间参数计算结果如图 3-50 所示,箭线旁边数字为时间间隔 LAG,此时 $LAG =$ 紧后工作 ES 或 $EF -$ 紧前工作 ES 或 $EF -$ 搭接时距。

1. 工作 D 的最早开始和最早完成时间的计算

(1)3 号节点工作 B 与 5 号节点工作 D 为 FS 型搭接关系。

$$ES_5 = EF_3 + Z_{3,5} = 8 + 4 = 12$$

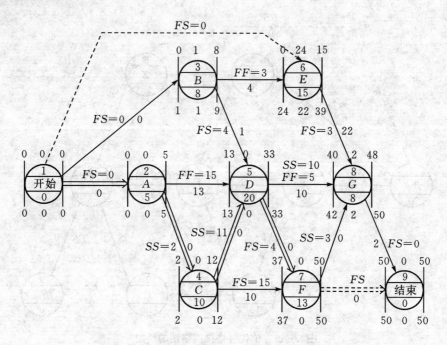

图 3-50　单代号搭接网络图时间参数计算结果

$$EF_5 = ES_5 + D_5 = 12 + 20 = 32$$

(2)2 号节点工作 A 与 5 号节点工作 D 为 FF 型搭接关系。

$$EF_5 = EF_2 + Z_{2,5} = 5 + 15 = 20$$

$$ES_5 = EF_5 - D_5 = 20 - 20 = 0$$

(3)4 号节点工作 C 与 5 号节点工作 D 为 SS 型搭接关系。

$$ES_5 = ES_4 + Z_{4,5} = 2 + 11 = 13$$

$$EF_5 = ES_5 + D_5 = 13 + 20 = 33$$

(4)在上述约束条件中,取 ES、EF 的最大值作为 5 号节点工作 D 的最早开始和最早完成时间,即

$$ES_5 = ES_4 + Z_{4,5} = 2 + 11 = 13$$

$$EF_5 = ES_5 + D_5 = 13 + 20 = 33$$

2. 工作 D 的最迟开始和最迟完成时间的计算

(1)5 号节点工作 D 与 8 号节点工作 G 为 SS 和 FF 混合型搭接关系。

SS 型搭接关系:

$$LS_5 = LS_8 - Z_{5,8} = 42 - 10 = 32$$

$$LF_5 = LS_5 + D_5 = 32 + 20 = 52$$

FF 型搭接关系:

$$LF_5 = LF_8 - Z_{5,8} = 50 - 5 = 45$$

$$LS_5 = LF_5 - D_5 = 45 - 20 = 25$$

(2)5 号节点工作 D 与 7 号节点工作 F 为 FS 型搭接关系。

$$LF_5 = LS_7 - Z_{5,7} = 37 - 4 = 33$$

$$LS_5 = LF_5 - D_5 = 33 - 20 = 13$$

（3）在上述约束条件中，取 LS、LF 的最小值作为 5 号节点工作 D 的最迟开始和最迟完成时间，即

$$LF_5 = LS_7 - Z_{5,7} = 37 - 4 = 33$$

$$LS_5 = LF_5 - D_5 = 33 - 20 = 13$$

3. 工作 D 的总时差和自由时差计算

$$TF_5 = LF_5 - EF_5 = 33 - 33 = 0$$

$$FF_5 = \min\{ES_8 - ES_5 - Z_{5,8}, EF_8 - EF_5 - Z_{5,8}, ES_7 - EF_5 - Z_{5,7}\}$$
$$= \min\{40 - 13 - 10, 48 - 33 - 5, 37 - 33 - 4\}$$
$$= 0$$

4. 工作 D 与工作 A 之前的时间间隔

$$LAG_{a,d} = EF_d - EF_a - FF_z = 33 - 5 - 15 = 13$$

3.7 非肯定型网络计划

如果网络计划中各项工作之间的逻辑关系是肯定的，各项工作的完成时间也是确定的，就称为肯定型网络计划。但在许多项目中，由于某种工作的逻辑关系或持续时间具有不确定性，只能根据经验作出估计，这就属于非肯定型网络计划问题。其中，以计划评审技术为代表，应用较广泛，本节主要介绍这种方法。

▶ 3.7.1 工序作业时间的估计

非肯定型网络计划的工序作业时间不确定，通常用三点时间估计法来估计工序作业时间，并以此为依据计算总工期。三点时间估计法要求先估计出完成一个工序所需的最乐观时间 a（指在最有利的条件下完成该工序所需要的时间）和最悲观时间 b（指在最不利的条件下完成该工序所需要的时间，即最长时间）。

估计出工序作业时间后，需要确定作业时间服从什么分布，通常有两种假设：

（1）认为服从两点等概率分布，且假定 c 的可能性分别两倍于 a 和 b，则在 a、c 之间的平均值是 $\frac{a+2c}{3}$，在 c、b 之间的平均值是 $\frac{2c+b}{3}$。取两者的平均数作为工序的作业时间，即

$$D = \frac{a + 4c + b}{6}$$

对应的方差为：

$$\sigma^2 = \left(\frac{b-a}{6}\right)^2$$

（2）认为工序时间服从 β 分布，期望和方差近似地与两点等概率分布一致。

▶ 3.7.2 总工期的分布

采用工序作业时间的均值，即可将非肯定型网络计划转化成肯定型网络计划进行计算，确定关键线路和工期，但此时需要先解决网络计划总工期的分布问题。

根据数学期望和方差的性质,网络计划总工期的期望 TE_k 及方差 E 为:

$$TE_k = \sum_{i=1}^{k} (\frac{a_i + 4c_i + b_i}{6})$$

$$E = \sigma^2 = \sum_{i=1}^{k} (\frac{b_i + a_i}{6})^2$$

式中:k——关键线路上的工序数;

σ——标准差,$\sigma = \sqrt{E}$。

由于网络计划总工期等于关键线路上各工序作业时间之和,根据同分布中心极限定理,当关键线路上的工序数充分多时,网络计划总工期近似地服从正态分布,即

$$T \sim N(TE_k, \sigma^2)$$

其概率密度函数为:

$$f(T) = \frac{1}{\sqrt{2\pi}\sigma} e^{-\frac{(T-TE_k)^2}{2\sigma^2}}$$

▷3.7.3 非肯定型网络计划的计算方法

使用 PERT 网络不像 CPM 网络那样重视求工序时间参数,人们更感兴趣的是两类问题:其一,在指令工期前完工的概率;其二,按要求的完工概率计算所需的工期。

1. 在指令工期前完工的概率

由概率论可知,在区间 TE_k 内完工的概率 50%;在区间 $TE_k \pm \sigma$ 内完工的概率为 68%,在区间 $TE_k \pm 2\sigma$ 内完工的概率 95.5%,在区间 $TE_k \pm 3\sigma$ 完工的概率为 99.7%。

一般地,在指令工期前完工的时间概率可据其正态分布函数求解。

$$P(T \leqslant T_r) = \int_{-\infty}^{T_r} \frac{1}{\sqrt{2\pi}\sigma} e^{-\frac{(T-TE_k)^2}{2\sigma^2}} \mathrm{d}T$$

式中:T_r——指定完工时间。

在计算任务按期完工的概率时,为了便于查正态分布表,需要将 $N(TE_k, \sigma^2)$ 化为标准正态分布 $N(0,1)$。

令 $Z = \frac{T - TE_k}{\sigma}$,则 $\mathrm{d}T = \sigma \mathrm{d}Z$,于是

$$P(Z \leqslant \frac{T_r - TE_k}{\sigma}) = \int_{-\infty}^{\frac{T_r - TE_k}{\sigma}} \frac{1}{\sqrt{2\pi}} e^{-\frac{1}{2}z^2} \mathrm{d}Z$$

2. 按要求的完工概率计算所需的工期

如果已知要求的完工概率,可从正态分布表中查出相应的 Z 值,从而求得在上述保证率下所必需的工期 T。

$$T = TE_k + Z \cdot \sigma$$

Z 及 $P(Z)$ 值对照表见表 3-14。

表 3 - 14　Z 及 P(Z) 值对照表

Z	P(Z)	Z	P(Z)	Z	P(Z)	Z	P(Z)
−0.1	0.5000	−1.9	0.0287	0.0	0.5000	1.9	0.9713
−0.1	0.4602	−2.0	0.0228	0.1	0.5398	2.0	0.9772
−0.2	0.4207	−2.1	0.0179	0.2	0.5793	2.1	0.9821
−0.3	0.3821	−2.2	0.0139	0.3	0.6179	2.2	0.9861
−0.4	0.3446	−2.3	0.0107	0.4	0.6554	2.3	0.9893
−0.5	0.3085	−2.4	0.0082	0.5	0.6915	2.4	0.9918
−0.6	0.2743	−2.5	0.0062	0.6	0.7257	2.5	0.9938
−0.7	0.2420	−2.6	0.0047	0.7	0.7580	2.6	0.9953
−0.8	0.2119	−2.7	0.0035	0.8	0.7881	2.7	0.9965
−0.9	0.1841	−2.8	0.0026	0.9	0.8159	2.8	0.9974
−1.0	0.1587	−2.9	0.0019	1.0	0.8413	2.9	0.9981
−1.1	0.1357	−3.0	0.0014	1.1	0.8643	3.0	0.9986
−1.2	0.1151	−3.2	0.0007	1.2	0.8849	3.2	0.9993
−1.3	0.0968	−3.4	0.0003	1.3	0.9032	3.4	0.9997
−1.4	0.0808	−3.6	0.0002	1.4	0.9192	3.6	0.9998
−1.5	0.0668	−3.8	0.0001	1.5	0.9332	3.8	0.9999
−1.6	0.0548	−4.0	—	1.6	0.9452	4.0	1.0000
−1.7	0.0446	−4.5	—	1.7	0.9554	4.5	1.0000
−1.8	0.0359	−5.0	—	1.8	0.9641	5.0	1.0000

➤ 3.7.4　非肯定型网络计划计算示例

【例 3 - 9】已知某工程 PERT 网络计划如图 3 - 51 所示,每个工序的 a、c、b(单位:周)都已标在箭杆上,试计算:①该工程在计划工期 17 周内完工的概率;②如果要求完工的可能性达 95%,则应规定工程的工期为多少周。

【解】(1)计算工序作业时间的期望值和方差,如表 3 - 15 所示。

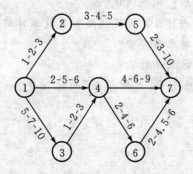

图 3 - 51　某工程 PERT 网络计划

表 3-15　PERT 网络图示例数据表

工作名称	工作持续时间			计算数据	
i—j	a	c	b	D	σ^2
1—2	1	2	3	2	1/9
1—3	5	7	10	7.2	25/36
1—4	2	5	6	4.7	4/9
2—5	3	4	5	4	1/9
3—4	1	2	3	2	1/9
4—6	2	4	6	4	4/9
4—7	4	6	9	6.2	25/36
5—7	2	3	10	4	16/9
6—7	2	4.5	6	4.3	4/9

（2）利用各工序作业时间的期望值,按肯定型网络计划的计算方法,确定出关键线路为①—③—④—⑥—⑦。

（3）网络计划总工期及方差的计算。

$$TE_k = \sum_{i=1}^{k}(\frac{a_i+4c_i+b_i}{6}) = 17.5（周）$$

$$E = \sigma^2 = \sum_{i=1}^{k}(\frac{b_i+a_i}{6})^2 = 1.69$$

标准差 $\sigma = \sqrt{E} = 1.3$。

（4）计算在计划工期 17 周内完工的概率。

当 $T=17$ 周时,$Z=\dfrac{17-17.5}{1.3}=-0.385$,查表得在 17 周内完工的概率为 35%。

（5）若希望该计划完工概率为 95% 时,查表得 $Z=1.64$,则其完工期为:

$$T=TE_k+Z \cdot \sigma=17.5+1.64 \times 1.3=19.6（周）$$

思考题

1.何谓工艺关系和组织关系? 试举例说明。

2.何谓工作的总时差和自由时差? 关键线路和关键工作的确定方法有哪些?

3.双代号时标网络计划的特点有哪些?

4.工期优化和费用优化的区别是什么?

5.何谓资源优化? 在"资源有限,工期最短"的优化中,当工期增量 ΔT 为负值时,说明什么?

练习题

1.单项选择题

(1)双代号网络计划中节点(又称节点、事件)是网络图中箭线之间的连接点。网络图中既有内向箭线,又有外向箭线的节点称为( )。

  A.中间节点   B.起点节点   C.终点节点   D.交接节点

(2)在双代号网络计划中,如果两项工作 M 和 N 之间的先后顺序关系是由于资源调配需要而确定的,则它们属于( )。

  A.搭接关系   B.工艺关系   C.工作程序   D.组织关系

(3)双代号网络计划中的虚箭线是实际工作中并不存在的一项虚设工作,一般起着工作之间的联系、区分和( )三个作用。

  A.交叉   B.汇合   C.分流   D.断路

(4)某分部工程双代号网络计划如图 3-52 所示,根据绘图规则要求,该图表达中错误的地方是( )。

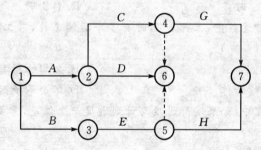

图 3-52　网络图

  A.节点编号错误   B.逻辑关系颠倒

  C.有多个起点节点   D.有多个终点节点

(5)已知双代号网络计划中,某工作有 2 项紧前工作,它们的最早完成时间分别为 18 天和 23 天。如果该工作的持续时间为 6 天,则该工作最早完成时间为( )天。

  A.12   B.14   C.15   D.17

(6)下列关于单代号网络图的说法中,正确的是( )。

  A.节点表示工作之间的逻辑关系   B.节点表示工作的开始或完成

  C.箭线表示工作之间的逻辑关系   D.箭线表示工作进行方向

(7)双代号时标网络图计划中,关键线路的特性是( )。

  A.线路上各项工作持续时间之和最小   B.线路上自始至终不出现波形线

  C.线路上自始至终不出现虚工作   D.线路上节点编号依次连续

(8)单代号搭接网络计划中,工作之间逻辑关系表现为( )。

  A.相邻工作的时间间距   B.工作的总时差

  C.工作的自由时差   D.工作的持续时间

(9)某承包商在基础工程施工过程中,经检查发现网络计划中基坑验槽工作实际进度比计划进度拖后 5 天,影响总工期 2 天,则该工作原有的总时差为( )天。

A. 2   B. 3   C. 5   D. 7

(10)某工程计划中 A 工作的持续时间为 5 天,总时差为 8 天,自由时差为 4 天。如果 A 工作实际进度拖延 12 天,则会影响工程计划工期(　　)天。

     A. 3   B. 4   C. 5   D. 10

(11)在网络计划中,若关键工作 P 还需 3 天完成,但该工作距离最迟完成时间点的天数为 2 天,那么(　　)。

     A. 该工作不影响总工期   B. 该工作可提前 1 天完成

     C. 该工作会使总工期拖延 1 天   D. 该工作会使总工期拖延 2 天

(12)在网络计划中,若同时存在多条关键线路,那么这些关键线路的关键工作的持续时间之和(　　)。

     A. 不同   B. 相同   C. 有一条最长   D. 不一定

(13)在网络计划中,自由时差和总时差都是可以利用的机动时间,若计算工期等于计划工期,那么关键工作的(　　)。

     A. 自由时差等于总时差   B. 自由时差大于总时差

     C. 自由时差小于总时差   D. 自由时差与总时差之和大于 0

(14)在网络计划执行过程中,工作 P 同时有多个后续工作,若工作 P 比原计划拖后的时间大于其自由时差,那么(　　)。

     A. 会影响总工期   B. 会影响所有后续工作

     C. 会影响某些后续工作   D. 不会影响后续工作

(15)在计划执行过程中,如果实际进度与计划进度产生偏差,需要及时调整计划。常见的网络计划调整方法有(　　)。

     A. 调整网络计划的关键线路   B. 调整施工定额水平

     C. 调整进度目标的设置   D. 调整网络图的表达形式

2. 多项选择题

(1)双代号网络图的基本构成要素有(　　)。

     A. 箭线   B. 节点   C. 虚工作   D. 线路

     E. 编号

(2)双代号网络图中工作之间相互制约或相互依赖的关系成为逻辑关系,在网络中表现为工作之间的先后顺序的逻辑关系有(　　)。

     A. 工艺关系   B. 组织关系   C. 生产关系   D. 技术关系

     E. 协调关系

(3)在双代号网络图绘制过程中,要遵循一定的规则和要求。下列叙述中,正确的有(　　)。

     A. 一项工作应当只有唯一的一条箭线和相应的一个节点

     B. 要求箭尾节点的编号大于其箭头节点的编号

     C. 节点编号可不连续,但不允许重复

     D. 无时间坐标双代号网络图的箭线长度原则上可以任意画

     E. 一张双代号网络图中必定有一条以上的虚工作

(4)在网络计划中,针对不同的网络计划形式,关键线路有各种不同的表达方式,它可以是指(　　)的线路。

A. 双代号网络计划中无虚工作

B. 双代号时标网络计划中无波形线

C. 单代号网络计划中工作时间间隔为零

D. 双代号网络计划中持续时间最长

E. 单代号网络计划中全由自由时差最小工作连起来

(5) 单代号网络图中,以下说法正确的有(　　)。

A. 在实施的过程中,关键线路可能会改变

B. 关键线路只有一条

C. 关键工作的机动时间最小

D. 关键线路上工作的时间间隔为零

E. 关键线路上工作的自由时差为零

(6) 当计算工期不能满足计划工期时,可设法通过压缩关键工作的持续时间,以满足计划工期要求。在选择缩短持续时间的关键工作时,宜考虑的因素有(　　)。

A. 有充足备用资源的关键工作

B. 新近安排实施的关键工作

C. 平行线路比较少的关键工作

D. 所需增加的费用相对较少的关键工作

E. 不影响质量和安全的关键工作

(7) 在网络计划中,工作 P 的总时差为 5 天,自由时差为 3 天,若该工作拖延了 4 天,那么(　　)。

A. 影响总工期但不影响紧后工作

B. 影响紧后工作但不影响总工期

C. 总工期拖后了 1 天

D. 总工期拖后了 4 天

E. 该工作的紧后工作的最早开始时间拖后了 1 天

(8) 在网络计划中,当计划工期等于计算工期时,关键工作为(　　)。

A. 总时差最小的工作

B. 自由时差最小的工作

C. 最早完成时间与最迟完成时间相等的工作

D. 最早开始时间与最迟开始时间相等的工作

E. 总时差为零的工作

(9) 在网络计划中,工作 P 的最早开始时间为第 2 天,最迟开始时间为第 3 天,持续时间为 4 天,其两个紧后工作的最早开始时间分别为第 7 天和第 9 天,那么工作 P 的时间参数为(　　)。

A. 自由时差为 0 天　　　　　　　　　　B. 自由时差为 1 天

C. 总时差为 5 天　　　　　　　　　　　D. 总时差为 1 天

E. 与紧后工作时间间隔分别为 0 天和 1 天

(10) 在网络计划中,若某项工作的拖延时间超过总时差,那么(　　)。

A. 该项工作变为关键工作　　　　　　　B. 不影响其后续工作

C. 将使总工期延长　　　　　　　　　　　　D. 不影响紧后工作的总时差

E. 不影响总工期

3. 计算绘图题

(1)已知某工程逻辑关系如表 3-16 所示,试分别绘制双代号网络图和单代号网络图。

表 3-16　逻辑关系表

工　作	A	B	C	D	E	G	H
紧前工作	C、D	E、H	—	—		D、H	—

(2)已知某工程逻辑关系如表 3-17 所示,试分别绘制双代号网络图和单代号网络图。

表 3-17　逻辑关系表

工　作	A	B	C	D	E	G
紧前工作	—	—	—		B、C、D	A、B、C

(3)某网络计划的有关资料如表 3-18 所示,试绘制双代号网络计划,按节点计算法计算各项工作的六个时间参数。最后,用双箭线标明关键线路。

表 3-18　逻辑关系表

工　作	A	B	C	D	E	G	H	I	J	K
持续时间	2	3	4	5	6	3	4	7	2	3
紧前工作	—	A	A	A		C、D	D	B	E、H、G	G

(4)某工程逻辑关系如表 3-20 所示,试绘制单代号网络图,并在图中标出各项工作的六个时间参数及相邻两项工作之间的时间间隔。最后,用双箭线标明关键线路。

表 3-20　逻辑关系表

工　作	A	B	C	D	E	G
持续时间	12	10	5	7	6	4
紧前工作	—	—		B	B	C、D

(5)某网络计划的有关资料如表 3-21 所示,试绘制双代号时标网络计划。

表 3-21　逻辑关系表

工　作	A	B	C	D	E	G	H	I	J	K
持续时间	2	3	5	2	3	3	2	3	6	2
紧前工作	—	A	A	B	B	D	G	E、G	C、E、G	H、I

(6)已知网络计划如图 3-53 所示,箭线下方括号外数字为工作的正常持续时间,括号内

数字为工作的最短持续时间;箭线上方括号外数字为正常持续时间的直接费,括号内数字为工作最短持续时间时的直接费。费用单位为千元,时间单位为天。如果工程间接费率为 0.8 千元/天,则最低工程费用时的工期为多少天?

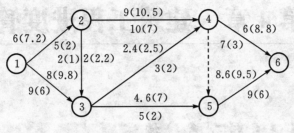

图 3-53　网络图

第4章 建筑工程进度管理

4.1 建筑工程进度控制系统概述

▶ 4.1.1 建筑工程进度控制的概念

建筑工程进度控制是指项目管理者围绕目标工期的要求编制计划、付诸实施,并在实施过程中不断检查计划的实际执行情况,分析产生进度偏差的原因,进行相应调整和修改;通过对进度影响因素实施控制及各种关系协调,综合运用各种可行方法、措施,将建筑工程项目的计划工期控制在事先确定的目标工期范围之内。在兼顾费用、质量控制目标的同时,努力缩短建设工期。参与建筑工程建设活动的建设单位、设计单位、施工单位、工程监理单位均可构成建筑工程进度控制的主体。

▶ 4.1.2 建筑工程进度控制的基本原理

建筑工程进度控制的基本原理可以概括为三大系统的相互作用。即由进度计划系统、进度监测系统、进度调整系统共同构成了进度控制的基本过程,如图4-1所示。

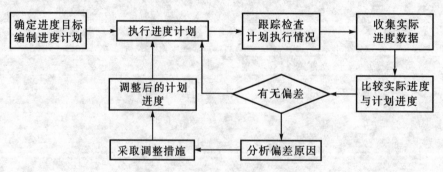

图4-1 进度控制基本原理示意图

进度控制人员必须事先对影响建筑工程进度的各种因素进行调查分析,预测它们对建筑工程进度的影响程度,确定合理的进度控制目标,编制可行的进度计划,使工程建设工作始终按计划进行。在计划执行过程中不断检查建筑工程实际进展情况,并将实际状况与计划安排进行对比,从中得出偏离计划的信息。然后在分析进度偏差及其产生原因的基础上,通过采取组织、技术、合同、经济等措施对原进度计划进行调整或修正,再按新的进度计划实施。这样在进度计划的执行过程中不断地检查和调整,以保证建筑工程进度得到有效的控制与管理。

➤ 4.1.3　影响建筑工程进度的因素

影响建筑工程进度的不利因素有很多,常见的影响因素可归纳为如下几个方面:

1. 业主因素

如因业主使用要求改变而进行设计变更,不能及时提供施工场地条件或所提供的场地不能满足工程正常需要,不能及时向施工承包单位或材料供应商付款等。

2. 勘察设计因素

如勘察资料不准确,设计内容不完善,设计对施工的可能性未考虑或考虑不周,施工图纸供应不及时、不配套,或出现重大差错等。

3. 施工技术因素

如施工工艺错误、不合理的施工方案、施工安全措施不当等。

4. 自然环境因素

如复杂的工程地质条件,洪水、地震、台风等不可抗力等。

5. 社会环境因素

如外单位干扰,市容整顿的限制,临时停水、停电等。

6. 组织管理因素

如向有关部门提出各种申请审批手续的延误,合同签订时遗漏条款,计划安排不周密,组织协调不力,指挥失当,各个单位配合上发生矛盾等。

7. 材料、设备因素

如材料、构配件、设备供应环节的差错,品种、规格、质量、数量、时间不能满足工程的需要,施工设备安装失误,设备故障等。

8. 资金因素

如有关方资金不到位、资金短缺、汇率浮动和通货膨胀等。

➤ 4.1.4　建筑工程进度控制的主要任务

1. 设计准备阶段进度控制的任务

(1)收集有关工期的信息,进行工期目标和进度控制决策。

(2)编制工程项目建设总进度计划。

(3)编制设计准备阶段详细工作计划,并控制其执行。

(4)进行环境及施工现场条件的调查和分析。

2. 设计阶段进度控制的任务

(1)编制设计阶段工作计划,并控制其执行。

(2)编制详细的出图计划,并控制其执行。

3. 施工阶段进度控制的任务

(1)编制施工总进度计划,并控制其执行。

（2）编制单位工程施工进度计划，并控制其执行。

（3）编制工程年、季、月实施计划，并控制其执行。

4.2 建筑工程进度计划系统

▷ 4.2.1 进度计划编制的调查研究

调查研究的目的是为了掌握足够充分、准确的资料，从而为确定合理的进度目标、编制科学的进度计划提供可靠依据。调查研究的内容包括：工程任务情况、实施条件、设计资料，有关标准、定额、规程、制度，资源需求与供应情况，资金需求与供应情况，有关统计资料、经验总结及历史资料等。

▷ 4.2.2 目标工期的设定

进度控制目标主要分为项目的建设周期、设计周期和施工工期。其中建设周期可根据国家基本建设统计资料确定；设计周期可查阅国家已颁布的设计周期定额；施工工期可参考国家颁布的施工工期定额，并综合考虑工程特点及合同要求等确定。

▷ 4.2.3 进度控制计划系统的构成

建筑工程进度控制计划体系主要包括业主单位的计划系统、监理单位的计划系统、设计单位的计划系统和施工单位的计划系统。这些计划既互相区别又有联系，从而构成了建筑工程进度控制的计划总系统，如表4-1至表4-3所示。其作用是从不同的层次和方面共同保证建筑工程进度控制总体目标的顺利实现。需要说明，监理单位计划系统取决于监理合同委托的工作范围，可参考业主计划系统。

表 4-1 业主单位的进度计划系统

序号	计划种类	计划内容	编制依据	编制目的
1	工程项目前期工作计划	安排项目可行性研究，设计任务书及初步设计等项工作的进度	预测	有效衔接建设前期各项工作
2	工程项目总进度计划	（1）总进度计划安排原则、依据 （2）工程项目一览表 （3）工程项目总进度计划 （4）投资计划年度分配表 （5）工程项目进度平衡表等	初步设计	保证初步设计所确定的自工程设计到竣工投产全过程各项建设任务的如期完成
3	工程项目年度计划	（1）年度计划安排原则、依据 （2）年度计划项目表 （3）年度竣工投产交付使用计划表 （4）年度建设资金平衡表 （5）年度设备平衡表等组成部分	工程项目总进度计划	为分批配套投产或交付使用，依据当年可投入建设资源的情况，合理安排年度建设工作内容

表4-2 设计单位的进度计划系统

序号	计划种类	计划内容	编制依据	编制目的
1	设计总进度计划	包括设计准备、方案设计、初步设计、技术设计和施工图设计在内的各项工作所作的总体时间安排	工程项目总进度计划、合同文件	按既定时间的要求提供施工图纸等各种设计文件
2	设计准备工作计划	就规划设计条件确定、设计基础资料收集、委托设计等项工作所作的时间安排	设计总进度计划及其对不同设计工作阶段的时间要求	
3	初步(技术)设计工作进度计划	包括方案设计、初步设计、技术设计、项目概算及修正概算编制、审批在内的各项工作所作的时间安排		
4	施工图设计工作进度计划	确定单项工程、单位工程设计进度及其搭接关系		
5	专业设计作业进度计划	对包括生产工艺、建筑结构、给排水、通风、电气设计在内的各项专业设计工作所作的时间安排	施工图设计工作进度计划,设计工日定额	

表4-3 施工单位的进度计划系统

序号	计划种类	计划内容	编制依据	编制目的
1	施工总进度计划	(1)确定各单位工程施工期限 (2)开、竣工时间与相互搭接关系 (3)编制形成施工总进度计划	工程项目总进度计划,初步设计文件,合同文件,施工总方案,自然及资源条件	确定各单项工程的施工顺序、起止时间及衔接关系
2	单位工程施工进度计划	(1)划分施工过程 (2)计算工程量 (3)确定劳动量及机械台班数量 (4)确定各施工过程天数 (5)形成单位工程施工进度计划	施工总进度计划,施工方案,施工图、施工定额,现场施工条件等	合理安排分部分项工程的施工顺序、起止时间及衔接关系
3	阶段性施工进度计划	年度、季度、月度施工进度计划及旬、周作业进度计划	施工总进度计划	将施工总进度计划按时间阶段进行分解落实

▷ 4.2.4　建筑工程进度计划的编制

建筑工程进度计划一般可用横道图或网络图表示。当应用网络图编制建筑工程进度计划时,其编制程序一般包括四个阶段 10 个步骤,见表 4 - 4。与横道图编制进度计划的程序基本类似。具体编制方法可参见前述流水作业原理和网络计划技术。

表 4 - 4　建筑工程进度计划编制程序

编制阶段	编制步骤	编制阶段	编制步骤
Ⅰ.计划准备阶段	1.调查研究	Ⅲ.计算时间参数及确定关键线路阶段	6.计算工作持续时间
	2.确定网络计划目标		7.计算网络计划时间参数
Ⅱ.绘制网络图阶段	3.进行项目分解		8.确定关键线路和关键工作
	4.分析逻辑关系	Ⅳ.编制正式网络计划阶段	9.优化网络计划
	5.绘制网络图		10.编制正式网络计划

4.3　建筑工程进度监测系统

▷ 4.3.1　进度计划实施中的监测过程

1. 进度计划执行中的跟踪检查

进度计划执行中的跟踪检查途径主要有以下几种:

(1)定期收集进度报表资料。进度报表是反映工程实际进度的主要方式之一。进度控制人员应按照进度计划规定的内容,定期填写进度报表,通过收集进度报表资料掌握工程实际进展情况。

(2)现场实地检查工程进展情况。

派管理人员常驻现场,随时检查进度计划的实际执行情况,这样可以加强进度监测工作,掌握工程实际进度的第一手资料,使获取的数据更加及时、准确。

(3)定期召开现场会议。定期召开现场会议,通过与进度计划执行单位的有关人员面对面的交谈,既可以了解工程实际进度状况,同时也可以协调有关方面的进度关系。

2. 实际进度数据的加工处理

为了进行实际进度与计划进度的比较,必须对收集到的实际进度数据进行加工处理,形成与计划进度具有可比性的数据。

3. 实际进度与计划进度的对比分析

将实际进度数据与计划进度数据比较,可以确定建筑工程进度实际执行状况与计划目标之间的差距。

➤ 4.3.2　实际进度与计划进度的比较方法

常用的进度比较方法有横道图、S 形曲线、香蕉形曲线、前锋线、列表比较法等。

1. 横道图比较法

横道图比较法是指将项目实施过程中收集到的数据,经加工整理后直接用横道线平行绘于原计划的横道线处,进行实际进度与计划进度比较的方法。采用横道图比较法,可以形象、直观地反映实际进度与计划进度的比较情况。

横道图比较法分为匀速进展横道图比较法和非匀速进展横道图比较法。

(1)匀速进展横道图比较法。匀速进展指的是项目进行中,单位时间完成的任务量是相等的。采用匀速进展横道图比较法的步骤为:

①编制横道图进度计划。

②在进度计划上标出检查日期。

③将实际进度用粗黑线标于计划进度的下方。

④比较分析实际进度与计划进度。

具体方法为:如果粗黑线右端落在检查日期的左侧,表明实际进度拖后;如果粗黑线右端落在检查日期的右侧,表明实际进度超前;如果粗黑线右端与检查日期重合,表明实际进度与计划进度一致。

例如,某工程项目基础工程的计划进度和截止到第 9 周末的实际进度如图 4-2 所示,其中细线条表示该工程计划进度,粗实线表示实际进度。从图 4-2 中实际进度与计划进度的比较可以看出,到第 9 周末进行实际进度检查时,挖土方和做垫层两项工作已经完成;支模板按计划也应该完成,但实际只完成了 75%,任务量拖欠 25%;绑扎钢筋按计划应该完成 60%,而实际只完成了 20%,任务量拖欠 40%。

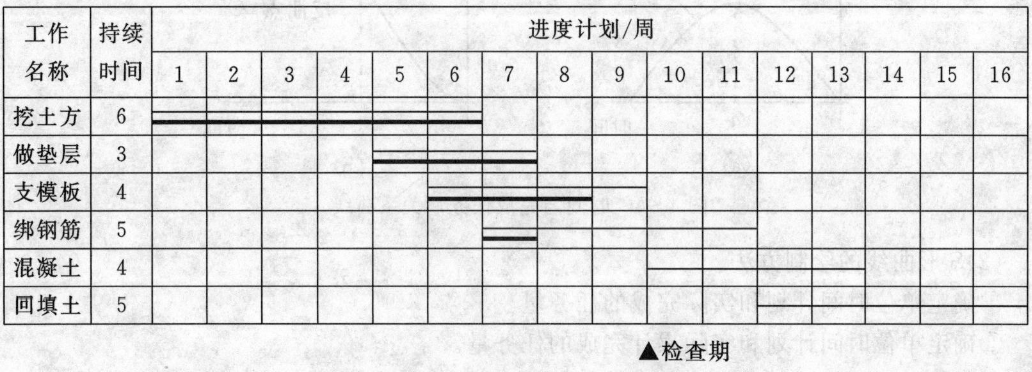

工作名称	持续时间	进度计划/周															
		1	2	3	4	5	6	7	8	9	10	11	12	13	14	15	16
挖土方	6																
做垫层	3																
支模板	4																
绑钢筋	5																
混凝土	4																
回填土	5																

▲检查期

图 4-2　匀速进展横道图比较法

(2)非匀速进展横道图比较法。实际工作中,非匀速进展更为普遍,其比较的方法步骤为:

①编制横道图进度计划。

②在横道线上方标出计划完成任务量累计百分比曲线。

③用粗线标出实际进度,并在粗线下方标出实际完成任务量累计百分比。

④比较分析实际进度与计划进度:如果同一时刻横道线上方累计百分比大于横道线下方

累计百分比,表明实际进度拖后,二者之差即为拖欠的任务量;如果同一时刻横道线上方累计百分比小于横道线下方累计百分比,表明实际进度超前,二者之差即为超前的任务量;如果同一时刻横道线上方累计百分比等于横道线下方累计百分比,表明实际进度与计划进度一致。

非匀速进展横道图比较法示意图见图 4-3。

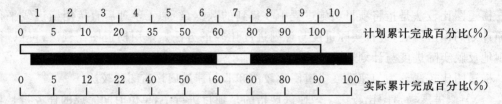

图 4-3　非匀速进展横道图比较法

2.S 形曲线比较法

(1)S 形曲线的概念。从整个工程项目建设进展的全过程看,单位时间内完成的工作任务量一般都随着时间的递进而呈现出如图 4-4(a)所示的分布规律,即工程的开工和收尾阶段完成的工作任务量少而中间阶段完成的工作任务量多。这样以横坐标表示进度时间,以纵坐标表示累计完成工作任务量而绘制出来的曲线将是一条 S 形曲线,如图 4-4(b),由于其形似英文字母"S",S 形曲线由此而得名。S 形曲线比较法就是将进度计划确定的计划累计完成工作任务和实际累计完成工作任务量分别绘制成 S 形曲线,并通过两者的比较借以判断实际进度与计划进度相比是超前还是滞后,即得出其他各种有关进度信息的进度计划执行情况的检查方法。

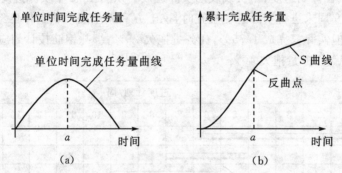

图 4-4　时间与完成任务量关系曲线

(2)S 形曲线的绘制方法。

①确定单位时间计划和实际完成的任务量。

②确定单位时间计划和实际累计完成的任务量。

③确定单位时间计划和实际累计完成任务量的百分比。

④绘制计划和实际的 S 形曲线。

⑤分析比较 S 形曲线。

【例 4-1】某土方工程计划开挖量如表 4-5 所示,试绘制其计划开挖量百分比曲线。

表 4-5　某土方工程计划开挖量

时间/天	1	2	3	4	5	6	7	8
计划每日完成量(100m³)	2	5	8	10	10	8	5	2

【解】(1)计算每日完成量及每日累计完成量百分比,见表4-6。

表4-6　每日完成量及每日累计完成量百分比

	时间/天	1	2	3	4	5	6	7	8
计划	每日完成量(100m³)	2	5	8	10	10	8	5	2
	每日累计完成量(100m³)	2	7	15	25	35	43	48	50
	每日累计完成量百分比(%)	4	14	30	50	70	86	96	100

(2)根据表4-6,以时间为横坐标,以累计工作量百分比为纵坐标绘制计划的S型曲线如图4-5所示。

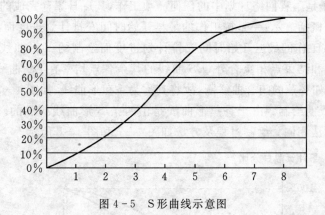

图4-5　S形曲线示意图

(3)S形曲线的比较分析。一般情况下S形曲线形式如图4-6所示。应用S形曲线比较法比较实际进度和计划进度两条曲线,可以得出以下分析与判断结果:

①实际进度与计划进度比较情况。对应于任意检查日期,如果相应的实际进度曲线上的

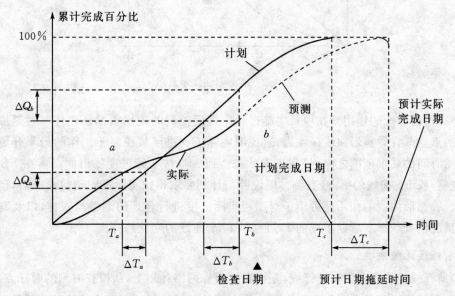

图4-6　S形曲线标示法

一点,位于计划 S 形曲线左侧,表示此时实际进度比计划进度超前,位于右侧则表示实际进度比计划进度滞后。

②实际进度比计划进度超前或滞后的时间。ΔT_a 表示 T_a 时刻实际进度超前的时间,ΔT_b 表示 T_b 时刻实际进度滞后的时间。

③实际比计划超出或拖欠的工作任务量。ΔQ_a 表示 T_a 时刻超额完成的工作任务量,ΔQ_b 表示 T_b 时刻拖欠的工作任务量。

④预测工作进度。若工程按原计划速度进行,则此项工作的总计拖延时间的预测值为 ΔT_c。

3. 香蕉形曲线比较法

(1)香蕉形曲线的概念。网络计划中的任何一项工作均具有最早开始和最迟开始这两种不同的开始时间,于是工程网络计划中的任何一项工作,其逐日累计完成的工作任务量就可借助于两条 S 形曲线概括表示:一是按工作的最早开始时间安排计划进度而绘制的 S 形曲线称为 ES 曲线;二是按工作的最迟开始时间安排计划进度而绘制的 S 形曲线称为 LS 曲线。两条曲线除在开始点和结束点相重合外,ES 曲线的其余各点均落在 LS 曲线的左侧,使得两条曲线围合成一个形如香蕉的闭合曲线圈,故将其称为香蕉形曲线,如图 4-7 所示。

(2)香蕉形曲线的绘制。由于香蕉形曲线是由两条 S 形曲线构成的。因此,其绘制方法与 S 形曲线绘制方法相同。绘制过程及方法如图 4-7 和图 4-8 所示。

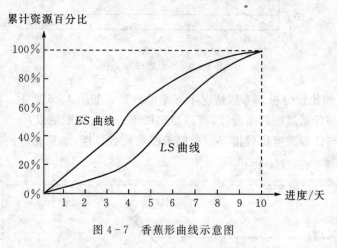

图 4-7 香蕉形曲线示意图

(3)香蕉形曲线的作用。在项目实施过程中进度控制的理想状况是在任一时刻按实际进度描出的点均落在香蕉形曲线区域内,这说明实际工程进度被控制于工作的最早开始时间和最迟开始时间的要求范围之内,呈现正常状态。而一旦按实际进度描出的点落在 ES 曲线的上方(左侧)或 LS 曲线的下方(右侧),则说明与计划要求相比实际进度超前或滞后,已产生进度偏差。香蕉形曲线的作用还可用于对工程实际进度进行合理的调整与安排,以及确定在计划执行情况检查状态下后期工程的 ES 曲线和 LS 曲线的变化趋势。

4. 前锋线比较法

(1)前锋线的概念。所谓前锋线,是指在原时标网络计划上,从检查时刻的时标点出发,用虚线或点划线依次将各项工作实际进展位置点连接而成的折线。前锋线比较法就是通过实际

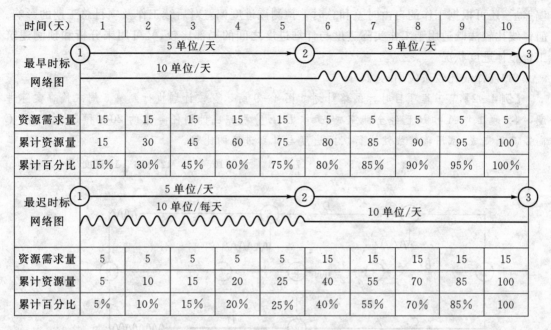

时间(天)	1	2	3	4	5	6	7	8	9	10
最早时标网络图										
资源需求量	15	15	15	15	15	5	5	5	5	5
累计资源量	15	30	45	60	75	80	85	90	95	100
累计百分比	15%	30%	45%	60%	75%	80%	85%	90%	95%	100%
最迟时标网络图										
资源需求量	5	5	5	5	5	15	15	15	15	15
累计资源量	5	10	15	20	25	40	55	70	85	100
累计百分比	5%	10%	15%	20%	25%	40%	55%	70%	85%	100

图4-8 香蕉形曲线绘制过程

进度前锋线与原进度计划中各工作箭线交点的位置来判断工作实际进度与计划进度的偏差，进而判定该偏差对后续工作及总工期影响程度的一种比较方法。

（2）前锋线的绘制。采用前锋线比较法进行实际进度与计划进度的比较，其步骤如下：

①绘制时标网络计划图。为清楚起见，可在时标网络计划图的上方和下方各设一时间坐标。

②绘制实际进度前锋线。一般从时标网络计划图上方时间坐标的检查日期开始绘制，依次连接相邻工作的实际进展位置点，最后与时标网络计划图下方坐标的检查日期相连接。工作实际进展位置点的标定方法有两种：

A.按该工作已完任务量比例进行标定。假设各项工作均为匀速进展，根据实际进度检查时刻该工作已完任务量占其计划完成总任务量的比例，在工作箭线上从左至右按相同的比例标定其实际进展位置点。

B.按尚需作业时间进行标定。当某些工作的持续时间难以按实物工程量来计算而只能凭经验估算时，可以先估算出检查时刻到该工作全部完成尚需作业的时间，然后在该工作箭线上从右向左逆向标定其实际进展位置点。

（3）前锋线的比较分析。前锋线可以直观地反映出检查日期有关工作实际进度与计划进度之间的关系。

①工作实际进展位置点落在检查日期的左侧，表明该工作实际进度拖后，拖后时间为二者之差。

②工作实际进展位置点与检查日期重合，表明该工作实际进度与计划进度一致。

③工作实际进展位置点落在检查日期的右侧，表明该工作实际进度超前，超前时间为二者之差。

④预测进度偏差对后续工作及总工期的影响。通过实际进度与计划进度的比较确定进度

偏差后,还可根据工作的自由时差和总时差预测该进度偏差对后续工作及项目总工期的影响。前锋线比较法既适用于工作实际进度与计划进度之间的局部比较,又可用来分析和预测建筑工程整体进度状况。

(4)前锋线比较法应用示例。

【例 4-2】某工程项目时标网络计划如图 4-9 所示。该计划执行到第 6 周末检查实际进度时,发现工作 A 和 B 已经全部完成,工作 D、E 分别完成计划任务量的 20% 和 50%,工作 C 尚需 3 周完成,试用前锋线法进行实际进度与计划进度的比较。

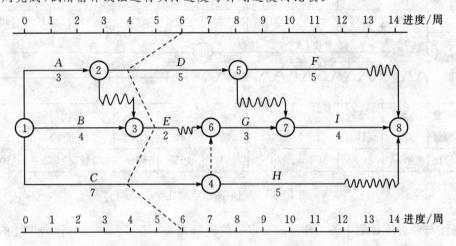

图 4-9 某工程前锋线比较图

【解】根据第 6 周末实际进度的检查结果绘制前锋线,如图 4-9 中虚线所示。通过比较可以看出:

(1)工作 D 实际进度拖后 2 周,将使其后续工作 F 的最早开始时间推迟 2 周,使总工期延长 1 周;

(2)工作 E 实际进度拖后 1 周,不影响总工期,也不影响后续工作的正常进行;

(3)工作 C 实际进度拖后 2 周,将使其后续工作 G、H、J 的最早开始时间推迟 2 周。由于工作 G、J 开始时间的推迟,从而使总工期延长 2 周。

综上所述,如果不采取措施加快进度,该工程项目的总工期将延长 2 周。

5.列表比较法

当工程进度计划用非时标网络图表示时,可以采用列表比较法进行实际进度与计划进度的比较。这种方法是记录检查日期应该进行的工作名称及其已经作业的时间,然后列表并计算有关时间参数,并根据工作总时差进行实际进度与计划进度比较的方法。其表格形式如表 4-7 所示。

采用列表比较法进行实际进度与计划进度的比较,其步骤如下:

(1)对于实际进度检查日期应该进行的工作,根据已经使用的时间,确定其尚需作业时间。

(2)根据原进度计划,计算检查日期应该进行的工作从检查日期到该工作原计划最迟完成时尚余(有)的时间。

(3)计算工作尚有总时差,其值等于工作从检查日期到原计划最迟完成时间尚余时间与该工作尚需作业时间之差。

（4）比较实际进度与计划进度，可能有以下几种情况：

①如果工作尚有总时差与原有总时差相等，说明该工作实际进度与计划进度一致；

②如果工作尚有总时差大于原有总时差，说明该工作实际进度超前，超前的时间为二者之差；

③如果工作尚有总时差小于原有总时差，且尚有总时差为正，说明该工作实际进度拖后，拖后的时间为二者之差，但不影响总工期；

④如果工作尚有总时差小于原有总时差，且尚有总时差为负值，说明该工作实际进度拖后，拖后的时间为二者之差，此时工作实际进度偏差将影响总工期。

【例 4-3】某个程项目进度计划仍如图 4-9 所示。该计划执行到第 10 周末检查实际进度时，发现工作 A、B、C、D、E 已经全部完成，工作 F 已进行 1 周，工作 G 和工作 H 均已进行 2 周，试用列表比较法进行实际进度与计划进度的比较。

【解】根据工程项目进度计划及实际进度检查结果，可以计算出检查日期应进行工作的尚需作业时间、原有总时差及尚有总时差等，计算结果见表 4-7。通过比较尚有总时差和原有总时差，即可判断目前工程实际进展状况。

表 4-7　工程检查进度比较表

工作代号	工作名称	检查计划时尚需作业时间	到计划最迟完成时尚有时间	原有总时差	尚有总时差	情况判断
5—8	F	4	4	1	0	拖后 1 周，但不影响工期
6—7	G	1	0	0	-1	拖后 1 周，影响工期 1 周
4—8	H	3	4	2	1	拖后 1 周，但不影响工期

4.4　建筑工程进度调整系统

▶ 4.4.1　进度偏差的影响性分析

进度计划执行过程中如发生实际进度与计划进度不符，究竟有无必要修改与调整原定计划，使之与变化后的实际情况相适应，还应视进度偏差的具体情况而定。

1. 当进度偏差表现为某项工作的实际进度超前

由于加快某些工作的实施进度，往往可导致资源使用情况发生变化。特别是在有多个平行分包单位施工的情况下，由此而引起后续工作时间安排的变化往往会带来潜在的风险和索赔事件的发生，使缩短部分工期的实际效果得不偿失。因此，当进度计划执行过程中产生的进度偏差表现为某项工作的实际进度超前，若超前幅度不大，此时计划不必调整；当超前幅度过大，则此时计划需要调整。

2. 当进度偏差表现为某项工作的实际进度滞后

进度计划执行过程中若出现实际工作进度滞后，此时是否调整原定计划通常应视进度偏差和相应工作总时差及自由时差的比较结果而定。

(1)若出现进度偏差的工作为关键工作,则由于工作进度滞后,必然会引起后续工作最早开工时间的延误和整个计划工期的相应延长,因而必须对原定进度计划采取相应调整措施。

(2)当出现进度偏差的工作为非关键工作,且工作进度滞后天数已超出其总时差,则由于工作进度延误同样会引起后续工作最早开工时间的延误和整个计划工期的相应延长,因而,必须对原定进度计划采取相应调整措施。

(3)若出现进度偏差的工作为非关键工作,且工作进度滞后天数已超出其自由时差而未超出其总时差,则由于工作进度延误只引起后续工作最早开工时间的拖延而对整个计划工期并无影响,此时只有在后续工作最早开工时间不宜推后的情况下才考虑对原定进度计划采取相应调整措施。

(4)若出现进度偏差的工作为非关键工作,且工作进度滞后天数未超出其自由时差,则由于工作进度延误对后续工作的最早开工时间和整个计划工期均无影响,因而不必对原定进度计划采取调整措施。

通过分析,进度控制人员可以根据进度偏差的影响程度,制定相应的纠偏措施进行调整,以获得符合实际进度情况和计划目标的新进度计划。

▷ 4.4.2　进度计划的调整方法

由于工作进度滞后引起后续工作开工时间或计划工期的延误,主要有两种调整方法。

1. 改变某些后续工作之间的逻辑关系

若进度偏差已影响计划工期,且有关后续工作之间的逻辑关系允许改变,此时可变更位于关键线路或位于非关键线路但延误时间已超出其总时差的有关工作之间的逻辑关系,从而达到缩短工期的目的。例如可将按原计划安排依次进行的工作关系改变为平行进行、搭接进行或分段流水进行的工作关系。通过变更工作逻辑关系缩短工期的方法往往简便易行且效果显著。

2. 缩短某些后续工作的持续时间

当进度偏差已影响计划工期,进度计划调整的另一方法是不改变工作之间的逻辑关系,而只是压缩某些后续工作的持续时间,以此加快后期工程进度使原计划工期仍然能够得以实现。

此调整方法视限制条件及对其后续工作的影响程度的不同,一般可分为以下两种情况:

(1)网络计划中某项工作进度拖延的时间已超过其自由时差但未超过其总时差。如前所述,此时该工作的实际进度不会影响总工期,而只对其后续工作产生影响。因此,在进行调整前,需要确定其后续工作允许拖延的时间限制。

①后续工作拖延的时间无限制。如果后续工作拖延的时间完全被允许时,可将拖延后的时间参数带入原计划,并化简网络图(即去掉已执行部分,以进度检查日期为起点,将实际数据带入,绘制出未实施部分的进度计划),即可得调整方案。

②后续工作拖延的时间有限制。如果后续工作不允许拖延或拖延的时间有限制时,需要根据限制条件对网络计划进行调整,寻求最优方案。一般情况下,可利用工期优化的原理确定后续工作中被压缩的工作,从而得到满足后续工作限制条件的最优调整方案。

(2)网络计划中某项工作进度拖延的时间超过其总时差。此时,进度计划的调整方法又可分为以下三种情况：

①项目总工期不允许拖延。如果工程项目必须按照原计划工期完成,则只能采取缩短关键线路上后续工作持续时间的方法来达到调整计划的目的。

②项目总工期允许拖延,且拖延时间无限制。如果项目总工期允许拖延,则此时只需以实际数据取代原计划数据,并重新绘制实际进度检查日期之后的简化网络计划即可。

③项目总工期允许拖延,但拖延的时间有限制。如果项目总工期允许拖延,但允许拖延的时间有限。则当实际进度拖延的时间超过此限制时,也需要对网络计划进行调整,即通过缩短关键线路上后续工作持续时间的方法来使总工期满足规定工期的要求。

以上无论何种情况,具体调整方法,可参见网络计划的工期优化。

 思考题

1.影响工程进度的因素有哪些?

2.施工进度计划的编制依据有哪些?

3.试阐述香蕉形曲线的原理。

4.施工进度计划调整包括哪些内容,具体步骤有哪些?

练习题

1. 单项选择题

(1)建设工程项目总进度目标的控制是(　　)项目管理的任务。

　　A. 业主单位　　　　　　　　　　B. 供货单位

　　C. 设计单位　　　　　　　　　　D. 施工单位

(2)施工方进度控制的任务是依据(　　)控制施工工作进度。

　　A. 业主方对施工进度的要求　　　B. 施工任务承包合同对施工进度的要求

　　C. 建筑施工工期定额　　　　　　D. 业主方对施工进度的要求和工期定额等

(3)施工方所编制的施工企业的施工生产计划,属于(　　)的范畴。

　　A. 单体工程施工进度计划　　　　B. 企业计划

　　C. 施工总进度方案　　　　　　　D. 工程项目管理

(4)在理论上和工程实践中,一般而言,工程项目的控制性施工进度计划实指(　　)。

　　A. 单位工程施工进度计划　　　　B. 施工企业年度生产计划

　　C. 工程项目施工总进度规划　　　D. 工程项目月度施工计划

(5)业主方进度控制的任务是控制整个项目(　　)。

　　A. 建设管理进度　　　　　　　　B. 建设施工进度

　　C. 前期工作进度　　　　　　　　D. 实施阶段进度

(6)为确保工程项目施工进度计划能得以实施,施工方还应编制与时间进度配套的(　　)。

　　A. 资金使用计划　　　　　　　　B. 施工财务计划

　　C. 劳动力需求计划　　　　　　　D. 工程供货计划

(7)在工程实践中,必须树立和坚持以最基本的工程管理原则,即在确保(　　)的前提下,控制工程进度。

A. 工程质量   B. 投资规模

C. 设计标准   D. 经济效益

(8)为实现计算机辅助建设工程项目进度计划编制和调整,目前用于进度计划编制的商业软件都是基于( )。

A. 价值工程原理   B. 挣值法原理

C. 横道图计划原理   D. 工程网络计划原理

(9)建设工程项目的总进度目标是指整个项目的进度目标,它是在项目( )确定的。

A. 决策阶段   B. 设计准备阶段

C. 设计阶段   D. 施工阶段

(10)在计划执行过程中,如果实际进度与计划进度产生偏差,需要及时调整计划。常见的网络计划调整方法有( )。

A. 调整网络的关键线路   B. 调整施工定额水平

C. 调整进度目标的设置   D. 调整网络图的表达形式

(11)建设项目进度控制是一个动态的管理过程,其中进度目标分析和论证的目的是( )。

A. 落实进度控制的具体措施   B. 论证进度目标是否合理、能否实现

C. 决定进度计划的不同层面   D. 分析进度计划系统内部的关系

(12)施工进度控制的技术措施涉及对实现施工进度目标的有利( )的选用。

A. 控制技术   B. 设计技术

C. 施工技术   D. 设计技术和施工技术

2. 多项选择题

(1)在项目的实施阶段,项目总进度包括( )。

A. 可行性研究的工作进度   B. 设计工作进度

C. 招标工作进度   D. 施工前准备工作进度

E. 工程施工和设备安装工作进度

(2)下列选项中,属于总进度纲要主要内容的有( )。

A. 项目实施的总体部署   B. 总进度规划

C. 确定里程碑事件的计划进度目标   D. 施工进度计划及相关的资源需要计划

E. 总进度目标实现的条件和应采取的措施

(3)编制控制性施工进度计划的主要目的有( )。

A. 对进度目标进行分解   B. 确定施工的总体部署

C. 确定承包合同目标工期   D. 安排施工图出图计划

E. 确定里程碑事件的进度目标

(4)施工进度控制的主要工作环节包括( )。

A. 建立施工进度计划系统   B. 编制施工进度计划及相关的资源需求计划

C. 组织施工进度计划的实施   D. 施工进度计划的检查与调整

E. 分析影响工程施工进度的风险

(5)施工进度控制的经济措施涉及( )。

A. 编制施工预算   B. 工程资金需求计划

C. 加快施工进度的经济激励措施   D. 施工索赔

E. 编制工作计划

(6)建设工程项目进度控制是一个动态的管理过程,其主要包括(   )。

A. 进度计划的跟踪检查与调整　　　　B. 工期索赔条件的分析与比较

C. 进度目标分析和认证　　　　　　　D. 建立辅助进度控制的信息处理

E. 进度计划的编制

(7)在项目实施阶段,项目的总进度应包括(   )等内容。

A. 编制可行性研究报告的进度　　　　B. 设计工作进度

C. 招标工作进度　　　　　　　　　　D. 施工前准备工作进度

E. 工程施工和设备安装进度

(8)建设工程项目进度控制措施主要包括(   )。

A. 组织措施　　　　　　　　　　　　B. 管理措施

C. 经济措施　　　　　　　　　　　　D. 技术措施

E. 规划措施

(9)某钢厂新建一轧钢车间,为保证项目按时投产,尽早创造经济效益,项目部采取了一系列进度控制措施:

①属于管理措施的有(   )。

A. 进行多进度方案的比较和优选　　　B. 选择合理的承发包模式

C. 选择合理的物资采购模式　　　　　D. 建立适当的进度报告制度

E. 确定进度控制的工作流程

②属于经济措施的有(   )。

A. 编制资源需求计划　　　　　　　　B. 加强索赔管理

C. 明确资源供应条件　　　　　　　　D. 建立进度审核制度

E. 落实经济激励措施

3. 计算分析题

(1)某钢筋工程按施工计划需要 9 天完成,其实际进度与计划进度如图 4−10 所示。试应用横道图比较法分析各天实际进度与计划进度之偏差。

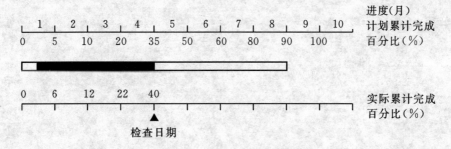

图 4−10　双比例单侧横道比较图

(2)已知某工程双代号网络计划如图 4−11,该项任务要求工期为 14 天。第 5 天末检查发现:A 工作已完成 3 天工作量,B 工作已完成 1 天工作量;C 工作已全部完成,E 工作已完成 2 天工作量,D 工作已全部完成,G 工作已完成 1 天工作量,H 工作尚未开始,其他工作均未开始。试应用前锋线比较法分析工程实际进度与计划进度。

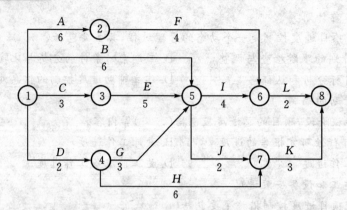

图 4-11　某工程双代号网络计划

(3)已知条件同第(2)题,试应用列表比较法分析工程实际进度与计划进度。

第 5 章　建筑工程成本管理

5.1　施工阶段工程费用的控制

▶ 5.1.1　工程价款的结算

1. 工程预付备料款

施工企业实行包工包料的工程,发包单位在开工前拨付给承包单位一定限额的工程预付备料款。此预付款用于施工企业为该工程储备主要材料、结构件所需的周转金。

按工程承包合同规定,由发包单位供应材料的,其材料可按材料预算价格转给承包单位,材料价款在结算工程款时陆续抵扣。对这部分材料,承包单位不应收取备料款。

(1)预付备料款的拨付时间和要求。《建设工程施工合同(示范文本)》中规定:实行工程预付款的双方应当在专用条款内约定发包方向承包方预付工程款的时间和数额,开工后按约定的时间和比例逐次扣回。预付时间应不迟于约定的开工日期前 7 天。发包方不按约定预付,承包方在约定预付时间 7 天后向发包方发出要求预付的通知,发包方收到通知后仍不能按要求预付,承包方可在发出通知后 7 天停止施工,发包方应从约定应付之日起向承包方支付应付款的贷款利息,并承担违约责任。

工程预付款仅用于承包方支付施工开始时与本工程有关的动员费用。如果承包方收取备料款后两个月仍不开工或滥用此款,发包方有权立即收回。

发包方支付预付款的条件为:在承包方向发包方提交金额等于预付款数额的银行保函后,发包方按规定的金额和规定的时间向承包方支付预付款,在发包方全部扣回预付款之前,该银行保函将　直有效,当预付款被发包方扣回时,银行保函金额相应递减。

(2)预付备料款的数额。预付备料款限额主要取决于主要材料、构件费用占建安工作量的比例,材料储备周期,施工工期等。一般可按下式计算:

$$预付备料款数额 = \frac{年度承包工程总价 \times 主要材料费比重}{年度施工天数} \times 材料储备天数 \quad (5-1)$$

一般建筑工程不应超过当年建筑工作量(包括水、电、暖)的 30%;安装工程按年度安装工作量的 10%,材料占比重较多的安装工程按年计划产值的 15% 左右拨付。

(3)备料款的回扣。发包单位拨付给承包单位的备料款属于预支性质,随着工程的实施所需主要材料的储备会逐步减少,备料款应以抵充工程价款的方式陆续扣回,扣回的方法由双方在合同中约定。常见的备料款扣回方法有以下两种:

①当未完工程尚需的主要材料及构件费等于备料款数额时起扣,从每次结算工程价款中,按材料费比重扣抵工程价款,竣工前全部扣清。其基本表达公式是:

$$T = P - \frac{M}{N} \quad (5-2)$$

式中：T—— 起扣点及预付备料款开始扣回时的累计完成工作量金额;

M—— 预付备料款限额;

N—— 主要材料、构件费所占比重;

P—— 承包工程价款总额。

②当承包方累计完成工作量金额达到合同总价的一定比例后,发包方从每次应付给承包方的工程款中扣回工程预付款,发包方至少应在合同规定的完工期前将预付款全部逐次扣回。

实际情况比较复杂,工期短、造价低的工程无需分期扣回;工期长、跨年度工程,当年可以扣回部分预付备料款,将未扣回部分转入次年,直到竣工年度全部扣回。

【例 5-1】某工程合同金额 200 万元,合同工期 5 个月,预付备料款 30 万元,主材费所占比重 60%,每月完成工程量 40 万元,预付备料款如何扣回?

【解】(1)预付款起扣点:

$$T = P - \frac{M}{N} = 200 - \frac{30}{60\%} = 150(万元)$$

即当累计完成工程量达到 150 万元时,起扣预付备料款。

(2)预付款扣回时间及数额:前 3 个月累计完成工程量为 120 万元,小于 150 万元,不扣;前 4 个月累计完成工程量为 160 万元,大于 150 万元,所以,应从第 4 个月开始起扣预付款,数额为(160-150)×60%=6(万元)。具体如表 5-1 所示。

表 5-1   预付款扣回时间及数额

月份	第 1 个月	第 2 个月	第 3 个月	第 4 个月	第 5 个月
完成工程量	40	40	40	40	40
扣预付款数额				6	24
进度款支付款额	40	40	40	34	16

2. 工程计量与进度款支付

工程进度款的支付主要涉及工程量的计量和工程单价的确定。

(1)工程计量的程序。《建设工程施工合同(示范文本)》规定:承包人应按专用条款约定的时间,向工程师提交已完工程量报告,工程师接到报告后 7 天内按设计图纸核实已完工程量,并在计量前 24 小时通知承包人,承包人为计量提供便利条件并派人参加。承包人收到通知后不参加计量,计量结果有效,作为工程价款支付的依据。工程师收到承包人报告后 7 天内未进行计量,从第 8 天起,承包人报告中开列的工程量即视为已被确认,作为工程价款支付的依据。工程师不按约定时间通知承包人,使承包人不能参加计量,计量结果无效。对承包人超出设计图纸范围和因承包人原因造成返工的工程量,工程师不予计量。

(2)工程单价的计算。工程单价主要根据合同约定的计价方法确定。目前我国工程价格的计价方法一般分为工料单价和综合单价两种方法。所谓工料单价法是指分部分项工程单价只包括人工费、材料费、机械费,而间接成本、利润、税金等另按现行方法计算。综合单价法是指分部分项工程量的单价是全部费用单价,既包括直接成本,也包括间接成本、利润、税金等一切费用。二者在选择时,既可采取可调价格的方式,即工程价格在实施期间可随价格变化而调整,也可采取固定价格的方式,即工程价格在实施期间不因价格变化而调整,单价中已考虑了价格风险因素并在合同中明确了固定价格所包括的内容和范围。实践中采用较多的是可调工料单价法和固定综合单价法。

(3)工程款的支付。工程进度款的支付,一般按当月实际完成工程量进行结算,工程竣工后办理竣工结算。在工程竣工前,承包人收取的工程预付款和进度款的总额一般不超过合同总额(包括工程合同签订后经发包人签证认可的增减工程款)的 95%,其余 5% 尾留款,在工程竣工结算时扣除保修金外一并清算。

《建设工程施工合同(示范文本)》关于工程款支付责任的约定:在确认计量结果后 14 天内,发包人应向承包人支付工程款。发包人超过约定的支付时间不支付工程款,承包人可向发包人发出要求付款的通知,发包人接到承包人通知后仍不能按要求付款,可与承包人协商签订延期付款协议,经承包人同意后可延期支付。协议应明确延期支付的时间和从计量结果确认后第 15 天起计算应付款的贷款利息。发包人不按合同约定支付工程款,双方又未达成延期付款协议,导致施工无法进行,承包人可停止施工,由发包人承担违约责任。

3. 工程保修金的预留与返还

(1)工程保修金的预留。按照有关规定,建筑工程合同总额中应预留出一定比例(约 3%～5%)的尾留款作为质量保修费用(又称保留金)。预留方法一般有两种:当工程进度款拨付累计额达到该工程造价的一定比例(95%～97% 左右)时,停止支付,剩余部分作为尾留款;也可以从第一次支付工程进度款开始,在每次承包方应得的工程款中扣留投标书附录中规定的金额作为保留金,直至保留金总额达到投标书附录中规定的限额为止。

(2)工程保修金的返还。发包人在质量保修期满后 14 天内,将剩余保修金和利息返还给承包商。

4. 工程其他费用的支付

(1)安全施工方面的费用。承包人按工程质量、安全及消防管理有关规定组织施工采取严格的安全防护措施,承担由于自身的安全措施不力造成事故的责任和因此发生的费用。非承包人责任造成安全事故,由责任方承担责任和发生的费用。

发生重大伤亡及其他安全事故,承包人应按有关规定立即上报有关部门并通知工程师,同时按政府有关部门要求处理,发生的费用由事故责任方承担。

承包人在动力设备、输电线路、地下管道、密封防震车间,以及易燃、易爆地段以及临街交通要道附近施工时,施工开始前,应向工程师提出安全保护措施,经工程师认可后实施,防护措施费用由发包人承担。

实施爆破作业,在放射、毒害性环境中施工及使用毒害性、腐蚀性物品施工时,承包人应在施工前 14 天以书面形式通知工程师,并提出相应的安全保护措施,经工程师认可后实施。安全保护措施费用由发包人承担。

(2)专利技术及特殊工艺涉及的费用。发包人要求使用专利技术或特殊工艺,负责办理申报手续,承担申报、试验、使用等费用,承包人按发包人要求使用,并负责试验等有关工作。承包人提出使用专利技术或特殊工艺,报工程师认可后实施,承包人负责办理申报手续并承担有关费用。擅自使用专利技术侵犯他人专利权,责任者承担全部后果及所发生的费用。

(3)文物和地下障碍物涉及的费用。在施工中发现古墓、遗址等文物及化石或其他有考古研究价值的物品时,承包人应立即保护好现场并于4小时内以书面形式通知工程师,工程师应于收到书面通知后24小时内报告当地文物管理部门,承发包双方按文物管理部门的要求采取妥善保护措施。发包人承担由此发生的费用,延误的工期相应顺延。

如施工中发现古墓、古建筑遗址等文物及化石或其他有考古、地质研究价值的物品,隐瞒不报致使文物遭受破坏的,责任人依法承担相应责任。

施工中发现影响施工的地下障碍物时,承包人应于8小时内以书面形式通知工程师,同时提出处置方案,工程师收到处置方案后8小时内予以认可或提出修正方案。发包人承担由此发生的费用,延误的工期相应顺延。

5.工程竣工结算

(1)竣工结算的含义及要求。工程竣工结算是指施工企业按照合同规定的内容和要求全部完成所承包的工程,经验收质量合格,向发包单位进行的最终工程价款清算的文件。《建设工程施工合同(示范文本)》规定如下:

①工程竣工验收报告经发包方认可后28天内,承包方向发包方递交竣工结算报告及完整的结算资料,按合同约定的结算价款及调整内容,进行工程竣工结算。

②发包方收到竣工结算报告及结算资料后28天内给予确认或者提出修改意见,确认后向承包方支付竣工结算价款。承包方收到竣工结算价款后14天内应将竣工工程交付发包方。

③发包方收到竣工结算报告后28天内无正当理由不支付竣工结算价款,承包方可以催告发包方支付结算价款,且从第29天起按承包方同期向银行借款利率支付拖欠工程价款的利息。自发包方收到竣工结算报告后56天内仍不支付的,承包方可以与发包方协议将该工程折价,或由承包方申请人民法院将该工程依法拍卖,承包方优先受偿拍卖的价款或折价款。

④工程竣工验收报告经发包方认可后28天内,承包方未能向发包方递交竣工结算报告,造成工程竣工结算不能正常进行或竣工结算价款不能及时支付,发包方要求交付工程的,承包方应当交付;发包方不要求交付工程的,承包方承担保管责任。

(2)竣工结算工程款的计算公式。办理工程价款竣工结算的一般公式为:

竣工结算工程款＝合同价款＋合同价款调整额－预付及已结算工程款－保修金

(3)竣工结算的审查。认真审查竣工结算是建设单位及审计部门等在竣工阶段控制工程费用的一项重要工作。经审查核定的工程竣工结算是核定建设工程造价的依据,也是建设项目验收后编制竣工决算和核定新增固定资产价值的依据。一般从以下几方面入手:核对质量验收合格证书;明确结算要求;检查隐蔽验收记录;核对设计变更签证;按图核实工程量;认真核实单价;核实结算子目及计算结果。

(4)竣工结算示例。

【例5-2】某工程承包合同总额为600万元,主材费占合同总额的62.5%。预付备料款额度为25%,当未完工程尚需的主材费等于预付款数额时起扣,从每次中间结算工程价款中,按材料费比重抵扣工程价款。保留金为合同总额的5%。实际施工中因设计变更和现场签证发生了60万元合同调增额,在竣工结算时支付。各月实际完成合同价值如表5-2所示,试计算各月工程价款结算额及竣工价款结算额。

表 5－2　实际完成合同价值

月　份	一月	二月	三月	四月	五月
工作量	80	120	180	180	40

【解】(1)预付备料款＝600×25％＝150(万元)。

(2)预付备料款的起扣点。

即：当累计完成合同价值＝600－150/62.5％＝360(万元)时,开始扣预付款。

(3)一月完成合同价值80万元,结算80万元。

(4)二月完成合同价值120万元,结算120万元,累计结算工程款200万元。

(5)三月完成合同价值180万元,到三月份累计完成合同价值380万元,超过了预付备料款的起扣点。

三月份应扣预付款＝(380－360)×62.5％＝12.5(万元)

三月份结算工程款＝180－12.5＝167.5(万元),累计结算工程款367.5万元。

(6)四月份完成合同价值180万元,应扣预付款＝180×62.5％＝112.5(万元)。

四月份结算工程款＝180－112.5＝67.5(万元),累计结算工程款435(万元)。

(7)五月份完成合同价值40万元,应扣预付款＝40×62.5％＝25(万元)。

五月份本应扣保留金,但有足够的合同调增价可用来支付,故可以不扣保留金。如果工程变更发生时,在当月进度款中已支付过合同调增价,则仍应在最后一月进度款中预扣保留金。

五月份结算价款＝40－25＝15(万元),累计结算价款450万元,加上预付款后已支付总价款600万元。

(8)保留金数额＝(600＋60)×5％＝33(万元)

(9)竣工结算价款＝合同总价－已支付价款－保留金＝660－600－33＝27(万元)

6.工程价款的动态结算

由于工程建设周期较长,人工、材料等价格经常会发生较大变化,为准确反映工程实际耗费,维护双方正当权益,可对工程价款进行动态结算。常用的动态结算方法有：

(1)按实际价格结算法。这种方法是按主要材料的实际价格对原合同价进行调整,承包商可凭发票实报实销。这种方法优点是简便具体,但建设单位承担过大风险,为了避免副作用,造价管理部门要定期公布最高结算限价,同时合同文件中应规定建设单位有权要求承包商选择更廉价的供应来源。

(2)按主材计算价差。发包人在招标文件中列出需要调整价差的主要材料表及其基期价格(一般采用当时当地造价管理机构公布的信息价或结算价),工程竣工结算时按竣工当时当地造价管理机构公布的材料信息价或结算价,与招标文件中列出的基期价比较计算材料差价。

(3)主材按量计算价差,其他材料按系数计算价差。主要材料按施工图计算的用量和竣工当月当地造价管理机构公布的材料结算价与基价对比计算差价。其他材料按当地造价管理机构公布的竣工调价系数计算差价。

(4)竣工调价系数法。按工程造价管理机构公布的竣工调价系数及调价计算方法计算差价。

(5)调值公式法(又称动态结算公式法)。根据国际惯例,对建安工程已完成投资费用的结

算,一般采用此法。建安工程费用价格调值公式包括固定部分、材料部分和人工部分三项。调值公式为:

$$P = P_0 \left(a_0 + a_1 \frac{A}{A_0} + a_2 \frac{B}{B_0} + a_3 \frac{C}{C_0} + a_4 \frac{D}{D_0} + \cdots \right) \tag{5-3}$$

式中:P—— 调值后合同价款或工程实际结算款;

P_0—— 合同价款中工程预算进度款;

a_0—— 固定要素,代表合同支付中不能测整的部分;

a_1, a_2, a_3, a_4—— 有关成本要素(如:人工、钢筋、水泥、木材费用等)在合同总价中所占的比重,其和为1;

A_0, B_0, C_0, D_0—— 基准日期与对应的 a_1, a_2, a_3, a_4 各项费用的基期价格指数或价格;

A, B, C, D—— 与特定付款证书有关的期间最后一天的 49 天前与 a_1, a_2, a_3, a_4 对应的各成本要素的现行价格指数或价格。

动态结算公式法应用见例 5-4。

▷5.1.2 工程变更的控制

1. 工程变更的概念

项目在实施过程中,由于现场施工条件、自然条件、社会环境、材料设备的供应以及施工技术水平等因素的影响,导致设计图纸、工程量、工程进度、工程内容等的变化,这些变化统称为工程变更。工程变更主要有以下内容:

(1)设计变更。由于提高标准、增加建筑面积、改变结构布局或发现设计错误等引起设计变更。提出设计变更的主体可为发包人、承包人、设计人、监理工程师等。

(2)施工条件变更。由于地质条件、现场情况的变化而引起的工程变更为施工条件变更。

(3)进度计划变更。由于某种需求或因素的改变导致进度计划的加快或减缓为进度计划变更。

(4)增减工程项目内容。为完善或调整功能而提出增减某些工程项目内容。

2. 工程变更的控制及处理程序

工程变更会导致工程费用和工期的改变,甚至会影响工程质量,建设单位应该严格控制。要建立工程变更控制的相关制度,尤其是要有严格的工程变更处理程序。

(1)设计单位提出的工程变更,应编制设计变更文件,报监理工程师审查;建设单位或承包单位提出的变更,先交监理工程师审查,再交原设计单位编制设计变更文件。当工程变更涉及安全、环保,或超过原批准的建设规模时,应按规定经有关部门批准审定。

(2)监理工程师审查同意后,必须根据实际情况、设计变更文件以及施工合同等其他有关资料,对工程变更的费用和工期作出评估。

(3)监理工程师应就工程变更费用及工期的评估情况与承包单位和建设单位进行协调。如果双方未能就工程变更费用达成协议时,监理工程师应提出一个暂定价格,作为临时支付工程款的依据,竣工结算时,应以双方达成的协议为依据。

(4)监理工程师签发工程变更单。工程变更单内容包括变更要求及说明、变更费用和工期等内容,设计变更应附设计变更文件。

（5）监理工程师根据项目变更单监督承包单位实施。未经监理工程师审查同意而实施的工程变更，不予计量，由此导致的发包人的直接损失，由承包人承担，延误的工期不得顺延。

3. 工程变更价款的确定方法

《建设工程施工合同(示范文本)》规定：

（1）承包方在工程变更确定后 14 天内，提出变更工程价款的报告，经工程师确认后调整合同价款。

①合同中已有适用于变更工程的价格，按合同已有的价格计算合同价款。

②合同中只有类似于变更工程的价格，可以参照类似价格变更合同价款。

③合同中没有适用或类似于变更工程的价格，由承包方提出适当的变更价格，经工程师确认后执行。

（2）承包方在确定变更后 14 天内不向工程师提出变更工程价款报告时，视为该项变更不涉及合同价款的变更。

（3）工程师收到变更工程价款报告之日起 14 天内，应予以确认。工程师无正当理由不确认时，自变更价款报告送达之日起 14 天后变更工程价款报告自动生效。

（4）工程师不同意承包方提出的变更价款，可以通过有关部门调解，调解不成的，双方可以采用仲裁或向人民法院起诉的方式解决。

5.1.3 工程索赔的控制

1. 工程索赔的概念及特征

工程索赔是指在合同履行过程中，合同当事人一方因非自身原因而遭受到经济损失或权利损害时，通过一定的合法程序向对方提出经济或时间补偿的要求。

（1）索赔是双向的，承包人可以向发包人索赔，发包人也可以向承包人索赔。

（2）提出索赔的前提条件是由于非己方原因造成的，且实际发生了经济损失或权利损害。

（3）索赔是一种未经确认的单方行为，它与工程签证不同。签证是双方达成一致的补充协议，可以直接作为工程款结算的依据，而索赔必须通过确认后才能实现。

2. 索赔事件产生的原因

索赔事件产生的原因主要有：当事人违约、不可抗力事件、合同缺陷、合同变更、工程师指令，以及其他原因引起的索赔。

3. 索赔事件的处理原则

索赔是一种正当的权利要求，是合同履行过程中经常发生的正常现象。索赔的性质是一种补偿行为，而不是惩罚行为。实践证明，开展健康的索赔以及正确处理索赔事件具有重要意义。处理索赔事件的原则为：

（1）索赔必须以合同为依据。

（2）必须注意资料的可靠性，缺乏支撑和佐证索赔事件的资料，索赔不能成立。

（3）及时、合理地处理索赔，防止新的索赔发生。

（4）加强索赔的前瞻性，有效避免过多索赔事件的发生。

4. 索赔的处理程序及规定

《建设工程施工合同(示范文本)》中对索赔的程序和时间要求有明确而严格的限定。

（1）递交索赔意向通知。承包人应在索赔事件发生后的 28 天内向工程师递交索赔意向通知，表明将对此事件提出索赔。如果超出这个期限，工程师和业主有权拒绝承包人的索赔要求。

（2）递交索赔报告，索赔意向通知提交后的 28 天内，承包人应递交正式的索赔报告，如果索赔事件持续进行时，承包人应当阶段性地提出索赔要求和证据资料，在索赔事件终了后 28 天内，报出最终索赔报告。

（3）工程师审查索赔报告。工程师在收到承包人送交的索赔报告和有关资料后，于 28 天内给予答复，或要求承包人进一步补充索赔理由和证据。工程师在 28 天内未予答复或未对承包人作进一步要求，视为该项索赔已经认可。

（4）工程师与承包人协商补偿办法，作出索赔处理决定。协商无果，工程师有权确定一个他认为合理的价格作为最终处理意见报请业主批准并通知承包人。

（5）发包人审查工程师的索赔处理报告，决定是否批准工程师的处理意见。索赔报告经业主批准后工程师即可签发有关证书。

（6）承包商决定是否接受最终索赔处理。如果承包商接受最终的索赔处理决定，索赔事件的处理即告结束，如果承包商不同意，就会导致合同争议，可进一步通过协商、仲裁或诉讼解决。

承包人未能按合同履行自己的义务给发包人造成损失的，发包人也可按上述时限向承包人提出索赔。

5. 索赔费用的组成

不同的索赔事件可索赔的费用不同，施工单位提出索赔的费用一般包括：

（1）人工费。索赔费用中的人工费指完成合同计划以外的额外工作所花的人工费用；由于非承包商责任的劳动效率降低所增加的人工费用；超过法定工作时间加班劳动，以及法定人工费的增长等。

（2）材料费。材料费的索赔包括由于索赔事件导致材料实际用量超过计划用量和材料价格大幅度上涨。为了证明材料单价的上涨，承包商应提供可靠的订货单、采购单或官方公布的材料价格调整指数。

（3）施工机械费。施工机械费包括由于索赔事件导致施工机械额外工作、工效降低而增加的机械使用费、机械窝工费及机械台班单价上涨费等。

（4）工地管理费。赔款中的工地管理费，是指承包商完成额外工程以及工期延长期间的现场管理费用。

（5）总部管理费。总部管理费是指由于索赔事件使施工企业为此而多支付的对该工程进行指导和管理的费用。

（6）利息。利息索赔通常包括：延时付款的利息、增加施工成本的利息、索赔款的利息、错误扣款的利息等。

（7）分包费。由于发包人的原因而使得工程费用增加时，分包人可以提出索赔，但分包人的索赔应如数列入总包人索赔款总额以内。

（8）保险费。保险费是由于发包人原因使工程延期的保险费。

（9）保函手续费。保函手续费由于发包人原因使工程延期的保函手续费。

（10）利润。一般来说，由于工程范围变更、业主未能提供现场等引起的索赔，承包商可以列入利润。而延误工期的索赔,由于利润包括在每项工程的价格之内,工程暂停并未导致利润减少。所以,工程师很难同意在工程暂停的费用索赔中加进利润损失。

6. 索赔费用的计算方法

索赔费用的计算方法通常有实际费用法、总费用法和修正总费用法。

(1)实际费用法。实际费用法是以承包商为某项索赔工作所支付的实际开支为根据,向业主要求费用补偿,是工程索赔计算时最常用的一种方法。

由于实际费用法所依据的是实际发生的成本记录,所以,在施工过程中,系统而准确地积累记录资料是非常重要的。

(2)总费用法。总费用法是当发生多次索赔事件以后,重新计算出该工程项目的实际总费用,再从这个实际总费用中减去投标报价时的预算总费用,即为要求补偿的索赔费用。

$$索赔费用 = 实际总费用 - 投标报价预算费用$$

实际工作中,总费用法采用不多。因为实际发生的总费用中,可能包括了由于承包商原因而增加的费用,且投标报价的预算费用因竞争中标而过低,会使索赔费用增加。

(3)修正总费用法。修正总费用法是在总费用计算的基础上,只计算受影响的某项工作所受的损失,并接受影响工作的实际单价重新核算投标报价费用。修正总费用法计算索赔金额的公式如下:

$$索赔金额 = 某项工作调整后的实际总费用 - 该项工作的报价费用$$

修正总费用法较总费用法有了实质性的改进,它的准确程度已接近于实际费用法。

7. 索赔案例分析

【例5-3】 某工程于当年(基准年)3月1日开工,第二年3月12日竣工验收合格。该工程供热系统于第四年7月(保修期已过)出现部分管道漏水,业主检查发现原施工单位所用管材与其向监理工程师报验的不符,全都更换这批供热管道需人民币30万元,并造成该工程部分项目停产损失人民币20万元。试分析业主可向承包商和监理单位提出哪些索赔要求。

【解】(1)要求施工单位全部返工更换厂房供热管道。因为管道漏水是由于施工单位使用不合格管材造成的,应责令返工、修理,该工程不受保修期限制。

(2)要求施工单位赔偿停产损失计人民币20万元。按现行法律工程质量不合格造成的损失应由责任方赔偿。

(3)要求监理公司对全部返工工程免费监理。因为依据现行法律法规,监理单位对施工单位的责任引起的损失不负连带赔偿责任,但应承担失职责任。

【例5-4】 某综合楼工程项目合同价为1750万元,该工程签订的合同为可调值合同。合同报价日期为某年3月,合同工期为12个月,每季度结算一次。工程开工日期为当年4月1日。施工单位当年第四季度完成产值是710万元。工程人工费、材料费构成比例以及相关季度造价指数如表5-3所示。

在施工过程中,发生如下几项事件:

事件1:当年4月,在基础开挖过程中,个别部位实际土质与给定地质资料不符造成施工费用增加2.5万元,相应工序持续时间增加了4天。

事件2:当年5月施工单位为了保证施工质量,扩大基础底面,开挖量增加导致费用增加3.0万元,相应工序持续时间增加了3天。

表 5 - 3   人工费、材料费当年相关季度造价指数

项目	人工费	材料费						不可调值费用
		钢材	水泥	集料	砖	砂	木材	
比例（%）	28	18	13	7	9	4	6	15
第一季度造价指数	100	100.8	102	93.6	100.2	95.4	93.4	
第四季度造价指数	116.8	100.6	110.5	95.6	98.9	93.7	95.5	

事件 3：当年 7 月份，在主体砌筑工程中，因施工图设计有误，实际工程增加导致费用增加 3.8 万元，相应工序持续时间增加了 2 天。

事件 4：当年 8 月份，进入雨季施工，恰逢 30 年一遇的大雨，造成停工损失 2.5 万元，工期增加了 4 天。

以上事件中，除第 4 项外，其余工序均未发生在关键线路上，并对总工期无影响。针对上述事件，施工单位提出增加合同工期 13 天和增加费用 11.8 万元的索赔要求。

问题：(1)施工单位对施工过程中发生的以上事件可否索赔？为什么？

(2)计算监理工程师当年第四季度应确定的工程结算款额。

(3)如果在工程保修期间发生了由施工单位原因引起的屋顶漏水、墙面剥落等问题，业主在多次催促施工单位修理而施工单位一再拖延的情况下，另请其他施工单位维修，所发生的维修费用该如何处理？

【解】(1)事件 1 费用索赔成立，因为业主提供的地质资料与实际情况不符是承包商不可预见的；工期不予延长，因为事件发生在非关键线路上。

事件 2 费用索赔和工期索赔均不成立，该工作属于承包商采取的质量保证措施。

事件 3 费用索赔成立，因为设计方案有误；工期不予延长，事件发生在非关键线路上。

事件 4 费用索赔不成立，因为异常气候条件的变化承包商不应得到费用补偿；工期可以延长，因为事件发生在关键线路上，且是非承包商原因引起的。

(2)当年第四季度监理工程师应批准的结算款额为：

$$P = 710 \times (0.15 + 0.28 \times 116.8/100.1 + 0.18 \times 100.6/100.8 + 0.13 \times 110.5/102.0 +$$
$$0.07 \times 95.6/93.6 + 0.09 \times 98.9/100.2 + 0.04 \times 93.7/95.4 + 0.06 \times 95.5/93.4)$$
$$= 710 \times 1.058 = 751.18 (万元)$$

(3)所发生的维修费应从乙方保修金中扣除。

5.2   施工单位的成本管理与控制

▶ 5.2.1   成本及工程成本

1.成本的概念

成本是企业在生产经营过程中发生的有关费用支出。费用是指企业为销售商品、提供劳务等日常活动所发生的经济利益的流出，表现为资产的减少或负债的增加。

2.工程成本及其构成

(1)工程成本的概念。工程成本是施工企业在建筑安装工程施工过程中为生产产品而发生的各种生产费用支出,包括物化劳动的耗费和活劳动中必要劳动的耗费,前者是指工程耗用的各种生产资料的价值,后者是指支付给劳动者的报酬。

(2)工程成本的构成。按照完全成本法,工程成本由工程费用项目中的直接费和间接费组成。其中,直接费包括人工费、材料费、机械费及措施费;间接费包括规费和企业管理费。

按照制造成本法,工程成本指企业的生产制造成本,包括人工费、材料费、机械使用费、措施费等。企业管理费和财务费用则作为期间费用核算,不列入工程成本。

5.2.2 施工项目成本管理的概念及内容

1.施工项目成本管理的概念及意义

施工单位的项目成本管理简称施工项目成本管理,是指施工企业为实现项目目标,在项目施工过程中,对所发生的成本支出,系统地进行预测、计划、控制、核算、考核、分析等一系列工作的总称。

施工项目成本管理可以促进企业改善经营管理水平,合理补偿施工耗费,保证企业再生产的顺利进行。加强项目成本管理的意义具体表现为:

(1)有利于降低工程成本,提高工程项目的经济效益和社会效益。

(2)有利于提高企业经济效益,增强企业发展的原动力。

(3)有利于理顺各种经济关系和落实各种承包责任制。

(4)有利于提高项目管理水平,推动企业管理人才的培养和锻炼。

2.施工项目成本管理的内容

施工项目成本管理的具体工作内容包括:成本预测、成本计划、成本控制、成本核算、成本分析和成本考核检查等。

施工项目成本管理系统中每一个环节都是相互联系和相互作用的:成本预测是成本决策的前提;成本计划是成本决策目标的具体化;成本控制是成本计划实施的监督;成本分析和成本核算又是成本计划是否实现的最后检验,其所提供的成本信息又对下一个施工项目成本预测和决策提供基础资料;成本考核是实现成本目标责任制的保证和实现决策目标的重要手段。

5.2.3 施工项目成本预测

施工项目成本预测方法较多,可以归纳为时间序列预测法、回归预测法和详细预测法。其中,时间序列法和回归预测法属于简单预测法,详细预测法属于修正预测法。

1.时间序列预测法

(1)移动平均法。

所谓移动平均,就是从时间序列的第一项数值开始,按一定项数求序列平均数,逐项移动,边移动边平均。这样,就可得出一个由移动平均数构成的新时间序列。它把原有历史数据中的随机因素加以过滤,消除数据中的起伏波动情况,以显示出预测对象的发展方向和趋势。移动平均法可分为简单移动平均法、加权移动平均法和二次移动平均法等。这里主要介绍简单移动平均法和加权移动平均法。

①简单移动平均法。简单移动平均法,又叫一次移动平均法,是在算术平均数的基础上,通过逐项分段移动,求得下一期的预测值,其基本公式为:

$$M_t = \frac{Y_{t-1} + Y_{t-2} + \cdots + Y_{t-n}}{n} \qquad (5-4)$$

式中:M_t——第 $t-1$ 期的一次移动平均值,即代表第 t 期的预测值;

　　Y_t——各期的实际数值;

　　n——移动平均分段数据的项数,根据经验确定。

②加权移动平均法。加权移动平均法就是在计算移动平均数时,并不同等对待各时间序列的数据,而是给近期的数据以较大的比重,使其对移动平均数有较大的影响,从而使预测值更接近于实际。其计算公式如下:

$$M_t = \frac{a_1 Y_{t-1} + a_2 Y_{t-2} + \cdots + a_n Y_{t-n}}{a_1 + a_2 + \cdots + a_n} \qquad (5-5)$$

式中:a_i——加权系数,其他符号含义同式(5-4)。

(2)指数平滑法。

指数平滑法,也叫指数修正法,是在移动平均法基础上发展起来的一种预测方法,是移动平均法的改进形式。使用移动平均法有两个明显的缺点:一是它需要有大量的历史观察值的储备;二是要对近期的观察值给予较大的权数。指数平滑法就是既不需要大量历史观察值,又可以满足这种加权法的移动平均预测法。指数平滑法又分为一次指数平滑法、二次指数平滑法和三次指数平滑法。这里主要介绍一次指数平滑法,其本公式为:

$$S_t = aY_t + (1-a) \cdot S_{t-1} \qquad (5-6)$$

式中:S_t——第 t 期的一次指数平滑值,也就是第 $t+1$ 期的预测值;

　　Y_t——第 t 期的实际观察值;

　　a——加权系数。

【例 5-5】某公司砖混结构单位成本历年统计数据如表 5-4 所示,试分别应用简单移动平均法、加权移动平均法和指数平滑法预测第 7 年此类结构的单位成本。

【解】计算过程和结果见表 5-4。

表 5-4　某公司砖混结构单位成本的历年统计数据及预测结果

年次	平均单位面积成本(元/m²)	简单移动平均值 $n=3$	加权移动平均值 $n=3, a_1=0.3,$ $a_2=0.6, a_3=2.1$	指数平滑值 $n=3, a=0.9$
1	300			S_t 取 300
2	320			300
3	380			318
4	420	333	312	374
5	450	373	342	416
6	500	416	395	447
7		456	434	495

2. 回归预测法

回归分析是根据已知的历史统计数据资料,研究测定客观现象的两个或两个以上变量之间的一般关系,寻求其发展变化的规律性所使用的一种数学方法。利用回归分析法进行预测,称之为回归预测。常用的回归预测法有一元回归预测和多元回归预测。这里仅介绍一元线性回归预测法和指数曲线回归法。

(1)一元线性回归法。

一元线性回归的基本公式为:

$$Y = a + bX \tag{5-7}$$

$$a = \frac{\sum Y_i - b \sum X_i}{N} \tag{5-8}$$

$$b = \frac{\sum X_i Y_i - \overline{X}_i \sum Y_i}{\sum X_i^2 - \overline{X}_i \sum X_i} \tag{5-9}$$

式中：X_i —— 自变量的历史数据;

Y_i —— 相应的因变量的历史数据;

N —— 所采用的历史数据的组数;

$\overline{X}_i$ —— $\overline{X}_i$ 的平均值,$\overline{X}_i = \sum X_i / N$;

【例 5-6】某公司欲投标承建某教学楼工程,主体是砖混结构,建筑面积为 3000m²。在投标之前,公司收集总结的近期砖混工程的成本资料见表 5-5。试用一元线性回归法对该教学楼项目进行施工成本的预测和分析。

【解】以建筑面积为自变量,实际总成本为因变量,根据回归方程计算 $X_i \cdot Y_i$ 和 X_i^2,结果如表 5-5 所示。

表 5-5　某公司近期砖混工程成本资料及回归预测

工程名称	建筑面积 X_i / m^2	实际总成本 $Y_i /$ 万元	$X_i \cdot Y_i$	X_i^2
A_1	2000	171.2	342400	4000000
A_2	3200	271.04	867328	10240000
A_3	3800	329.46	1251948	14440000
A_4	2700	235.17	634959	7290000
A_5	4000	334.8	1339200	16000000
A_6	5000	435.3	2176500	25000000
$\sum$	20700	1776.97	6612335	76970000

根据表 5-5 利用回归系数计算公式,可得

$$b = \frac{\sum X_i Y_i - \overline{X}_i \sum Y_i}{\sum X_i^2 - \overline{X}_i \sum X_i} = \frac{6612335 - 20700 \div 6 \times 1776.97}{76970000 - 20700 \div 6 \times 20700} = 0.087$$

$$a = \frac{\sum Y_i - b \sum X_i}{N} = \frac{1776.97 - 0.087 \times 20700}{6} = -3.99$$

则回归预测模型为:$Y = 0.087X - 3.99$

该工程的预测成本为:

$$Y = 0.087 \times 3000 - 3.99 = 257.01(万元)$$

(2)指数曲线回归法。

近年来,由于经济的迅速发展,建筑材料价格以10%左右速度逐年增长.施工项目的成本也呈类似的趋势。针对这种情况,可采取指数曲线回归法预测。

指数曲线回归法模型为:

$$y = ax^b \tag{5-10}$$
$$b = \lg c / \lg 2 \tag{5-11}$$

式中:b——预测回归系数,c的意义是物价上涨的速度;

　　x——时间序列数(通常为年);

　　y——预测值,一般指单方成本。

对指数回归模型两边取对数,得 $\lg y = \lg a + b \lg x$。

令 $Y = \lg y$,$X = \lg x$,并设 $A = \lg a$,可得 $Y = A + bX$,此时方程解法与线形回归法一样,无需赘言。

3. 详细预测法

这种预测方法,通常是对施工计划工期内影响其成本变化的各个因素进行分析,参照最近已完工类似项目的施工成本,预测这些因素对施工成本中有关费用项目的影响程度。然后用比重法进行计算,预测出目前对象工程的单位成本或总成本。下面以某公司 H 工程成本预测为例说明该方法的应用过程。

(1)最近期类似施工项目的成本调查或计算。

某公司在某地区承建了一项 H 工程,总建筑面积 $10000 m^2$,欲预测其成本。经调查,该公司在该地区最近期类似项目是某住宅楼工程,其施工成本为 550 元/m^2。

(2)结构和建筑上的差异修正。

由于对象工程和参照工程建筑结构上的差异,需要修正参照工程成本,公式为:

对象工程差异修正成本＝参照工程成本＋差异部分的量×(对象工程该部分成本－
　　　　　　　参照工程该部分成本)÷对象工程建筑面积

如 H 工程采用的是铝合金窗,面积 $1300 m^2$,铝合金窗成本 400 元/m^2,原住宅楼工程采用的是木窗,术窗成本 200 元/m^2。差异修正如下:

H 工程修正的单位成本:550 ＋1300×(400－200)÷10000＝576(元/m^2)

(3)预测影响工程成本的因素。

在工程施工过程中,影响工程成本的主要因素可以概括为以下几方面:

①材料消耗定额增加或降低。

②物价上涨或下降。

③劳动力工资的增长。

④劳动生产率的变化。

⑤其他费用的变化。

以上这些因素对于具体的工程来说,不一定都可能发生,要根据不同的工程情况分析影响该工程的因素有哪些。

(4)预测影响因素的影响程度。各因素对成本影响程度的计算公式如下:

①材料价格变化引起的成本变化率＝材料费占成本比例×材料价格变化率。

②消耗定额变化引起的成本变化量＝材料费等占成本比例×消耗定额变化率。

③劳动力工资变化引起的成本变化率＝人工费占成本比例×平均工资增长率。

④其他因素对成本影响程度的计算公式与此相类似。

以 H 工程为例,假设 H 工程材料费占成本比例 60%,材料价格上涨 10%;人工费占成本比例 15%,平均工资增长 20%。

材料价格变化引起的成本变化率:$60\%×10\%＝6\%$。

劳动力工资变化引起的成本变化率:$15\%×20\%＝3\%$。

(5)计算预测成本。预测成本的公式为:

$$对象工程预测成本 ＝ 对象工程差异修正成本 × \sum(1＋因素对成本的影响程度)$$

如 H 工程的预测成本 ＝ $576×(1＋6\%＋3\%)＝627.84(元/m^2)$。

▶ 5.2.4 施工项目成本计划

1.施工项目成本计划的概念及意义

(1)施工项目成本计划的概念。成本计划是在成本预测基础上,以货币形式编制的施工项目从开工到竣工计划支出的施工费用,是指导施工项目降低成本的技术经济文件,是施工项目目标成本的具体化。

(2)施工项目成本计划的意义。施工项目成本计划工作是成本管理和项目管理的一个重要环节,是企业生产经营计划工作的重要组成部分,是对生产耗费进行分析和考核的重要依据,是建立企业成本管理责任制、开展经济核算的基础,是挖掘降低成本潜力的有效手段,也是检验施工企业技术水平和管理水平的重要手段。

2.施工项目成本计划的编制方法

施工项目成本计划是在成本预测基础上编制的,主要有以下几种方法。

(1)施工预算法。

施工预算法是根据施工图纸中的实物工程量,套用施工消耗定额,计算工料消耗量,进行工料汇总,再乘以相应的工料单价用货币形式反映其施工生产耗费水平。即用施工预算确定计划成本,再结合技术节约措施计划,以进一步降低施工生产耗费水平。用公式表示:

$$计划成本＝施工预算成本－技术组织措施节约额$$

例某项目施工预算成本为 1557 万元,采用技术组织措施计划节约额为 57 万元。则,计划成本为 $1557－57＝1500(万元)$。

(2)定额估算法。

在企业定额比较完备的情况下,通常以施工图预算与施工预算对比的差额,并考虑技术组织措施带来的节约来估算计划成本的降低额,公式为:

$$计划成本＝预算成本－(两算对比定额差＋技术组织措施计划节约额)$$

例如某项目预算成本 5700 万元,两算对比差额为 600 万元,采用技术组织措施计划节约额为 100 万元。则计划成本＝5700－(600＋100)＝5000(万元)。

(3)成本习性法。

成本习性法是将成本分成固定成本和变动成本两类,以此作为计划成本。

$$施工项目计划成本＝项目变动成本总额＋项目固定成本总额$$

例如某施工项目,经过费用分解测算,测得其变动成本总额为 900 万元,固定成本总额 100 万元。则,该施工项目计划成本＝900＋100＝1000(万元)。

(4)按实计算法。

按实计算法,就是以项目施工图预算的工料分析资料为依据,根据施工项目经理部执行施工定额的实际水平,由项目经理部有关职能部门归口计算各项计划成本。

①人工费的计划成本＝计划用工量×实际水平的工资价格。

② 材料费的计划成本 $= \sum$(主要材料的计划用量×实际价格)$+ \sum$(周转材料的使用量×日期×租赁单价)

③机械使用费的计划成本＝$\sum$(施工机械的计划台班数×规定的台班单价)。

④现场二次搬运费等其他费的计划成本,根据施工方案和统计资料按实测算。

⑤间接费用的计划成本,一般根据历史成本的间接费用以及考虑压缩费用的措施后按人均支出数进行测算。

3.量本利分析法在施工项目成本计划编制中的应用

量本利分析,全称为产量成本利润分析,又称盈亏平衡分析,适用于施工项目成本管理,可以分析项目的工程量、成本及合同价格之间的相互关系,预测项目的利润水平,为项目成本计划和成本决策提供依据。

量本利分析的核心是盈亏平衡点的分析。盈亏平衡点是指企业的销售收入等于总成本,即利润为零时的销售量。以盈亏平衡点为界限,销售收入高于此点则企业盈利,反之企业亏损。因此,盈亏平衡点的销售量越低,实现盈利的可能性越大。

量本利分析的基本公式为:

$$E = (p - b)x - a \qquad (5-12)$$

式中:E—— 利润;

p—— 销售单价;

b—— 单位变动成本;

a—— 固定成本;

x—— 产量。

根据盈亏平衡点定义,企业的产量处在盈亏平衡点时,企业的利润为零,即企业不亏不盈。则产量盈亏平衡点为:

$$x_0 = \frac{a}{p - b} \qquad (5-13)$$

将上式用图形表示,即为盈亏平衡图,见图 5-1。

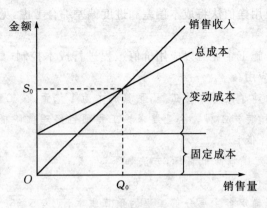

图 5－1　盈亏平衡分析图

【例 5－7】根据某企业统计资料,承建一栋普通住宅楼工程的单位面积平均变动成本 400 元/m^2,固定成本 20 万元,单位面积合同价 600 元,试确定拟投标工程的建筑面积不得低于多少? 若某工程建筑面积为 $1500m^2$,试确定承建该工程的预期利润。

【解】施工项目保本建筑面积为:

$$x_0 = \frac{a}{p-b} = \frac{200000}{600-400} = 1000(\text{m}^2)$$

施工项目建筑面积为 $1500\ \text{m}^2$ 时的预期利润为:

$$E = (p-b)x - a = (600-400) \times 1500 - 200000 = 10(\text{万元})。$$

▷ 5.2.5　施工项目成本控制

1. 施工项目成本控制的概念及依据

(1)施工项目成本控制的概念。施工项目成本控制是指项目在施工过程中,对影响施工项目成本的各种因素加强管理,并采取各种有效措施,将施工中实际发生的各种消耗和支出严格控制在成本计划范围内。施工项目成本控制的核心是对施工过程和成本计划进行实时监控,严格审查各项费用支出是否符合标准,计算实际成本和计划成本之间的差异并进行分析。

(2)施工项目成本控制的依据。施工项目成本控制的依据有工程承包合同、施工成本计划、进度报告、工程变更。

除上述施工成本控制工作的主要依据外,有关施工组织设计、分包合同文本等也都是施工成本控制的依据。

2. 施工项目成本控制的方法

施工成本控制的方法很多,主要有偏差分析法和价值工程法。

(1)偏差分析法。

在施工成本控制中,把施工成本的实际值与计划值的差异叫做施工成本偏差,即

施工成本偏差＝已完工程计划成本－已完工程实际成本

式中,已完工程计划成本＝已完工程量×计划单位成本;已完工程实际成本＝已完工程量×实际单位成本。

结果为负表示成本超支,结果为正表示成本节约。但需注意,进度偏差对成本偏差的分析

结果有重要影响,必须应用挣值法将成本偏差和进度偏差综合考虑,见后述。

(2)价值工程法。

为了节省施工成本,施工企业可以应用价值工程进行成本控制,具体方法已如前述,下面用一示例进一步说明其应用。

【例5-8】某企业承建了某写字楼工程,预算成本为1亿元,该工程划分为基础工程、地下结构工程、主体结构工程、装饰工程。企业要求该工程项目经理部降低成本8%。试用价值工程确定成本降低对象和降低目标。

【解】用价值工程确定成本降低目标,方法如下:

(1)对各分部工程进行功能评分,见表5-6。

(2)根据施工图预算确定各主要分部工程的预算成本,见表5-6。

(3)计算分部工程的功能评价系数、成本系数和价值系数,见表5-6。

(4)用价值工程求出降低成本的工程对象和目标。

企业要求的成本降低率为8%,即目标成本为10000×(1-8%)=9200(万元)。按功能评价系数进行分配,如地基处理工程目标成本为9200×0.06=552(万元),成本降低额为552-500=52(万元),其他项目依次类推,见表5-6。

表5-6 价值工程分析表

分部工程	功能评分	功能系数	预算成本 /万元	成本系数	价值系数	目标成本 /万元	成本降低额 /万元
地基处理工程	6	0.06	500	0.05	1.2	552	-52
地下结构工程	9	0.09	1000	0.10	0.90	828	172
主体结构工程	42	0.42	4000	0.40	1.05	3864	136
装饰装修工程	43	0.43	45000	0.45	0.956	3956	544
合计	100	1	10000	1		9200	800

根据价值工程的原理,价值系数小于1的项目,应该在功能成本不变的条件下降低成本,或在成本水平不变的条件下提高功能;价值系数大于1的项目,如果是重要的功能,应该增加成本投入,如果该项功能不重要,可不作改变。从表5-6中成本降低额和价值系数可见,降低成本潜力最大的是装饰装修工程,其次是地下结构和主体结构工程,地基处理工程预算成本低于目标成本,可考虑不用降低成本。

▷ 5.2.6 施工项目成本核算

1. 工程成本核算的含义

核算意为查对与确定,施工项目成本核算包括两层含义:一是按照规定的成本开支范围对施工费用进行归集,确定施工费用的实际发生额,即按照成本项目归集企业在施工生产经营过程中所发生的应计入成本核算对象的各项费用;二是根据成本核算对象,采用适当的方法,计算出该施工项目的总成本和单位成本。施工项目成本核算所提供的各种成本信息,是成本分析和成本考核的依据。因此,加强施工项目成本核算工作,对降低施工项目成本、提高企业的经济效益有积极的作用。

2. 工程成本核算对象

(1)成本核算对象的概念。工程成本核算对象是指施工企业在进行产品成本核算时,所选择的工程成本承担者,即用来归集和分配建筑产品生产成本的工程对象。

(2)工程成本核算对象的确定方式。工程成本核算对象的确定方法主要有以下几种:

①以单项施工承包合同作为施工工程成本核算对象。

②对合同分立以确定施工工程成本核算对象。

③对合同合并以确定施工工程成本核算对象。

3. 工程成本核算的基本要求

(1)严格遵守国家规定的成本、费用开支范围。成本、费用开支范围是指国家对企业发生的各项支出,允许其在成本、费用中列支的范围。按照企业财务制度的规定,下列支出不得列入产品成本:

①资本性支出。如企业为购置和建造固定资产、无形资产和其他长期资产而发生的支出,这些支出涵盖若干个会计年度,在财务上不能一次列入产品成本,只能按期逐月摊入成本。

②投资性支出。如施工企业对外投资的支出以及分配给投资者的利润支出。

③期间费用支出。如施工企业的管理费用和财务费用,这些费用与施工生产活动没有直接的联系,发生后直接计入当期损益。

④营业外支出。如施工单位固定资产盘亏;处置固定资产、无形资产的净损失;债务重组损失;计提的无形资产、固定资产及在建工程的减值准备;罚款支出;非常损失等。这些支出与施工企业生产经营活动没有直接关系,应冲减本年利润。

⑤在公积金、公益金中开支的支出。

⑥其他不应列入产品成本的支出。如施工企业被没收的财物,支付的滞纳金、赔偿金,以及赞助、捐赠等支出。

(2)加强成本核算的各项基础工作。施工企业成本核算的基础工作主要包括以下内容:

①建立健全原始记录制度。

②建立健全各项财产物资的收发、领退、清查和盘点制度。

③制定或修订企业定额。

④划清有关费用开支的界限。

(3)加强费用开支的审核和控制。施工企业要由专人负责,依据国家有关法律、政策及企业内部制定的标准等,对施工经营过程中发生的各项耗费进行及时的审核和控制,以监督检查各项费用是否应该开支,是否应该计入施工成本或期间费用,以节约消耗,降低费用,确保成本目标的实现。

(4)建立工程项目台账。由于施工项目具有规模大、工期长等特点,工程施工有关总账、明细账无法反映各工程项目的综合信息,为了对各工程项目的基本情况做到心中有数,便于及时向企业决策部门提供所需信息,同时为有关管理部门提供所需要的资料,施工企业还应按单项施工承包合同建立工程项目台账。

4. 工程成本核算的程序

工程成本核算程序是指企业在具体组织工程成本核算时应遵循的步骤与顺序。按照核算内容的详细程度,工程成本核算程序主要分为两大步骤。

(1)工程成本的总分类核算。施工企业对施工过程中发生的各项工程成本,应先按其用途和发生的地点进行归集。其中直接费用可以直接计入受益的各个工程成本核算对象的成本中;间接费用则需要先按照发生地点进行归集,然后再按照一定的方法分配计入受益的各个工程成本核算对象的成本中,并在此基础上,计算当期已完工程或已竣工工程的实际成本。

(2)工程成本的明细分类核算。为了详细地反映工程成本在各个成本核算对象之间进行分配和汇总的情况,以便计算各项工程的实际成本,施工企业除了进行工程成本的总分类核算以外,还应设置各种施工生产费用明细账,组织工程成本的明细分类核算。

施工企业一般应按工程成本核算对象设置"工程成本明细账",用来归集各项工程所发生的施工费用,此外,施工企业还应按部门以及成本核算对象或费用项目分别设置辅助生产明细账、机械作业明细账、待摊费用明细账、预提费用明细账和间接费用明细账等,以便于归集和分配各项施工生产费用。

工程成本明细分类核算的具体步骤如下:

①分配各项施工生产费用。

②分配待摊费用和预提费用。

③分配辅助生产费用。

④分配机械作业。

⑤分配施工间接费用。

⑥结算工程价款。

⑦确认合同毛利。

⑧结转完工施工产品成本。

▶ 5.2.7 施工项目成本分析

施工项目成本分析是在成本形成过程中,对施工项目成本进行的对比评价和总结工作。主要利用施工项目的成本核算资料,与计划成本、预算成本以及类似项目的实际成本等进行比较,了解成本的变动情况,分析主要技术经济指标对成本的影响,系统地研究成本变动的因素,检查成本计划的合理性,深入揭示成本变动的规律,寻找降低施工项目成本的途径,以便有效地进行成本控制。

1.施工成本分析的依据

施工成本分析主要是根据会计核算、业务核算和统计核算提供的资料进行。

(1)会计核算。

会计核算主要是价值核算。会计是对一定单位的经济业务进行计量、记录、分析和检查,作出预测,参与决策,实行监督,旨在实现最优经济效益的一种管理活动。它通过记账、填审凭证、成本计算和编制会计报表等方法,来记录企业的一切生产经营活动,并提高一些综合性经济指标,如企业资产、负债、所有者权益、营业收入、成本、利润等会计指标。由于会计核算记录具有连续性、系统性、综合性等特点,所以它是施工成本分析的重要依据。

(2)业务核算。

业务核算是各业务部门根据业务工作的需要而建立的核算制度,它包括原始记录和计算登记表,如工程进度登记、质量登记、工效登记、物资消耗记录、测试记录等。它的特点是对经济业务进行单项核算,只是记载单一的事项,最多略有整理或稍加归类,不求提供综合性指标。

业务核算的范围比会计和统计核算要广,但核算范围不固定,方法也很灵活。业务核算的目的,在于迅速取得资料,在经济活动中及时采取措施进行调整。

(3)统计核算。

统计核算是利用会计核算资料和业务核算资料,把企业生产经营活动客观现状的大量数据,按统计方法加以系统整理,表明其规律性。它的计量尺度比会计宽,可以用货币计算,也可以用实物或劳动量计量。它通过全面调查和抽样调查等特有的方法,不仅能提供绝对数指标,还能提供相对数和平均数指标,可以计算当前的实际水平,确定变动速度,可以预测发展的趋势。统计除了主要研究大量的经济现象以外,也很重视个别先进事例与典型事例的研究。

2. 施工成本分析的基本方法

施工成本分析的基本方法包括比较法、因素分析法、差额计算法、比率法等。

(1)比较法。

比较法,又称"指标对比分析法",就是通过技术经济指标的对比,检查目标的完成情况,分析产生差异的原因,进而挖掘内部潜力的方法。这种方法具有通俗易懂、简单易行、便于掌握的特点,因而得到了广泛的应用,但在应用时必须注意各技术经济指标的可比性。比较法的应用,通常有下列形式:

①实际指标与目标指标对比。

②本期实际指标与上期实际指标对比。

③与同行业平均水平、先进水平对比。

【例 5-9】某施工项目部当年节约"三材"的目标为 20 万元,实际节约 22 万元,上年节约 19 万元,本企业先进水平节约 23 万元。试将当年实际数与当年目标数、上年实际数、企业先进水平对比。

【解】具体计算过程见表 5-7,结果表明:实际数比目标数和上年实际数均有所增加,但是本企业比先进水平还少 1 万元,尚有潜力可挖。

表 5-7 成本分析比较表 单位:万元

指标	本年目标数	上年实际数	企业先进水平	本年实际数	差异数		
					与目标比	与上年比	与先进比
"三材"节约额	20	19	23	22	+2	+3	−1

(2)因素分析法。

因素分析法又称连锁置换法或连环代替法。这种方法可用来分析各种成本因素对成本的影响程度。在进行分析时,首先要假定众多成本因素中的一个因素发生了变化,而其他因素则不变,然后逐个替换,分别比较其计算结果,并确定各个成本因素的变化对成本的影响程度。

因素分析法的计算步骤如下:

①确定分析对象,即所分析的技术经济指标,并计算出这些指标实际数与目标数的差异。

②确定该指标是由哪几个因素组成的,并按其相互关系进行排序。排序规则是:先实物量,后价值量;先绝对值,后相对值。

③以目标数为基础,将各因素的目标数相乘,作为分析替代的基数。

④将各个因素的实际数按照上面的排列顺序进行替换计算,并将替换后的实际数保留

下来。

⑤将每次替换计算所得的结果,与前一次的计算结果相比较,两者的差异即为该因素对成本的影响程度。

注意:各个因素的影响程度之和,应与分析对象的总差异相等。

【例5-10】某基础结构混凝土工程,目标成本364000元,实际成本383760元,成本增加19760元,资料列于表5-8。试用因素分析法分析成本增加的原因。

表5-8　基础结构混凝土目标成本与实际成本对比表

项目	计划	实际	差额
产量/m³	500	520	+20
单价/元	700	720	+20
损耗率/%	4	2.5	-1.5
成本/元	364000	383760	+19760

【解】(1)分析对象是浇筑基础结构混凝土的成本,实际成本与目标成本的差额为19760万元。该指标是由产量、单价、损耗率三个因家组成的,其排序见表5-9。

(2)以目标数 $500 \times 700 \times 1.04 = 364000$(元)为分析替代的基础。

第一次替代产量因素:以520替代500,$520 \times 700 \times 1.04 = 378560$(元)。

第二次替代单价因素:以720替代700,并保留上次替代后的值,$520 \times 720 \times 1.04 = 389376$(元)。

第三次替代损耗率因素:以1.025替代1.04,并保留上两次替代后的值,$520 \times 720 \times 1.025 = 383760$(元)。

(3)计算差额。

第一次替代与目标数的差额 $= 378560 - 364000 = 14560$(元)。

第二次替代与第一次替代的差额 $= 389376 - 378560 = 10816$(元)。

第三次替代与第二次替代的差额 $= 383760 - 389376 = -5616$(元)。

(4)产量增加使成本增加了14560元,单价提高使成本增加了10816元,而损耗率下降使成本减少了5616元。

(5)各因素的影响程度之和 $= 14560 + 10816 - 5616 = 19760$(元),与实际成本与目标成本的总差额相等。

为简便起见,可运用因素分析表来进行成本分析,其具体形式见表5-9。

表5-9　基础结构混凝土成本变动因素分析表

	连环替代计算	差异/元	因素分析
目标数	$500 \times 700 \times 1.04$		
第一次代替	$520 \times 700 \times 1.04$	14560	由于产量增加20m³成本增加14560元
第二次代替	$520 \times 720 \times 1.04$	10816	由于单价提高20元成本增加10816元
第三次代替	$520 \times 720 \times 1.025$	-5616	由于损耗率下降1.5%,成本减少5616元
合计		19760	

（3）差额计算法。

差额计算法是因素分析法的一种简化形式，它利用各个因素的目标值与实际值的差额来计算其对成本的影响程度。

【例 5-11】某施工项目某月的实际成本降低额比目标数提高了 2.4 万元，见表 5-10。试用差额分析法分析成本降低额超过目标数的原因，以及成本降低率对成本降低额的影响程度。

表 5-10　差额计算分析表

项目	计划降低	实际降低	差异
预算成本/万元	300	320	+20
成本降低率/%	4	4.5	+0.5
成本降低额/万元	12	14.40	+2.4

【解】预算成本增加对成本降低额的影响程度：$(320-300)\times 4\%=0.80$（万元）

成本降低率提高对成本降低额的影响程度：$(4.5\%-4\%)\times 320=1.60$（万元）

以上合计：$0.80+1.60=2.40$（万元）。其中成本降低率的提高是主要原因，根据有关资料可进一步分析成本降低率提高的原因。

（4）比率法。

比率法是指用两个以上指标的比例进行分析的方法。它的基本特点是：先把对比分析的数值变成相对数，再观察其相互之间的关系。常用的比率法有以下几种。

①相关比率法。由于项目经济活动的各个方面是相互联系，相互依存，又相互影响的，因而可以将两个性质不同而又相关的指标加以对比，求出比率，并以此来考察经营成果的好坏。例如：产值和工资是两个不同的概念，但它们的关系又是投入与产出的关系。在一般情况下，都希望以最少的工资支出完成最大的产值。因此，用产值工资率指标来考核人工费的支出水平，就很能说明问题。

②构成比率法。构成比率法又称比重分析法或结构对比分析法。通过构成比率，可以考察成本总量的构成情况及各成本项目占成本总量的比重，同时也可看出量、本、利的比例关系（即预算成本、实际成本和降低成本的比例关系），从而为寻求降低成本的途径指明方向。构成比率法样式见表 5-11。

表 5-11　构成比率法样表

成本项目	预算成本		实际成本		降低成本		
	金额	比重	金额	比重	金额	占本项/%	占总量/%
1.人工费							
2.材料费							
3.机械使用费							
……							

③动态比率法。动态比率法就是将同类指标不同时期的数值进行对比，求出比率，以分析该项指标的发展方向和发展速度。动态比率的计算，通常采用基期指数和环比指数两种方法。

动态比率法样式见表 5 - 12。

表 5 - 12 动态比率法样表

指标	第一季度	第二季度	第三季度	第四季度
降低成本/万元	45.60	47.50	52.50	64.30
基期指数/%(第一季度＝100)		104.17	115.13	141.01
环比指数/%(上一季度＝100)		104.17	110.53	122.48

5.2.8 施工项目成本考核

1. 施工项目成本考核的概念

所谓成本考核,就是施工项目完成后,对施工项目成本形成中的各责任者,按施工项目成本目标责任制的有关规定,将成本的实际指标与计划指标进行对比和考核,评定施工项目成本计划的完成情况和各责任者的业绩,并以此给以相应的奖励和处罚。

施工项目成本考核的目的,在于贯彻落实责权利相结合的原则,促进成本管理工作的健康发展,更好地完成施工项目的成本目标。

2. 施工项目成本考核的内容

(1)施工项目成本考核按时间可分为月度考核、阶段考核和竣工考核三种。

(2)施工项目的成本考核按考核对象,可以分为两个层次。一是企业对项目经理的考核;二是项目经理对所属部门、施工队组的考核。

3. 施工项目成本考核的实施方法

(1)施工项目成本考核可采取评分制。

(2)施工项目的成本考核要与相关指标的完成情况相结合。

(3)施工项目的成本考核应奖罚分明。

5.3 建筑施工费用与进度综合控制

5.3.1 挣值法的产生背景

项目费用控制过程中,仅仅依靠计划费用与实际费用的偏差无法判断费用是否超支或有节余,如某项工程计划第一个月完成 100 万元的工作量,监测结果表明第一个月实际完成了 108 万元的工作量。这种情况有可能是进度正常,费用超支了 8 万元;也可能是费用支出正常,进度提前超额完成了 8 万元的工作量;或是更为复杂的其他情况。因此,有必要研究费用偏差和进度偏差之间的关系,需引入费用/进度综合度量指标,此即为挣值法。挣值法也称赢得值法,是一种能全面衡量工程费用/进度整体状况的偏差分析方法。挣值法的实质是用价值指标代替实物工程量来测定工程进度的一种项目监控方法。

1967 年,美国国防部针对大型合同的管理,提出了一套成本/进度控制系统标准,这些标准被称为 C/SCSC 或 CS 标准。该标准关注于项目开发时的成本/进度综合绩效评价数据,为此正式采用了挣得值的概念。

目前挣得值的概念在国际上被广泛采用。另外,挣值法既可应用于承包商的成本控制,也可应用于业主的费用控制。

➤ 5.3.2 挣值法的基本理论

1. 挣值的概念及挣值法的三个基本参数

挣值法主要运用三个基本费用参数进行分析,它们都是时间的函数,这三个参数分别是已完工程预算费用、拟完工程预算费用和已完工程实际费用。

(1)已完工程预算费用(BCWP)。已完工程预算费用是指在某一时间已经完成的工程,以批准认可的预算单价为标准所需要的资金总额。由于业主正是根据这个值为承包商完成的工程量支付相应的费用,也就是承包商获得(挣得)的金额,故称赢得值或挣得值(earned value)。

$$BCWP = 实际已完成工程量 \times 预算单价 \qquad (5-14)$$

(2)拟完工程预算费用(BCWS)。拟完工程预算费用也称计划完成工作预算费用,是指在某一时刻计划应当完成的工程,以预算单价为标准所需要的资金总额。一般来说,除非合同有变更,BCWS 在工作实施过程中应保持不变。

$$BCWS = 计划完成工程量 \times 预算单价 \qquad (5-15)$$

(3)已完工程实际费用(ACWP)。已完工程实际费用是指在某一时刻已经完成的工程实际所花费的资金总额。

$$ACWP = 实际已完成工程量 \times 实际单价 \qquad (5-16)$$

2. 挣值法的四个分析评价指标

在这三个费用参数的基础上,可以确定挣值法的四个分析评价指标。

(1)费用偏差(CV)。

$$CV = BCWP - ACWP \qquad (5-17)$$

当 $CV<0$ 时,表示项目运行的实际费用超出预算费用;当 $CV>0$ 时,表示项目实际运行费用节约;当 $CV=0$ 时,实际费用与预算费用一致。

(2)进度偏差(SV)。

$$SV = BCWP - BCWS \qquad (5-18)$$

当 $SV<0$ 时,表示进度延误,即实际进度落后于计划进度;当 $SV>0$ 时,表示实际进度提前;当 $SV=0$ 时,实际进度与计划进度一致。

(3)费用绩效指数(CPI)。

$$CPI = BCWP/ACWP \qquad (5-19)$$

当 $CPI<1$ 时,表示实际费用高于预算费用;当 $CPI>1$ 时,表示实际费用低于预算费用;当 $CPI=1$ 时,实际费用与预算费用一致。

(4)进度绩效指数(SPI)。

$$SPI = BCWP/BCWS \qquad (5-20)$$

当 $SPI<1$ 时,表示实际进度比计划进度拖后;当 $SPI>1$ 时,表示实际进度比计划进度提前;当 $SPI=1$ 时,实际进度与计划进度一致。

【例 5-12】假设某项目预算费用 300 万元,工期 6 个月,每月计划支出 50 万元,第三个月检查计划时，累计应完工程预算费用 150 万元，累计已完工程预算费用 100 万元，累计已完工程实际费用 130 万元。见表 5-13。

表 5-13　某项目费用完成情况　（单位：万元）

费用项目	第1月	第2月	第3月	第4月	第5月	第6月
BCWS	50	50	50	50	50	50
BCWP	40	30	30			
ACWP	50	40	40			

则到第 3 个月末累计工程进展状况为：

$$CV = \sum_{i=1}^{3}(BCWP_i - ACWP_i) = 100 - 130 = -30，费用超值 30 万元。$$

$$SV = \sum_{i=1}^{3}(BCWP_i - BCWS_i) = 100 - 150 = -50，进度拖后的工作量为 50 万元。$$

$$CPI = \sum_{i=1}^{3}(BCWP_i/ACWP_i) = 100/130 = 0.77，表明费用超支。实际支出费用应降低到$$

77% 才可与计划支出费用保持一致。

$$SPI = \sum_{i=1}^{3}BCWP_i/BCWS_i = 100/150 = 0.67，表明进度拖后，实际进度相当于计划进度$$

的 67%。

3. 预测项目完工时的总费用

预计完工时的总费用（EAC）是指在检查时刻估算的项目全部工作完成时所需的总费用。

EAC 的计算是以项目的实际执行情况为基础，再加上项目未完工程的费用预测。在不同的情况下，对未完工程的费用预测不同，因此 EAC 的计算方法也不同。最常见的 EAC 计算方法有以下几种：

（1）未完工程按目前实际效率进行。

EAC＝累计已完工程实际费用＋未完工程按目前实际效率进行时的费用估算

即　　　　　　　$$EAC = \sum_{i=1}^{t}ACWP_i + (\sum_{j=1}^{n}BCWS_j - \sum_{i=1}^{t}BCWP_i)/CPI \qquad (5-21)$$

式中，t——检查时刻；n——总工期。

在例 5-12 中，预计完工时的总费用为：

EAC＝130＋（300－100）/0.77＝389.74（万元），即完工时总费用会超支 89.74 万元。

（2）未完工程按原计划效率进行。

$$EAC = 累计已完工程实际费用＋未完工程预算费用 \qquad (5-22)$$

即假定剩余的未完工程完全按计划进行，费用不超支。

$$EAC = \sum_{i=1}^{t}ACWP_i + (\sum_{j=1}^{n}BCWS_j - \sum_{i=1}^{t}BCWP_i) \qquad (5-23)$$

在例 5-12 中，预计完工时的总费用为：

EAC＝130＋（300－100）＝330（万元），即项目完工时总费用会超支 30 万元。

（3）重估未完工程所需费用。当目前的项目执行情况表明先前的费用估算有根本缺陷或由于条件改变而不再适用新的情况时，需要对所有未完工作重新估算费用，可以使用该方法。

$$EAC = 累计已完工程实际费用 + 未完工程所需费用的重新估算额$$

4. 偏差百分比分析

设 $SPCI$ 表示进度偏差百分比，$CPCI$ 表示费用偏差百分比，则

$$SPCI = \sum_{i=1}^{t} BCWP_i / \sum_{j=1}^{n} BCWS_j \qquad (5-24)$$

$$CPCI = \sum_{i=1}^{t} ACWP_i / \sum_{j=1}^{n} BCWS_j \qquad (5-25)$$

在例 5-12 中，进度偏差百分比和费用偏差百分比分别为：

$$SPCI = 100/300 = 33\%$$

$$CPCI = 130/300 = 43\%$$

说明实际费用累计已支出了总预算费用的 43%，而实际工作量只完成了计划总工作量的 33%，即实际工作进度只是计划进度的 33%。

5.3.3 挣值法应用示例

【例 5-13】某施工单位按合同工期要求编制了混凝土结构工程施工进度时标网络计划，如图 5-2 所示，并经专业监理工程师审核批准。

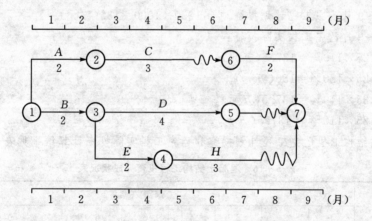

图 5-2 施工进度时标网络图

该工程于某年 1 月开始正式施工，各项工作均按最早开始时间安排，且各工作每月所完成的工程量相等。各工作的计划工程量和实际工程量如表 5-14 所示。工作 D、E、F 的实际工作持续时间与计划工作持续时间相同。

施工合同约定，混凝土结构工程综合单价为 1000 元/m³，按月结算。结算价按项目所在地区混凝土结构工程价格指数进行调整，项目实施期间各月的混凝土结构工程价格指数如表 5-15 所示。以合同签订之日作为基期，价格指数为 100。

施工期间，由于建设单位原因使工作 H 的开始时间比计划的开始时间推迟 1 个月，并由于工作 H 工程量的增加使该工作的工作持续时间延长了 1 个月。

表 5 - 14　计划工程量和实际工程量

工作	A	B	C	D	E	F	G	H
计划工程量/m³	8600	9000	5400	10000	5200	6200	1000	3600
时间工程量/m³	8600	9000	5400	9200	5000	5800	1000	5000

表 5 - 15　混凝土工程价格指数

时间	基期	1 月	2 月	3 月	4 月	5 月	6 月	7 月	8 月	9 月
价格指数/%	100	115	105	110	115	110	110	120	110	110

问题:(1)请计算每月和累计拟完工程计划投资,并简要写出其步骤。

(2)计算工作 H 各月的已完工程计划投资和已完工程实际投资。

(3)计算混凝土结构工程已完工程计划投资和已完工程实际投资。

(4)列式计算 8 月末的投资偏差和进度偏差。

【解】(1)将各项工作计划工程量与单价相乘,除以该工作的作业时间,得到各工作每月拟完工程计划投资额;再将各工作分别按月纵向汇总得到每月拟完工程计划投资额;然后逐月累加得到各月累计拟完工程计划投资额。结果见表 5 - 16。

(2)H 工作 6～9 月份每月实际完成工程量为 5000÷4 ＝1250(m³/月)。

H 工作 6～9 月已完工程计划投资均为 1250×1000＝125(万元)。

H 工作 6～9 月已完工程实际投资:

6 月份为 125×110％＝137.5(万元)。

7 月份为 125×120％＝150(万元)。

8 月份为 125×110％＝137.5(万元)。

9 月份为 125×110％ ＝137.5(万元)。

(3)混凝土结构工程已完工程计划投资和已完工程实际投资计算结果见表 5 - 16。

表 5 - 16　混凝土结构工程投资完成状况表

项目	投资数据								
	1	2	3	4	5	6	7	8	9
每月拟完工程计划投资/万元	880	880	690	690	550	370	530	310	
累计拟完工程计划投资/万元	880	1760	2450	3140	3690	4060	4590	4900	
每月已完工程计划投资/万元	880	880	660	660	410	355	515	415	125
累计已完工程计划投资/万元	880	1760	2420	3080	3490	3845	4360	4775	4900

项目	投资数据								
	1	2	3	4	5	6	7	8	9
每月已完工程实际投资/万元	1012	924	726	759	451	390.5	618	456.5	137.5
累计已完工程实际投资/万元	1012	1936	2662	3421	3872	4262.5	4880.5	5337	5474.5

(4)计算 8 月末的投资偏差和进度偏差如下：

$$CV = \sum_{i=1}^{8}(BCWP_i - ACWP_i) = 4775 - 5337 = -562(万元)，费用超支 562 万元。$$

$$SV = \sum_{i=1}^{8}(BCWP_i - BCWS_i) = 4775 - 4900 = -125(万元)，进度拖后 125 万元的工作量。$$

思考题

1. 工程保留金的预留方法有哪些？

2. 工程变更的处理程序是怎样的？

3. 简述索赔的费用组成。

4. 简述施工项目成本管理的内容及其相互关系。

5. 控制成本用挣值法的三个费用(三个成本值)是什么？

练习题

1. 单项选择题

(1)安装规定,我国现行建筑安装工程费由(　　)组成。

　　A. 直接费＋间接费＋计划利润＋税金

　　B. 直接费＋间接费＋利润＋税金

　　C. 直接工程费＋措施费＋规费＋企业管理费

　　D. 直接工程费＋现场经费＋管理费＋临时措施费

(2)施工项目成本控制工作贯穿于施工企业生产经营全过程,其开始阶段应是施工项目的(　　)。

　　A. 设计阶段　　　　B. 招标阶段　　　　C. 施工准备阶段　　　　D. 正式开工

(3)某施工项目进行成本管理,采取了多项措施,其中实行项目经理责任制、编制工作流程图等措施属于施工成本管理的(　　)。

　　A. 组织措施　　　B. 技术措施　　　C. 经济措施　　　　D. 合同措施

(4)施工成本预测是在工程的施工以前,运用一定的方法(　　)。

　　A. 对成本因素进行分析

B. 分析可能的影响程度

C. 估算计划与实际成本之间的可能差异

D. 对成本进行估算

(5)施工成本管理的环节相互作用,由此施工成本决策的前提是( )。

A. 施工成本预测   B. 施工成本计划

C. 施工成本规划   D. 施工成本控制

(6)某工程采用我国施工合同示范文本,工程师同意承包人提出的合理设计变更后,提供变更图纸的应是( )。

A. 工程师   B. 承包人

C. 原设计单位   D. 原规划管理部门

(7)某大学新校区建设施工,拟按项目组成编制施工成本计划,则首先要把项目总施工成本分解到各个( )。

A. 单位工程   B. 单体工程

C. 单元工程   D. 单项工程

(8)"香蕉图"的两条曲线分别是全部工作的开始都按最早开始时间和( )。

A. 最早必须开始时间   B. 最早必须结束时间

C. 最迟必须开始时间   D. 最迟必须结束时间

(9)某工程采用我国施工合同示范文本,工程师于当年5月12日确定一项工程变更。若承包人未提出变更价款的报告而视为合同价款不予调整的最后日期是5月( )日。

A. 17   B. 19   C. 22   D. 26

(10)工程施工完成经验收后进行工程竣工结算,竣工结算报表的审定人是( )。

A. 发包人   B. 承包人

C. 总监理工程师   D. 专业监理工程师

(11)某混凝土工程,工程量清单的工程量是 $1000 \mathrm{~m}^3$,合同约定的综合单价为 350 元$/\mathrm{m}^3$,且实际工程量超过工程量清单的工程量10%时可调整单价,调整系数为 0.9。由于设计变更,承包商实际完成工程量1200m³,则该混凝土工程的结算价款应为( )万元。

A. 37.8   B. 41.3   C. 41.65   D. 42.0

(12)某工程合同总额 300 万元,合同中约定的工程预付款额度为 15%,主要材料和构配件所占比重为 60%,则预付款的起扣点为( )。

A. 75 万元   B. 180 万元   C. 225 万元   D. 255 万元

(13)编制施工项目成本计划是一个不断深化的过程,其中的实施性成本计划是( )。

A. 研究制定合理的目标成本   B. 研究寻找降低成本的途径

C. 资源预算价格   D. 将成本总目标进行分解落实

(14)施工成本控制的正确步骤是( )。

A. 预测、比较、分析、纠偏、检查   B. 分析、预测、检查、比较、纠偏

C. 比较、预测、分析、检查、纠偏   D. 比较、分析、预测、纠偏、检查

(15)工程项目竣工成本综合分析时,成本核算对象是( )。

A. 工程项目   B. 单项工程

C. 单位工程   D. 分部工程

2. 多项选择题

(1) 在工程项目实施阶段,建安工程费用的结算可以根据不同情况采取多种方式,其中主要的结算方式有(　　)等。

　　A. 竣工后一次结算　　　　　　　B. 分部结算

　　C. 分段结算　　　　　　　　　　D. 分项结算　　　　E. 按月结算

(2) 工程预付款额度的确定,一般应考虑的因素(　　)。

　　A. 质量要求　　　　　　　　　　B. 施工工期

　　C. 建安工作量　　　　　　　　　D. 材料储备周期

　　E. 主要材料和构件比重

(3) 建安工程费常用动态结算方法有(　　)等。

　　A. 按实际结构结算　　　　　　　B. 调值公式法

　　C. 按主材计算价差　　　　　　　D. 竣工调价系数法

　　E. 竣工后一次结算

(4) 施工成本管理基础工作中最根本和最重要的内容,是建立涉及成本管理的(　　)。

　　A. 施工定额　　　　　　　　　　B. 组织制度

　　C. 工作程序　　　　　　　　　　D. 责任制度

　　E. 业务台账

(5) 施工成本分析是通过比较,以了解和研究成本的变动情况和因素,为此可以用来与成本核算资料进行比较的有(　　)。

　　A. 目标成本　　　　　　　　　　B. 责任成本

　　C. 固定成本　　　　　　　　　　D. 预算成本

　　E. 类似施工项目的实际成本

(6) 某工程项目为实施成本管理收集了一些资料,其中可以作为施工成本计划编制依据的有(　　)。

　　A. 企业定额　　　　　　　　　　B. 施工图预算

　　C. 签订的分别合同　　　　　　　D. 工料机市场价

　　E. 月度施工成本报告

(7) 为保证工程顺利进行,工程师同意承包人的合理变更建议,承包人(　　)。

　　A. 应承担由此发生的所有费用　　B. 可能分担由此发生的费用

　　C. 不能获得可能的收益　　　　　D. 可能分析可能的收益

　　E. 延误的工期不予顺延

(8) 基于工程进度的施工成本计划,其编制可以按照进度计划的(　　)。

　　A. 横道图　　　　　　　　　　　B. 单代号网络图

　　C. 双代号网络图　　　　　　　　D. 时标网络图

　　E. 搭接网络图

(9) 现有两个工程项目,对它们进行偏差比较分析,应采用的评价指标有(　　)。

　　A. 费用偏差　　　　　　　　　　B. 进度偏差

　　C. 费用绩效指数　　　　　　　　D. 进度绩效指数

　　E. 质量绩效指数

(10)关于分部分项工程成本分析,下列说法正确的有( )。

  A.分部分项工程成本分析的对象为已完分部分项工程

  B.分部分项工程成本分析方法是进行时间与目标成本比较

  C.必须对施工项目中的所有分部分项工程进行成本分析

  D.分部分项工程成本分析是施工项目成本分析的基础

  E.对主要分部分项工程需要做到从开工到竣工进行系统的成本分析

3.计算分析题

(1)对某项目前20周进展情况进行统计调查,列表如5-17所示,要求:

表 5-17   某项目前 20 周的进展情况条件调查   (单位:万元)

工作代号	拟完工程预算费用	已完工程量百分比	已完工程时间费用	挣值
A	200	100	210	
B	220	100	220	
C	400	100	430	
D	250	100	250	
E	300	100	310	
F	540	50	400	
G	840	100	800	
H	600	100	600	
I	240	0	0	
J	150	0	0	
K	1600	40	800	
L	2000	0	0	
M	100	100	90	
N	60	0	0	
合计				

  ① 计算每项工作的 $BCWP$ 及第 20 周末的 $BCWS$、$ACWP$、$BCWP$ 合计;

  ② 计算第 20 周末的 CV、SV、CPI、SPI 并分析成本和进度状况。

(2)已知某建筑公司的成本历史资料如表 5-18 所示,试回答以下问题:

①确定该公司实际成本与预算成本的函数关系。

②计算该公司预算成本等于实际成本的盈亏平衡点。

③该公司明年 1 月和 2 月的预算成本分别为 190 万元和 250 万元,预测其相应的实际成本。

④根据量本利方法,分析提高利润的途径有哪些?

表 5-18   某建筑公司的成本历史资料   (单位:万元)

月份	1月	2月	3月	4月	5月	6月	7月	8月	9月	10月	11月	12月
预算成本	180	172	200	248	253	265	257	243	270	284	291	320
实际成本	193	189	202	227	229	240	228	237	243	238	248	271

第6章 建筑工程质量管理

6.1 施工阶段的质量控制

▶6.1.1 施工质量控制概述

1. 施工质量控制的目标

施工质量控制的总体目标是贯彻执行建设工程质量法规和标准,正确配置生产要素和采用科学管理的方法,实现工程项目预期的使用功能和质量标准。不同管理主体的施工质量控制目标为:

(1)建设单位的质量控制目标是通过施工过程的全面质量监督管理、协调和决策,保证竣工项目达到投资决策所确定的质量标准。

(2)设计单位在施工阶段的质量控制目标是通过设计变更控制及纠正施工中所发现的设计问题等,保证竣工项目的各项施工结果与设计文件所规定的标准相一致。

(3)施工单位的质量控制目标是通过施工过程的全面质量自控,保证交付满足施工合同及设计文件所规定的质量标准的建设工程产品。

(4)监理单位在施工阶段的质量控制目标是通过审核施工质量文件、施工指令和结算支付控制等手段的应用,监控施工承包单位的质量活动行为,正确履行工程质量的监督责任,以保证工程质量达到施工合同和设计文件所规定的质量标准。

2. 施工质量控制的依据

施工质量控制的依据包括:工程合同文件、设计文件、国家及政府有关部门颁布的有关质量管理方面的法律法规性文件、有关质量检验与控制的专门技术法规性文件。

3. 施工质量控制的阶段划分及内容

施工质量控制包括施工准备质量控制、施工过程质量控制和施工验收质量控制三个阶段,见表6-1。

(1)施工准备质量控制是指工程项目开工前的全面施工准备和施工过程中各分部分项工程施工作业准备的质量控制。

(2)施工过程质量控制是指施工作业技术活动的投入与产出过程的质量控制,其内涵包括全过程施工生产及其中各分部分项工程的施工作业过程。

(3)施工验收质量控制是指对已完工工程验收时的质量控制,即工程产品的质量控制。

表 6-1　施工质量控制的阶段划分及内容

施工准备控制	施工承包单位资质的核查	
	施工质量计划的编制与审查	
	现场施工准备的质量控制	
	施工机械配置的控制	
	工程开工报审	
施工过程控制	施工作业过程质量的预控	设置工序活动的质量控制点
		工程质量预控对策的表达方式
		作业技术交底的控制
		进场材料构配件的质量控制
		环境状态的控制
	施工作业过程质量的实时监控	承包单位的自检系统与监控
		施工作业技术复核工作与监控
		见证取样与见证点的实施监控
		工程变更的监控
		质量记录资料的控制
	施工作业过程质量检验	基槽、基坑检查验收
		隐蔽工程检查验收
		不合格品的处理及成品保护
		检验方法与检验程度的种类
施工质量验收	检验批的验收	
	分项工程验收	
	分部工程验收	
	单位工程验收	

4. 施工质量控制的工作程序

(1)在每项工程开始前,承包单位必须做好施工准备工作,然后填报工程开工报审表,附上该项工程的开工报告、施工方案以及施工进度计划等,报送监理工程师审查。若审查合格,则由总监理工程师批复准予施工。否则,承包单位应进一步作好施工准备,待条件具备时,再次填报开工申请。

(2)在每道工序完成后,承包单位应进行自检,自检合格后,填报报验申请表交监理工程师检验。监理工程师收到检查申请后应在规定的时间内到现场检验,检验合格后予以确认。只有上一道工序被确认质量合格后,方能准许下道工序施工。

（3）当一个检验批、分项、分部工程完成后，承包单位首先对检验批、分项、分部工程进行自检，填写相应质量验收记录表，确认工程质量符合要求，然后向监理工程师提交报验申请表附上自检的相关资料，经监理工程师现场检查及对相关资料审核后，符合要求予以签认验收，反之，则指令承包单位进行整改或返工处理。

（4）在施工质量验收过程中，涉及结构安全的试块、试件以及有关材料，应按规定进行见证取样检测；对涉及结构安全和使用功能的重要分部工程，应进行抽样检测。承担见证取样检测及有关结构安全检测的单位应具有相应资质。

（5）通过返修或加固处理仍不能满足安全使用要求的分部工程、单位工程严禁验收。

5. 质量控制的原理过程

（1）确定控制对象，例如一个检验批、一道工序、一个分项工程、安装过程等。

（2）规定控制标准，即详细说明控制对象应达到的质量要求。

（3）制定具体的控制方法，例如工艺规程、控制用图表等。

（4）明确所采用的检验方法，包括检验手段。

（5）实际进行检验。

（6）分析实测数据与标准之间差异的原因。

（7）解决差异所采取的措施、方法。

6. 影响施工质量的因素分析案例

【例 6-1】某钻孔灌注桩按要求在施工前进行了两组试桩，试验结果未达到预计效果，经分析，发现如下问题：

（1）施工单位不是专业的钻孔灌注桩施工队伍；

（2）混凝土强度未达到设计要求；

（3）焊条的规格未满足要求；

（4）钢筋工没有上岗证书；

（5）施工中采用的钢筋笼主筋型号不符合规格要求；

（6）在暴雨条件下进行钢筋笼的焊接；

（7）钻孔时施工机械经常出现故障造成停钻；

（8）按规范应采用反循环方法施工而施工单位采用正循环方法施工；

（9）清孔的时间不够；

（10）钢筋笼起吊方法不对造成钢筋笼弯曲。

问题：影响工程质量的因素有哪几类？以上问题各属于哪类影响工程质量的因素？

【答案】（1）影响工程质量的因素有人、材料、机械、方法、环境五大类。

（2）影响工程质量属于人力方面的因素为第（1）、（4）两项，属于材料方面的因素为第（2）、（3）、（5）三项，属于施工工艺方法方面的因素为第（8）、（9）、（10）三项，属于施工机械方面的因素为第（7）项，属于施工环境方面的因素为第（6）项。

▷6.1.2　施工准备的质量控制

1. 施工承包单位资质的核查

（1）施工承包单位资质的分类。施工承包企业按照其承包工程能力，划分为施工总承包、专业承包和劳务分包三个序列。施工总承包企业的资质按专业类别共分为12个资质类别,每一个资质类别又分成特、一、二、三级。专业承包企业资质按专业类别共分为60个资质类别,每一个资质类别又分为一、二、三级。劳务承包企业有13个资质类别,有的资质类别分成若干级,如木工、砌筑、钢筋作业劳务分包企业资质分为一级、二级,有的则不分级,如油漆、架线等作业劳务分包企业则不分级。

(2)招投标阶段对承包单位资质的审查。根据工程类型、规模和特点,确定参与投标企业的资质等级。对符合投标的企业查对营业执照、企业资质证书、企业年检情况、资质升降级情况等。

(3)对中标进场的企业质量管理体系的核查。了解企业贯彻质量、环境、安全认证情况以及质量管理机构落实情况。

2. 施工质量计划的编制与审查

(1)按照 GB/T 19000 质量管理体系标准,质量计划是质量管理体系文件的组成内容。在合同环境下质量计划是企业向顾客表明质量管理方针、目标及其具体实现的方法、手段和措施,体现企业对质量责任的承诺和实施的具体步骤。

(2)施工质量计划的编制主体是施工承包企业。审查主体是监理机构。

(3)目前我国工程项目施工质量计划常用施工组织设计或施工项目管理实施规划的形式进行编制。

(4)施工质量计划编制完毕,应经企业技术领导审核批准,并按施工承包合同的约定提交工程监理或建设单位批准确认后执行。

由于施工组织设计已包含了质量计划的主要内容,因此,对施工组织设计的审查就包括了对质量计划的审查。

在工程开工前约定的时间内,承包单位必须完成施工组织设计的编制并报送项目监理机构,总监理工程师在约定的时间内审核签认。已审定的施工组织设计由项目监理机构报送建设单位。承包单位应按审定的施工组织设计文件组织施工,如需对其内容做较大的变更,应在实施前将变更内容书面报送项目监理机构审核。

3. 现场施工准备的质量控制

现场施工准备的质量控制包括工程定位及标高基准的控制、施工平面布置的控制、现场临时设施控制等。

4. 施工材料、构配件订货的控制

(1)凡由承包单位负责采购的材料或构配件,应按有关标准和设计要求采购订货,在采购订货前应向监理工程师申报,监理工程师应提出明确的质量检测项目、标准以及对出厂合格证等质量文件的要求。

(2)供货厂方应向需方提供质量文件,用以表明其提供的货物能够达到需方提出的质量要求。质量文件主要包括:产品合格证及技术说明书、质量检验证明、检测与试验者的资质证明、关键工序操作人员资格证明及操作记录、不合格品或质量问题处理的说明及证明、有关图纸及技术资料,必要时,还应附有权威性认证资料。

5. 施工机械配置的控制

施工机械设备的选择,除应考虑施工机械的技术性能、工作效率、工作质量、可靠性及维修难易性，以及安全、灵活等方面对施工质量的影响与保证外，还应考虑其数量配置对施工质量的影响与保证条件。

6. 分包单位资格的审核确认

总承包单位选定分包单位后，应向监理工程师提交《分包单位资质报审表》，监理工程师审查时，主要是审查施工承包合同是否允许分包，分包单位是否具有按工程承包合同规定的条件完成分包工程任务的能力。

7. 施工图纸的现场核对

施工承包单位应做好施工图纸的现场核对工作，对于存在的问题，承包单位以书面形式提出，在设计单位以书面形式进行确认后，才能施工。

8. 严把开工关

开工前承包单位必须提交《工程开工报审表》，经监理工程师审查具备开工条件并由总监理工程师予以批准后，承包单位才能开始正式进行施工。

9. 施工材料质量控制案例分析

【例 6－2】某工程施工合同规定：设备由业主供应，其他建筑材料由承包方采购。其中，对主要装饰石料，业主经与设计单位商定，由业主指定了材质、颜色和样品，并向承包方推荐厂家，承包方与生产厂家签订了购货合同。厂家将石料按合同采购数量送达现场，进场时经检查，该批材料颜色有部分不符合要求，监理工程师通知承包方该批材料不得使用。承包方要求厂家将不符合要求的石料退换，厂家要求承包方支付退货运费，承包方不同意支付，厂家要求业主在应付给承包方工程款中扣除上述费用。

问题：(1)业主指定石料材质、颜色和样品是否合理？

(2)承包商要求退换不符合要求的石料是否合理？为什么？

(3)简述材料质量控制的要点。

(4)材料质量控制的内容有哪些？

【答案】(1)业主指定材质、颜色和样品是合理的。

(2)要求厂家退货是合理的，因为厂家供货不符合合同质量要求。

(3)进场材料质量控制要点如下：

①掌握材料信息，优选供货厂家；

②合理组织材料供应，确保施工正常进行；

③合理组织材料使用，减少材料损失；

④加强材料检查验收，严把材料质量关；

⑤要重视材料的使用认证，以防错用或使用不合格的材料；

⑥加强现场材料管理。

(4)材料质量控制的内容主要有：材料的质量标准，材料的性能，材料取样、试验方法，材料的适用范围和施工要求等。

▶ 6.1.3　施工过程质量控制

一个工程项目是划分为工序作业过程、检验批、分项工程、分部工程、单位工程等若干层次进行施工的，各层次之间具有一定的先后顺序关系。所以，工序施工作业过程的质量控制是最基本的质量控制,它决定了检验批的质量;而检验批的质量又决定了分项工程的质量。施工过程质量控制的主要工作是以施工作业过程质量控制为核心,设置质量控制点,进行预控,严格施工作业过程质量检查,加强成品保护等。

1. 施工作业过程的质量预控

工程质量预控,就是针对所设置的质量控制点或分部分项工程,事先分析在施工中可能发生的质量问题和隐患,分析可能的原因,并提出相应的对策,制定对策表,采取有效的措施进行预先控制,以防止在施工中发生质量问题。

质量预控一般按"施工作业准备—技术交底—中间检查及质量验收—资料整理"的顺序,提出各阶段质量管理工作要求,其实施要点如下:

(1)确定工序质量控制计划,监控工序活动条件及成果。

工序质量控制计划是以完善的质量体系和质量检查制度为基础的。工序质量控制计划要明确规定质量监控的工作流程和质量检查制度,作为监理单位和施工单位共同遵循的准则。

监控工序活动条件,应分清主次工序,重点监控影响工序质量的各因素,注意各因素或条件的变化,使它们的质量始终处于控制之中。

工序活动效果的监控主要是指对工序活动的产品采取一定的检验手段进行检验,根据检验结果分析、判断该工序的质量效果,从而实现对工序质量的控制。

(2)设置工序活动的质量控制点。

质量控制点是指为了保证工序质量而确定的重点控制对象、关键部位或薄弱环节。承包单位在工程施工前应根据施工过程质量控制的要求,列出质量控制点明细表,表中详细地列出各质量控制点的名称或控制内容、检验标准及方法等,提交监理工程师审查批准后,在此基础上实施质量预控。

①设置质量控制点应考虑的因素。

A.施工工艺。施工工艺复杂时多设,不复杂时少设。

B.施工难度。施工难度大时多设,难度不大时少设。

C.建设标准。建设标准高时多设,标准不高时少设。

D.施工单位信誉。施工单位信誉高时少设,信誉不高时多设。

②选择质量控制点的原则。

A.施工过程中的关键工序、关键环节,如预应力结构的张拉。

B.隐蔽工程,应重点设置质量控制点。

C.施工中的薄弱环节或质量不稳定的工序、部位,如地下防水层施工。

D.对后续工序质量有重大影响的工序或部位,如钢筋混凝土结构中的钢筋质量、模板的支撑与固定等。

E.采用新工艺、新材料、新技术的部位或环节,应设置质量控制点。

F.施工单位无足够把握的工序或环节,例如复杂曲线模板的放样等。

③质量控制点的重点控制对象。

A.人的行为,包括人的身体素质、心理素质、技术水平等均有相应的较高要求。

B.物的质量与性能,如基础的防渗灌浆中,灌浆材料细度及可灌性的控制。

C.关键的操作过程,如预应力钢筋的张拉工艺操作过程及张拉力的控制。

D.施工技术参数,如填土含水量、混凝土受冻临界强度等。

E. 施工顺序,如对于冷拉钢筋应当先对焊、后冷拉,否则会失去冷强;对于屋架固定一般应采取对角同时施焊,以免焊接应力使已校正的屋架发生变位等。

F. 技术间歇,如砖墙砌筑与抹灰之间,应保证有足够的间歇时间。

G. 施工方法,如滑模施工中的支承杆失稳问题,即可能引起重大质量事故。

H. 特殊地基或特种结构,如湿陷性黄土、膨胀土等特殊土地基的处理应予特别重视。

④设置质量控制点的一般位置。按分项工程,一般工业与民用建筑中质量控制点设置的位置,见表 6-2。

表 6-2 质量控制点的设置位置

分项工程	质量控制点
工程测量定位	标准轴线桩、水平桩、龙门板、定位轴线、标高
地基基础	基坑尺寸、土质条件、承载力、基础及垫层尺寸、标高、预留洞孔等
砌体	砌体轴线、皮数杆、砂浆配合比、预留孔洞、砌体砌法
模板	模板位置、尺寸、强度及稳定性,模板内部清理及润湿情况
钢筋混凝土	水泥品种、标号、砂石质量、混凝土配合比、外加剂比例、混凝土振捣、钢筋种类、规格、尺寸,预埋件位置,预留孔洞,预制件吊装
吊装	吊装设备起重能力、吊具、索具、地锚
装饰工程	抹灰层、镶贴面表面平整度,阴阳角,护角、滴水线、勾缝、油漆
屋面工程	基层平整度、坡度、防水材料技术指标、泛水与三缝处理
钢结构	翻样图、放大样
焊接	焊接条件、焊接工艺
装修	视具体情况而定

(3)工程质量预控对策的表达方式。质量预控和预控对策的表达方式主要有:

①文字表达。如钢筋电焊焊接质量的预控措施用文字表达为:

A. 可能产生的质量问题有:焊接接头偏心弯折;焊条型号或规格不符合要求;焊缝的长、宽、厚度不符合要求;凹陷、焊瘤、裂纹、烧伤、咬边、气孔、夹渣等缺陷。

B. 质量预控措施有:禁止焊接人员无证上岗;焊工正式施焊前,必须按规定进行焊接工艺试验;每批钢筋焊完后,承包单位自检并按规定对焊接接头见证取样进行力学性能试验;在检查焊接质量时,应同时抽检焊条的型号。

②用解析图或表格形式表达的质量预控对策表。该图表分为两部分,一部分列出某一分部分项工程中各种影响质量的因素;另一部分列出对应于各种质量问题影响因素所采取的对策或措施。

以混凝土灌注桩质量预控为例,用表格形式表达的质量预控对策如表 6-3 所示。

表 6-3　混凝土灌注桩质量预控表

可能发生的质量问题	质量预控措施
1.孔斜	督促施工单位在钻孔前及开钻 4 小时后,对钻机认真整平
2.混凝土强度不足	随时抽查原料质量,试配混凝土配合比经监理工程师审批确认
3.缩颈、堵管	督促施工单位每桩测定混凝土坍落度 2 次
4.断桩	准备充分,保证连续不断地浇筑桩体
5.钢筋笼上浮	掌握泥浆比重(1.1~1.2)和灌注速度

(4)作业技术交底的控制。

作业技术交底是对施工组织设计或施工方案的具体化,是更细致、明确、具体的技术实施方案,是工序施工或分项工程施工的具体指导文件。每一分项工程开始实施前均要进行交底。技术负责人按照设计图纸、施工组织设计,编制技术交底书,并经项目总工程师批准,向施工人员交清工程特点、施工工艺方法、质量要求和验收标准,施工过程中需注意的问题,可能出现意外的措施及应急方案。交底中要明确做什么、谁来做、如何做、作业标准和要求、什么时间完成等。

关键部位或技术难度大,施工复杂的检验批、分项工程施工前,承包单位的技术交底书要报监理工程师。经监理工程师审查后,如技术交底书不能保证作业活动的质量要求,承包单位要进行修改补充。没有做好技术交底的作业活动,不得进入正式实施。

(5)进场材料、构配件的质量控制。

①凡运到施工现场的原材料或构配件,进场前应向监理机构提交工程材料、构配件报审表,同时附有产品出厂合格证及技术说明书,由施工承包单位按规定要求进行检验的检验试验报告,经监理工程师审查并确认其质量合格后,方准进场。如果监理工程师认为承包单位提交的有关产品合格证明文件以及检验试验报告,不足以说明到场产品的质量符合要求时,监理工程师可再行组织复检或见证取样试验,确认其质量合格后方允许进场。

②进口材料的检查、验收,应会同国家商检部门进行。

③材料、构配件的存放,应安排适宜的存放条件及时间,并且应实行监控。例如,对水泥的存放应当防止受潮,存放时间一般不宜超过 3 个月,以免受潮结块。

④对于某些当地材料及现场配制的制品,一般要求承包单位事先进行试验,达到要求的标准方可使用。例如混凝土粗骨料中如果含有无定形氧化硅时,会与水泥中的碱发生碱—集料反应,并吸水膨胀,从而导致混凝土开裂,需设法妥善解决。

(6)环境状态的控制。

环境状态包括水电供应、交通运输等施工作业环境,施工质量管理环境,施工现场劳动组织及作业人员上岗资格,施工机械设备性能及工作状态环境,施工测量及计量器具性能状态,现场自然条件环境等。施工单位应作好充分准备和妥当安排,监理工程师检查确认其准备可靠、状态良好、有效后,方准许其进行施工。

2.施工作业过程质量的实时监控

(1)承包单位的自检系统与监理工程师的检查。承包单位是施工质量的直接实施者和责任者,其自检系统表现在以下几点:①作业活动的作业者在作业结束后必须自检;②不同工序交接、转换必须由相关人员交接检查;③承包单位专职质检员的专检。为实现上述三点,承包单位必须有整套的制度及工作程序仪器,配备数量满足需要的专职质检人员及试验检测人员。

监理工程师是对承包单位作业活动质量的复核与确认,监理工程师的检查决不能代替承包单位的自检。而且,监理工程师的检查必须是在承包单位自检并确认合格的基础上进行的。专职质检员没检查或检查不合格不能报监理工程师。

(2)施工作业技术复核工作与监控。凡涉及施工作业技术活动基准和依据的技术工作,都应该严格进行专人负责的复核性检查,以避免基准失误给整个工程质量带来难以补救的或全局性的危害。例如工程的定位、轴线、标高,预留空洞的位置和尺寸等。技术复核是承包单位应履行的技术工作责任,其复核结果应报送监理工程师复验确认后,才能进行后续相关的施工。

(3)见证取样、送检工作及其监控。见证是指由监理工程师现场监督承包单位某工序全过程完成情况的活动。见证取样是指对工程项目使用的材料、构配件的现场取样、工序活动效果的检查实施见证。

①承包单位在对进场材料、试块、钢筋接头等实施见证取样前要通知监理工程师,在工程师现场监督下,承包单位按相关要求,完成取样过程。

②完成取样后,承包单位将送检样品装入木箱,由工程师加封,不能装入箱中的试件,如钢筋样品,则贴上专用加封标志,然后送往具有相应资质的试验室。

③送往试验室的样品,要填写"送验单",送验单要盖有"见证取样"专用章,并有见证取样监理工程师的签字。

④试验室出具的报告一式两份,分别由承包单位和项目监理机构保存,并作为归档材料,是工序产品质量评定的重要依据。

⑤实行见证取样,绝不代替承包单位应对材料、构配件进场时必须进行的自检。自检频率和数量要按相关规范要求执行。见证取样的频率和数量,包括在承包单位自检范围内,一般所占比例为30%。见证取样的试验费用由承包单位支付。

(4)见证点的实施控制。"见证点"是国际上对于重要程度不同及监督控制要求不同的质量控制点的一种区分方式。凡是被列为见证点的质量控制对象,在施工前,承包单位应提前通知监理人员在约定的时间内到现场进行见证和对其施工实施监督。如果监理人员未能在约定的时间内到现场见证和监督,则承包单位有权进行该点相应工序的操作和施工。

(5)工程变更的监控。施工过程中,由于种种原因会涉及工程变更,工程变更的要求可能来自建设单位、设计单位或施工承包单位,不同情况下,工程变更的处理程序不同。但无论是哪一方提出工程变更或图纸修改,都应通过监理工程师审查并经有关方面研究,确认其必要性后,由总监理工程师发布变更指令方能生效予以实施。

监理工程师在审查现场工程变更要求时,应持十分谨慎的态度。除非是原设计不能保证质量要求,或确有错误,以及无法施工之外。一般情况下即使变更要求可能在技术经济上是合理的,也应全面考虑,将变更以后对质量、工期、造价方面的影响以及可能引起的索赔损失等加以比较,权衡轻重后再作出决定。

(6)质量记录资料的控制。质量记录资料包括以下三方面内容:

①施工现场质量管理检查记录资料。主要包括:承包单位现场质量管理制度、质量责任

制、主要专业工种操作上岗证书、分包单位资质及总包单位对分包单位的管理制度、施工图审查核对记录、施工组织设计及审批记录、工程质量检验制度等。

②工程材料质量记录。主要包括：进场材料、构配件、设备的质量证明资料，各种试验检验报告，各种合格证，设备进场维修记录或设备进场运行检验记录。

③施工过程作业活动质量记录资料。施工过程可按分项、分部、单位工程建立相应的质量记录资料。在相应质量记录资料中应包含有关图纸的图号、质量自检资料、监理工程师的验收资料、各工序作业的原始施工记录等。

施工质量记录资料应真实、齐全、完整，相关各方人员的签字齐备、字迹清楚、结论明确，与施工过程的进展同步。在对作业活动效果的验收中，如缺少资料和资料不全，监理工程师应拒绝验收。

3. 施工作业过程质量检查与验收

施工质量检查与验收包括工序交接验收、隐蔽工程验收，以及检验批、分项工程、分部工程、单位工程验收等。此处只介绍工序作业过程验收，检验批、分项工程、分部工程、单位工程验收等参见 6.1.4 工程施工质量验收。

(1)基槽、基坑验收。基槽开挖质量验收主要涉及地基承载力的检查确认，地质条件的检查确认，开挖边坡的稳定及支护状况的检查确认，基槽开挖尺寸、标高等。由于部位的重要，基槽开挖验收均要有勘察设计单位的有关人员参加，并请当地或主管质量监督部门参加，经现场检测确认其地基承载力是否达到设计要求，地质条件是否与设计相符。如相符，则共同签署验收资料，否则，应采取措施进行处理，经承包单位实施完毕后重新验收。

(2)隐蔽工程验收。隐蔽工程是指将被其后续工程施工所隐蔽的分项分部工程，在隐蔽前所进行的检查验收。它是对一些已完分项、分部工程质量的最后一道检查，由于检查对象就要被其他工程覆盖，给以后的检查整改造成障碍，故显得尤为重要。其程序为：

①隐蔽工程施工完毕，承包单位按有关技术规程、规范、施工图纸先进行自检，自检合格后，填写报验申请表，附上相应的隐蔽工程检查记录及有关材料证明、试验报告、复试报告等，报送项目监理机构。

②监理工程师收到报验申请后首先对质量证明资料进行审查，并在合同规定的时间内到现场核查，承包单位的专职质检员及相关施工人员应随同一起到现场。

③经现场检查，如符合质量要求，监理工程师在报验申请表及隐蔽工程检查记录上签字确认，准予承包单位隐蔽、覆盖，进入下一道工序施工。如经现场检查发现不合格，监理工程师签发"不合格项目通知"，指令承包单位整改，整改后自检合格再报监理工程师复查。

(3)工序交接验收。工序交接验收是指作业活动中一种必要的技术停顿、作业方式的转换及作业活动效果的中间确认。上道工序应满足下道工序的施工条件和要求，相关专业工序之间也是如此。通过工序间的交接验收，使各工序间和相关专业工程之间形成一个有机整体。

(4)不合格品的处理。上道工序不合格，不准进入下道工序施工，不合格的材料、构配件、半成品不准进入施工现场且不允许使用，已经进场的不合格品应及时作出标识、记录，指定专人看管，避免用错，并限期清除出现场；不合格的工序或工程产品，不予计价。

(5)成品保护。成品保护是指在施工过程中，有些分项工程已经完成，而其他一些分项工程尚在施工；或者是在其分项工程施工过程中，某些部位已完成，而其他部位正在施工。在这种情况下，承包单位必须负责对已完成部分采取妥善措施予以保护，以免因成品缺乏保护或保护不善而造成操作损坏或污染,影响工程整体质量。

成品保护的一般措施如下:

①防护:就是针对被保护对象的特点采取各种防护的措施。如对于进出口台阶可垫砖或方木搭脚手板供人通过的方法来保护台阶。

②包裹:就是将被保护物包裹起来,以防损伤或污染。例如,对镶面大理石柱可用立板包裹捆扎保护;铝合金门窗可用塑料布包扎保护等。

③覆盖:就是用表面覆盖的办法防止堵塞或损伤。例如,对落水口排水管安装后可以覆盖,以防止异物落入而被堵塞;地面可用锯末覆盖以防止喷浆污染等。

④封闭:就是采取局部封闭的办法进行保护。如垃圾道完成后,可将其进口封闭起来,以防止建筑垃圾堵塞通道。

⑤合理安排施工顺序:主要是通过合理安排不同工作间的施工顺序以防止后道工序损坏或污染已完施工的成品。如采取房间内先喷涂而后装灯具的施工顺序可防止喷浆污染、损害灯具;先做顶棚装修而后做地面,可避免顶棚施工污染地坪。

4. 施工作业过程质量检验方法与检验程度的种类

(1)检验方法。对于现场所用原材料、半成品、工序过程或工程产品质量进行检验的方法,一般可分为三类,即目测法、量测法以及试验法。

①目测法,即凭借感官进行检查,也可以叫做观感检验。这类方法主要是根据质量要求,采用看、摸、敲、照等手法对检查对象进行检查。"看"就是根据质量标准要求进行外观检查,例如清水墙表面是否洁净,喷涂的密实度和颜色是否良好、均匀,工人的施工操作是否正常,混凝土振捣是否符合要求等。所谓"摸",就是通过触摸手感进行检查、鉴别,例如油漆的光滑度,浆活是否牢固、不掉粉等。所谓"敲",就是运用敲击方法进行观感检查,例如,对墙面瓷砖、大理石镶贴、地砖铺砌等的质量均可通过敲击检查,根据声音虚实、脆闷判断有无空鼓等质量问题。所谓"照"就是通过人工光源或反射光照射,仔细检查难以看清的部位。

②量测法,就是利用量测工具或计量仪表,通过实际量测结果与规定的质量标准或规范的要求相对照,从而判断质量是否符合要求。量测的手法可归纳为:靠、吊、量、套。所谓"靠",是用直尺检查诸如地面、墙面的平整度等。所谓"吊",是指用线锤检查垂直度。"量",是指用量测工具或计量仪表等检查断面尺寸、轴线、标高、温度、湿度等数值并确定其偏差,例如大理石板拼缝尺寸与超差数量,摊铺沥青拌和料的温度等。所谓"套",是指以方尺套方辅以塞尺,检查诸如踏角线的垂直度、预制构件的方正,门窗口及构件的对角线等。

③试验法,是利用理化试验或借助专门仪器判断检验对象质量是否符合要求。

A. 理化试验。常用的理化试验包括物理力学性能方面的检验和化学成分及含量的测定两个方面。力学性能检验如像抗拉强度、抗压强度的测定等。物理性能方面的测定如密度、含水量、凝结时间等。化学试验如钢筋中的磷、硫含量,以及抗腐蚀等。

B. 无损测试或检验。借助专门的仪器、仪表等手段在不损伤被探测物的情况下了解被探测物的质量情况。如超声波探伤仪、磁粉探伤仪等。

(2)质量检验程度的种类。按质量检验的程度,即检验对象被检验的数量划分,可有以下几类:

①全数检验。全数检验主要是用于关键工序部位或隐蔽工程,以及那些在技术规程、质量检验验收标准或设计文件中有明确规定应进行全数检验的对象。例如,对安装模板的稳定性、

刚度、强度、结构物轮廓尺寸等的检验。

②抽样检验。对于主要的建筑材料、半成品或工程产品等,由于数量大,通常大多采取抽样检验。抽样检验具有检验数量少,比较经济,检验所需时间较少等优点。

③免检。免检就是在某种情况下,可以免去质量检验过程。如对于实践证明其产品质量长期稳定、质量保证资料齐全者可考虑采取免检。

5. 施工作业过程质量控制案例分析

【例6-3】某钢筋混凝土工程的施工由甲公司总承包,其中的桩基工程分包给乙单位。施工前甲公司复核了该工程的测量控制点,并经监理工程师审核批准。施工中发生了如下事件:

事件1:桩中心线偏移量超过规范允许的误差。原因是桩位施工图尺寸与总平面图尺寸不一致。为此,甲公司向监理机构报送了处理方案,总监理工程师认为可行,予以批准。

事件2:乙公司根据监理工程师批准的处理方案进行了补桩和整改,并在规定时间内向监理机构提交了索赔报告。

事件3:按合同规定由建设单位采购的一批钢筋供方虽提供了质量合格证,但在使用前的抽样检验中材质不合格。

事件4:部分桩基施工完毕后,浇筑混凝土时留置的试块试验结果未达到设计要求的强度。

问题:(1)总监理工程师批准上述处理方案,在工作程序上是否妥当,并简述监理工程师施工过程中处理质量问题的工作程序要点。

(2)施工单位和监理工程师在桩位偏移这一质量问题上是否有责任?

(3)乙公司提出的索赔报告,总监理工程师应如何处理?

(4)简述施工工序质量控制的步骤。

(5)对施工过程中发生的事件3、事件4监理工程师应分别如何处理?

【答案】(1)总监理工程师批准处理方案在工作程序上不妥,因为没有得到建设单位和设计单位的认可。监理工程师处理质量问题的工作程序如下:

①发出质量问题通知单,责令承包单位报送质量问题调查报告;

②审查质量问题处理方案;

③跟踪检查承包单位对已批准处理方案的实施情况;

④验收处理结果;

⑤建设单位提交有关质量问题的处理报告;

⑥完整的处理记录整理归档。

(2)施工单位和监理工程师在桩位偏移这一质量问题上没有责任,责任在设计单位。

(3)乙公司提出的索赔报告监理机构不予受理,分包单位与建设单位无合同关系。

(4)对工序质量的控制步骤如下:

①实测。采用必要的检测手段,对样品进行检验,测定其质量特性指标。

②分析。即对检测数据进行整理、分析、找出规律。

③判断。判断该工序质量是否达到了规定的标准。

④纠正或认可。如果未达到,应采取措施纠正;如果符合要求则予以确认。

(5)对于事件3,应责令承包单位停止使用该批钢筋。如果该批钢筋可降级使用,应与建设、设计、施工单位共同确定处理方案;如不能用于工程则指令退场。

（6）对于事件4,责令停止相关部位的继续施工,请具有资质的法定检测单位进行该部分混凝土结构的检测。如能达到设计要求,予以验收;否则要求返修或加固处理。

▷ 6.1.4　工程施工质量验收

1. 基本术语

（1）验收。验收是指在施工单位自行质量检查评定的基础上,参与建设的有关单位共同对检验批、分项工程、分部工程、单位工程的质量进行抽样复验,根据相关标准以书面形式对工程质量达到合格与否作出确认。

（2）检验批。检验批是指按同一的生产条件或规定的方式汇总起来供共检验用的,由一定数量样本组成的检验体。检验批是施工质量验收的最小单位,是分项工程验收的基础依据。构成一个检验批的产品,要具备以下基本条件:生产条件基本相同,包括设备、工艺过程、原材料等;产品的种类型号相同,如钢筋以同一品种、统一型号、统一炉号为一个检查批。

（3）主控项目。主控项目是指建筑工程中对安全、卫生、环境保护和公共利益起决定性作用的检验项目。如混凝土结构工程中"钢筋安装时,受力钢筋的品种、级别、规格和数量必须符合设计要求。"

（4）一般项目。除主控项目以外的检验项目都是一般项目。如混凝土结构工程中,"钢筋的接头宜设置在受力较小处,钢筋接头末端至钢筋弯起点的距离不应小于钢筋直径的10倍"。

（5）观感质量。观感质量是指通过观察和必要的量测所反映的工程外在质量。如装饰石材面应无色差。

（6）返修。返修是指对工程不符合标准规定的部位采取整修等措施。

（7）返工。返工是指对不合格的工程部位采取的重新制作、重新施工等措施。

（8）工程质量不合格。凡工程质量没有满足某个规定的要求,就称之为质量不合格。

2. 质量验收评定标准（质量验收合格条件）

在对整个项目进行验收时,应首先评定检验批的质量,以检验批的质量评定各分项工程的质量,以各分项工程的质量来综合评定分部（子分部）工程的质量,再以分部工程的质量来综合评定单位（子单位）工程的质量,在质量评定的基础上,再与工程合同及有关文件相对照,决定项目能否验收。工程项目质量验收逻辑关系如图6-1所示。

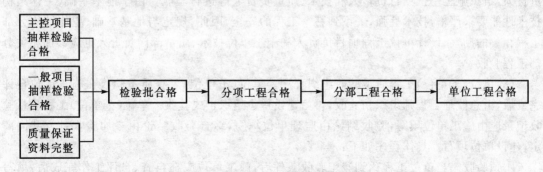

图6-1　工程项目质量验收逻辑关系

（1）检验批质量验收合格的条件。

①主控项目和一般项目的质量经抽样检验合格。

②具有完整的施工操作依据、质量检查记录。

(2)分项工程质量验收合格的条件。

①分项工程所含检验批均应符合合格质量的规定。

②分项工程所含检验批的质量验收记录应完整。

(3)分部(子分部)工程质量验收合格的条件。

①分部(子分部)工程所含分项工程的质量均应验收合格。

②质量控制资料应完整。

③地基与基础、主体结构和设备安装等分部工程有关安全及功能的检验和抽样检测结果应符合有关规定。

④观感质量验收应符合要求。

(4)单位(子单位)工程质量验收合格的条件。

①单位(子单位)工程所含分部(子分部)工程的质量均应验收合格。

②质量控制资料应完整。

③单位(子单位)工程所含分部工程有关安全和功能的检测资料应完整。

④主要功能项目的抽查结果应符合相关专业质量验收规范的规定。

⑤观感质量验收应符合要求。

3.质量验收的组织程序

(1)检验批和分项工程质量验收的组织程序。检验批和分项工程验收前,施工单位先填好"检验批和分项工程的验收记录";并由项目专业质量检验员和项目专业技术负责人分别在检验批和分项工程质量检验记录相关栏目中签字,然后由监理工程师组织,严格按规定程序进行验收。

检验批质量由专业监理工程师(或建设单位项目专业技术负责人)组织施工单位项目专业质量检查员等进行验收。

分项工程质量应由监理工程师(或建设单位项目专业技术负责人)组织施工单位项目专业技术负责人等进行验收。

(2)分部(子分部)工程质量验收组织程序。分部工程应由总监理工程师(或建设单位项目负责人)组织施工单位项目负责人和技术、质量负责人等进行验收。由于地基基础、主体结构技术性能要求严格,技术性强,关系到整个工程的安全,因此,规定与地基基础、主体结构分部工程相关的勘察、设计单位工程项目负责人和施工单位技术、质量部门负责人也应参加相关分部工程验收。

(3)单位(子单位)工程质量验收组织程序。单位(子单位)工程质量验收在施工单位自评完成后,由总监理工程师组织初验收,再由建设单位组织正式验收。单位(子单位)工程质量验收记录应由施工单位填写,验收结论由监理单位填写,综合验收结论由参加验收各方共同商定,建设单位填写。具体程序如下:

①预验收。当单位工程达到竣工验收条件后,施工单位应在自查、自评工作完成后,填写工程竣工报验单,并将全部竣工资料报送项目监理机构,申请竣工验收。总监理工程师应组织各专业监理工程师对竣工资料及各专业工程的质量情况进行全面检查,对检查出的问题,应督促施工单位及时整改。对需要进行功能试验的项目(包括单机试车和无负荷试车),监理工程

师应督促施工单位及时进行试验,并对重要项目进行监督、检查,必要时请建设单位和设计单位参加;监理工程师应认真审查试验报告单并督促施工单位搞好成品保护和现场清理。

经项目监理机构对竣工资料及实物全面检查、验收合格后,由总监理工程师签署工程竣工报验单,并向建设单位提出质量评估报告。

②正式验收。建设单位收到工程验收报告后,应由建设单位(项目)负责人组织施工(含分包单位)、设计、监理等单位项目负责人进行单位(子单位)工程验收。单位工程由分包单位施工时,分包单位对所承包的工程项目应按规定的程序检查评定,总包单位应派人参加。分包工程完成后,应将工程有关资料交总包单位。建设工程经验收合格的,方可交付使用。

在一个单位工程中,对满足生产要求或具备使用条件,施工单位已预验,监理工程师已初验通过的子单位工程,建设单位可组织进行验收。有几个施工单位负责施工的单位工程,当其中的施工单位所负责的子单位工程已按设计完成,并经自行检验,也可组织正式验收,办理交工手续。在整个单位工程进行全部验收时,已验收的子单位工程验收资料应作为单位工程验收的附件。

4. 施工质量验收案例分析

【例6-4】项目监理机构的总监理工程师组织单位工程初验包括哪些方面的工作内容?并简述工程质量评估报告的内容。

【答案】(1)总监理工程师组织单位工程竣工初验的工作包括以下几方面:

①审查承包单位提交的竣工验收文件资料,包括各种质量控制资料、试验报告以及各种有关的技术性文件等。若所提交的验收文件、资料不齐全或有相互矛盾和不符之处,应指令承包单位补充、核实及改正。

②审核承包单位提交的竣工图,并与已完工程、有关的技术文件(如设计图纸、工程变更文件、施工记录及其他文件)对照进行核查。

③总监理工程师组织专业监理工程师对拟验收工程项目的现场进行检查,如发现质量问题应指令承包单位进行处理。

④对拟验收项目初验合格后,总监理工程师对承包单位的工程竣工报验单予以签认,并上报建设单位,同时提出"工程质量评估报告"。

(2)工程质量评估报告由项目总监理工程师和监理单位技术负责人签署,主要包括:

①工程项目建设概况介绍,参加各方的单位名称、负责人。

②工程检验批、分项、分部、单位工程的划分情况。

③工程质量验收标准,各检验批、分项、分部工程质量验收情况。

④地基与基础分部工程中,涉及桩基工程的质量检测结论,基槽承载力检测结论;涉及结构安全及使用功能的检测结论;建筑物沉降观测资料。

⑤施工过程中出现的质量事故及处理情况。

⑥结论。本单位工程是否达到合同约定;是否满足设计文件要求;是否符合国家强制性标准及条款的规定。

【例6-5】某混合结构住宅楼,设计采用混凝土小型砌块砌筑,墙体加芯柱,竣工验收合格后,用户入住。但用户在使用过程中发现墙体只有少量钢筋,而没有浇筑混凝土。经法定检测单位检测发现大约有一半的墙体中未按设计要求加芯柱,造成了重大的质量隐患。

问题:(1)该混合结构住宅楼达到什么条件,方可竣工验收?

(2)试述该工程质量验收的基本要求。

(3)该工程已交付使用,施工单位是否需要对此问题承担责任? 为什么?

【答案】(1)验收条件如下:

①完成建设工程设计和合同规定的内容;

②有完整的技术档案和施工管理资料;

③有工程使用的主要建筑材料、建筑构配件和设备的进场试验报告;

④有勘查、设计、施工、工程监理等单位分别签署的质量合格文件;

⑤工程质量和使用功能符合规范规定的设计要求。

(2)该工程质量验收的基本要求如下:

①质量应符合统一标准和砌体工程及相关专业验收规范的规定;

②应符合工程勘察、设计文件的要求;

③参加验收的各方人员应具备规定的资格;

④质量验收应在施工单位自行检查评定的基础上进行;

⑤隐蔽工程在隐蔽前应由施工单位通知有关单位进行验收,并形成验收文件;

⑥涉及结构安全的试块、试件以及有关材料,应按规定进行见证取样检测;

⑦检验批的质量应按主控项目和一般项目验收;

⑧对涉及结构安全和使用功能的重要分部工程应进行抽样检测;

⑨承担见证取样检测及有关结构安全检测的单位应具有相应资质;

⑩工程的观感质量应由验收人员通过现场检查,并应共同确认。

(3)施工单位必须对此问题承担责任,原因是该质量问题是由施工单位在施工过程中未按设计要求施工造成的。

6.2 建筑工程质量问题和质量事故的处理

6.2.1 工程质量问题与质量事故的相关概念

工程质量问题或事故是指由工程质量不合格或质量缺陷,而造成或引发经济损失、工期延误或危及人的生命和社会正常秩序的事件。

(1)工程质量问题:工程质量不合格必须进行返工、加固或报废处理,由此造成直接经济损失不足 5 千元(不含 5 千元)者。

(2)工程质量事故:工程质量不合格必须进行返工、加固或报废处理,由此造成直接经济损失 5 千元(含 5 千元)以上者。

6.2.2 工程质量问题与质量事故的成因分析

总体而言,工程质量问题与工程质量事故是由技术、管理、社会、经济原因引发的。常见的工程质量事故发生的原因如下:

(1)违反有关法规和工程合同的规定。如无证设计、无证施工、越级设计、越级施工、转包或分包、擅自修改设计等,投标过程中的不公平竞争等。

(2)违反基本建设程序。如未作好调查分析就拍板定案,未搞清地质情况就仓促开工,边设计、边施工等,常是导致重大工程质量事故的重要原因。

（3）地质勘察失真。如未认真进行地质勘察,或未查清地下软土层、孔洞等,均会导致采用错误的基础方案,引发建筑物倾斜、倒塌等质量事故。

（4）设计差错。如结构方案不正确、内力分析有误、沉降缝设置不当等。

（5）施工与管理不到位。如擅自修改设计,不按图施工,图纸未经会审就仓促施工;或管理混乱,施工顺序错误,违章作业,疏于检查验收等,均可能导致质量事故。

（6）使用不合格的建筑材料及设备。如水泥安定性不良,造成混凝土爆裂等。

（7）自然环境因素。如空气温度、湿度、暴雨、雷电等均可能成为质量事故的诱因。

（8）使用操作不当。如任意对建筑物加层或拆除承重结构等也会引起质量事故。

▶ 6.2.3　工程质量事故的特点和分类

1. 工程质量事故的特点

（1）复杂性。质量事故原因错综复杂,增加了质量事故分析与处理的复杂性。

（2）严重性。工程项目一旦出现质量事故,造成人民财产巨大损失,危害极大。

（3）可变性。工程项目出现质量问题后,质量状态处于不断发展变化中。

（4）多发性。质量问题、质量事故经常发生,即使在同一项目上也会经常发生。

2. 工程质量事故的分类

按照事故造成损失的严重程度分类如下。

（1）一般质量事故:凡具备下列条件之一者,为一般质量事故。

①直接经济损失在 5 千元(含 5 千元)以上 5 万元以下者。

②影响使用功能或结构安全,造成永久质量缺陷。

（2）严重质量事故:凡具备下列条件之一者,为严重质量事故。

①直接经济损失在 5 万元(含 5 万元)以上 10 万元以下者。

②严重影响使用功能或结构安全,存在重大质量隐患的。

③造成重伤 2 人以下的。

（3）重大质量事故:凡具备下列条件之一者,为重大质量事故。

①直接经济损失在 10 万元(含 10 万元)以上 500 万元以下者。

②工程倒塌或报废。

③造成重伤 3 人以上或人员死亡的。

（4）特别重大质量事故:凡具备下列条件之一者,为特别重大质量事故。

①直接经济损失在 500 万元以上者。

②造成死亡 30 人以上。

③其他性质特别严重的。

▶ 6.2.4　工程质量事故防治

通常可以从工程技术、教育及管理三个方面采取预防措施。

1. 工程技术措施

工程技术措施内容广泛,具有代表性的有冗余技术和互锁装置。

在系统中纳入了多余的个体单元而保证系统安全的技术,便是"冗余技术",通常也称为备用方式。如工程实践中,采用安全帽、安全绳、安全网形成对人身安全的立体保护,不至于一种保护措施失效就酿成事故。

互锁装置是利用它的某一个部件作用,能够自动产生或阻止发生某些动作,一旦出现危险,能够保障作业人员及设备的安全。如采用保护接地来保护现场用电的安全。

2. 教育措施

安全教育可采取多种形式,但最重要的是落到实处。

3. 管理措施

(1)建立、健全建筑法律法规。

(2)注重人员综合素质提高,建立培训制度。

(3)建立事故档案,追究事故责任,从事故中汲取经验教训。

▷ 6.2.5 工程质量事故处理的依据和程序

1. 工程质量事故处理依据

进行工程事故质量处理的主要依据有四个方面:

(1)质量事故的实况资料。施工单位的质量调查报告及监理单位调查研究所获得的资料,内容包括:质量事故的情况、性质、原因,有关质量事故的观测记录及事故的评估,设计、施工以及使用单位对事故的意见和要求,事故涉及的人员与主要责任者的情况。

(2)有关的合同文件。主要有工程承包合同、设计委托合同、设备与材料购销合同、监理合同、分包合同等。

(3)有关的技术文件和档案。如施工图纸、施工组织设计、有关建筑材料的质量证明资料等。

(4)相关的建设法规。包括法律、法规、规章及示范文本,如《建筑工程设计招标投标管理办法》等。

2. 工程质量事故处理程序

工程质量事故发生后,一般可以按以下程序进行处理。

(1)当出现质量缺陷或事故后,应停止有质量缺陷部位和其有关部位及下道工序施工,需要时,还应采取适当的防护措施。同时,要及时上报主管部门。

(2)进行质量事故调查,主要目的是要明确事故的范围、缺陷程度、性质、影响和原因,为事故的分析处理提供依据。调查力求全面、准确、客观。

(3)在事故调查的基础上进行事故原因分析,正确判断事故原因。

(4)组织有关单位研究制订事故处理方案。制订的事故处理方案应体现安全可靠、不留隐患、满足建筑物的功能和使用要求、技术可行、经济合理等原则。

(5)按确定的处理方案对质量缺陷进行处理。质量事故不论是何方的责任,通常都由施工单位负责实施。但如果不是施工单位的责任,应给予施工单位补偿。

(6)在质量缺陷处理完毕后,应组织有关人员对处理结果进行严格检查、鉴定和验收,由监理工程师写出"质量事故处理报告",提交建设单位,并上报有关主管部门。

▶ 6.2.6　工程质量事故处理方案的确定

质量事故处理方案,应当在正确分析和判断事故原因的基础上进行,通常可以根据质量缺陷的情况,有以下四类不同性质的处理方案。

1.修补处理

当工程的某些部分的质量虽未达到规范、标准或设计规定的要求,存在一定的缺陷,但经过修补后还可达到标准要求,又不影响使用功能或外观要求,在此情况下,可以作出进行修补处理的决定。属于修补处理的方案很多,有封闭保护、复位纠偏、结构补强、表面处理等。某些结构混凝土发生表面裂缝,根据其受力情况,仅作表面封闭保护即可等。

2.返工处理

当工程质量未达到规定的标准要求,有明显的严重质量问题,对结构的使用和安全有重大影响,而又无法通过修补的办法纠正所出现的缺陷情况,可以作出返工处理的决定。如某灰土垫层压实后,其压实土的干容重未达到规定的要求,可以进行返工处理,即挖除不合格土,重新填筑。十分严重的质量事故甚至要作出整体拆除的决定。

3.限制使用

当工程质量缺陷按修补方式处理无法保证达到规定的使用要求和安全的情况下,可以作出结构卸荷或减荷以及限制使用的决定。

4.不作处理

某些工程质量缺陷虽然不符合规定的要求或标准,但如果情况不严重,对工程或结构的使用及安全影响不大,经过分析、论证和慎重考虑后,也可作出不作专门处理的决定。可以不作处理的情况一般有以下几种:

(1)不影响结构安全和使用要求。例如某建筑物出现放线定位偏差,若要纠正则会造成重大经济损失,经分析论证后,其偏差不大,不影响使用要求,可不作处理。

(2)有些不严重的质量缺陷,经过后续工序可以弥补的。如混凝土墙面轻微不平,可通过后续的抹灰、喷涂等工序弥补,可以不对该缺陷进行专门处理。

(3)出现的质量缺陷,经复核验算仍能满足设计要求。如某结构构件断面尺寸有偏差,但复核后仍能满足设计的承载能力,可考虑不再处理。

▶ 6.2.7　工程质量事故处理的鉴定验收

质量事故的处理是否达到了预期目的,是否仍留有隐患,应当通过检查验收和必要的鉴定作出确认。

(1)检查验收。应严格按施工验收规范及有关标准的规定进行。

(2)必要的鉴定。通过试验检测等方法获取必要的数据,进行鉴定。

(3)验收结论。检查和鉴定的结论可以有以下几种:

①事故已排除,可继续施工。

②隐患已消除,结构安全有保证。

③经修补、处理后,完全能够满足使用要求。

④基本上满足使用要求,但使用时应有附加的限制条件。

⑤对耐久性的结论。

⑥对建筑物外观影响的结论等。

⑦对短期难以作出结论者,可提出进一步观测检验的意见。

事故处理后,监理工程师还必须提交事故处理报告,其内容包括:事故调查报告,事故原因分析,事故处理依据,事故处理方案、方法及技术措施,处理施工过程的各种原始记录资料,检查验收记录,事故结论等。

▶ 6.2.8　工程质量问题和质量事故的处理案例分析

【例6-6】某印刷车间主体工程为钢筋混凝土框架式结构,设计要求混凝土抗压强度达到C25。在其第一层钢筋混凝土柱浇筑完毕拆模后,监理工程师检查发现,钢筋混凝土柱的外观质量很差,用锤轻敲即有混凝土碎块脱落。但施工单位提交的施工现场取样的混凝土强度试验结果达到了设计要求。

问题:(1)作为监理工程师,处理上述问题的程序是什么?

(2)假如经有资质的部门鉴定该层钢筋混凝土柱质量严重不合格,混凝土取样试块强度甚至不足C20,你认为应当如何处理?

【答案】(1)该质量事故发生后,监理工程师可按下述程序处理:

①监理工程师应首先指令施工单位暂停施工;

②要求施工单位在有监理方现场见证的情况下,请具有相应资质的检测机构从已浇筑的柱体上钻孔取样进行抽样检验;

③根据抽检结果判断质量问题的严重程度,必要时需通过建设单位请原设计单位及质量监督机构参加对该质量问题的分析判断;

④根据判断的结果及质量问题产生的原因决定处理方案;

⑤指令施工单位按批准的方案进行处理,监理方应跟踪监督;

⑥经处理及施工单位自检合格后,监理工程师复检合格加以确认;

⑦明确质量责任,按责任归属承担责任。

(2)根据本问题所述检验结果,该层钢筋混凝土柱应当全部返工重新浇灌混凝土。由此产生的经济损失及工期延误由施工单位承担责任。监理工程师在对施工单位抽样检验的环节中失控,应对建设单位承担一定的失职责任。

6.3　建筑工程质量控制的统计分析方法

▶ 6.3.1　质量统计数据

1. 质量数据的收集

数据是进行质量控制的基础,是工程项目质量监控的基本出发点。质量统计数据的收集有全数检验和抽样检验,但实际应用中,数据的产生依赖于抽样检验。

(1)抽样检验的目的。抽样检验的基本思想是从整批产品中随机抽取部分产品作为样本,根据对样本的检验结果,使用一定的判断规则,去推断整批产品的质量水平。对于非破坏性检验,如果批量小且检验费用低,采用100%的检验即可行。如果批量大或检验费用高,采用

100%的检验是不可行的。对于破坏性检验,如钢筋质量鉴定、砌块的强度检测等,绝对不允许进行100%的检验,只允许抽样检验。

抽样检验的目的,就是根据样本的质量特征分析判断已经制造出来全部成品或半成品(包括原材料)的质量是否符合技术标准。

(2)抽样检验的方法。

①单纯随机法。这种方法是用随机数表、随机数生成器或随机数色子来进行抽样,广泛应用于原材料、购配件的进货检验和分项工程、分部工程、单位工程竣工后的检验。

②系统抽样。系统抽样是每隔一定的时间或空间抽取一个样本的方法,其第一个样本是随机的,所以,又称为机械随机抽样法。此方法主要用于工序间的检验,如混凝土的坍落度检验。

③二次抽样。二次抽样又称二次随机抽样,当总体很大时,将总体分为若干批,先从这些批中随机地抽几批,再随机地从抽中的几批中抽取所需的样品。如对批量很大的砖的抽样就可按二次抽样的方法进行。

④分层抽样。它是先将批分为若干层,然后从每层中抽取样本的方法,这种方法是为了使样本具有较好的代表性。如砂、石、水泥等散料的检验和分层堆放整齐的构配件的检验,都可用这种方法抽取样品。

(3)抽样检验中的两类风险。

①供方风险:供方风险也称生产者风险,指将合格品判为不合格品,而错误地拒收的概率,用 α 表示。对主控项目和一般项目均应控制在 5% 以内。

②需方风险:也称消费者风险,指将不合格品判为合格品,而错误地接收的概率,用 β 表示。对主控项目应控制在 5% 以内,一般项目应控制在 10% 以内。

2. 质量样本数据的特征值

(1)均值。样本的均值又称为样本的算术平均值。它表示数据集中的位置。

(2)中位数。先将样本中的数据按大小排列,样本为奇数时,中间的一个数即为中位数;样本为偶数时,中间两个数的平均值即为中位数。

(3)极值。一个样本中的最大值和最小值称为极值,第 i 个样本的最大值用 X_{imax} 表示;第 i 个样本的最小值用 X_{imin} 表示。

(4)极差值。样本中最大值与最小值之差称为极差,第 i 个样本的极值用 R_i 来表示。$R_i = x_{imax} - x_{imin}$,它表示数据的分散程度。

(5)标准偏差。总体的标准偏差用 δ 表示:

$$\delta = \sqrt{\dfrac{\sum_{i=1}^{N}(x_i - \mu)^2}{N}}$$

式中:N——总体大小;

μ——总体均值。

样本的标准偏差用 S 表示:

$$S = \sqrt{\dfrac{\sum_{i=1}^{n}(x_i - \overline{x})^2}{n-1}}$$

式中：x_i——第 i 个样本的数值；

　　n——样本大小。

　　$\overline{x}$——样本的均值。

S 也叫标准偏差的无偏估计，它的大小反映了数据的波动情况，即分散程度。

（6）变异系数。变异系数表示数据的相对波动大小，即相对的分散程度，用 CV 表示：

$$CV = \frac{S}{\overline{x}} \times 100\% \text{（样本）}$$

或

$$CV = \frac{\delta}{\mu} \times 100\% \text{（总体）}$$

3. 质量数据的特性和质量波动原因分析

（1）质量数据的特性。质量数据具有个体数值的波动性，样本或总体数据的规律性。即在实际质量检测中，个体产品质量特性数值具有互不相同性、随机性。但样本或总体数据呈现出发展变化的内在规律性。

（2）质量波动原因。质量波动也称质量变异，其影响因素分为偶然性因素和系统性因素两大类。

①偶然性因素。偶然性因素又称随机性因素，经常是随机发生的、不可避免的、难以控制和难以消除的因素，或者是在经济上不值得消除的因素。这类因素对质量影响很小，属于允许偏差范围的波动，生产过程正常稳定。通常把 4M1E 因素的微小变化归为偶然性原因。

②系统性因素。系统性因素是可控制的、易消除的因素。这类因素不经常发生，但对工程质量的影响较大。质量的波动属于非正常波动，即非正常变异。如：材料的规格、型号不对；机械设备故障或过度磨损；工人违规操作等。

质量控制的目标就是要查找系统性因素并加以排除，使质量只受随机偶然性因素的影响。随着科学技术的发展，两类因素在一定条件下可以相互转化，因而它们的区别是相对的，关键是要加强对它们的预测和控制。

▷ 6.3.2　质量控制常用统计分析方法

广泛地采用统计分析技术能使质量管理工作的效益和效率不断提高。质量控制中常用的七种工具和方法是：分层法、调查表法、排列图法、因果分析图法、相关图法、直方图法和控制图法。

1. 分层法

分层法是将收集来的数据，按不同情况和不同条件分组，每组叫做一层。所以，分层法又称为分类法或分组法。分层的方法很多，可按班次、日期分类；按操作者、操作方法、检测方法分类；可按设备型号、施工方法分类；可按使用的材料规格、型号、供料单位分类等。

分层法一般用于将原始数据进行分门别类，使人们能从不同角度分析产品质量问题和影响因素，现举例来说明分层法的应用。

【例 6-7】某批钢筋的焊接由三个师傅操作，而焊条是两个厂家提供的产品，对钢筋焊接质量调查了 50 个焊接点，其中不合格的 19 个，不合格率为 38%。存在严重的质量问题，用分层法分析质量问题的原因。

【解】（1）按操作者分层，如表 6-4 所示。从分析结果中可看出，焊接质量最好的 B 师傅，不合格率为 25％。

表 6－4　按操作者分类

操作者	不合格点数	合格点数	不合格率/％
A	6	13	32
B	3	9	25
C	10	9	53
合计	19	31	38

(2)按供应焊条的厂家分层,如表 6－5 所示。发现不论是采用甲厂还是乙厂的焊条,不合格率都很高而且相差不多。

表 6－5　按供应焊条工厂分层

工厂	不合格	合格	不合格率/％
甲	9	14	39
乙	10	17	37
合计	19	31	38

(3)综合分层。将操作者与供应焊条的厂家结合起来分层,见表 6－6。根据表 6－6 的综合分析可知,在使用甲厂的焊条时,应使用 B 师傅的操作方法为好;在使用乙厂的焊条时,应采用 A 师傅的操作方法为好,这样会使合格率大大提高。

表 6－6　综合分层分析焊接质量

工厂	操作者	甲厂	乙厂	合计
A	不合格点数	6	0	6
	合格点数	2	11	13
B	不合格点数	0	3	3
	合格点数	5	4	9
C	不合格点数	3	7	10
	合格点数	7	2	9
合计	不合格点数	9	10	19
	合格点数	14	17	31

2.调查表法

调查表法又称调查分析法、检查表法,是收集和整理数据用的统计表,利用这些统计表对数据进行整理,并可粗略地进行原因分析。按使用的目的不同,常用的检查表有:工序分布检查表、缺陷位置检查表、不良项目检查表、不良原因检查表等。调查表形式灵活,简便实用,与分层法结合,可更快、更好地找出问题的原因。表 6-7 是混凝土预制板不合格项目调查表。

表 6-7　预制混凝土板不合格项目

序号	项目	检查记录	小计	备注
1	强度不足	正正正正正	25	
2	蜂窝麻面	正正正正	20	
3	局部露筋	正正正	15	
4	局部有裂缝	正正	10	
5	折断	正	5	

3. 排列图法

排列图法又叫主次因素分析图或巴雷特图,如图 6-2 所示。排列图法是用来寻找影响产品质量的主要因素的一种有效工具。排列图由两个纵坐标、一个横坐标、若干个直方形和一条曲线组成。其中左边的纵坐标表示频数,右边的纵坐标表示频率,横坐标表示影响质量的各种因素。若干个直方形分别表示质量影响因素的项目,直方形的高度则表示影响因素的大小程度,按大小由左向右排列。曲线表示各影响因素出现的累计频率百分数,这条曲线叫巴雷特曲线。一般把影响因素分为三类:累计频率在 $0 \sim 80\%$ 范围的因素,称为 A 类因素,是主要因素,以便集中力量加以重点解决;在 $80\% \sim 90\%$ 范围内的为 B 类,是次要因素;在 $90\% \sim 100\%$ 范围内的为 C 类,是一般因素。

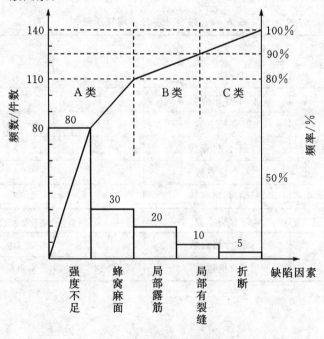

图 6-2　一般形式排列图

下面举例说明排列图的基本做法。

【例6-8】某工程施工监理中,监理工程师对承建商在施工现场制作的水泥预制板进行质量检查,抽查了500块,发现其中存在如表6-8所示的质量问题。

问题:产品的主要质量问题是什么? 监理工程师应如何处理?

【解】(1)采用排列图法分析产品的主要质量问题,其具体步骤如下:

第一步,针对本题特点,应选择排列图法进行分析。

第二步,根据检查记录,按不良品数由大到小进行整理排列,算出频率和累计频率,如表6-8所示。

表6-8　预制板质量问题及相关资料

序　号	存在问题项目	出现问题频率	累计频率/%
1	蜂窝麻面	22	55
2	局部露筋	10	80
3	强度不足	4	90
4	横向裂缝	3	97.5
5	纵向裂缝	1	100
合计	存在问题项目	40	

第三步,绘制排列图,见图6-3。

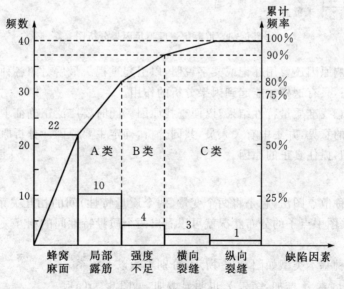

图6-3　排列图示例

第四步,分析。由排列图可见,主要的质量问题是水泥预制板的表面出现蜂窝麻面和局部露筋,次要问题是混凝土强度不足,一般问题是横向和纵向裂缝。

(2)出现质量问题后的处理。监理工程师应要求承建商提出具体的质量改进方案,分析产生质量问题的原因,制定具体的措施提交监理工程师审查,经监理工程师审查确认后,由施工单位实施改进。执行过程中,监理工程师应严格监控。

4. 因果分析图法

因果分析图法又称特性要因图,是用来寻找质量问题产生原因的有效工具。

因果分析图的做法是:首先明确质量特性结果,绘出质量特性的主干线。也就是明确制作什么质量的因果图,把它写在右边,从左向右画上带箭头的框线。然后分析确定可以影响质量特性的大原因(大枝),一般有人、机械、材料、方法和环境五个方面。再进一步分析确定影响质量的中、小和更小原因,即画出中小细枝,如图 6-4 所示。

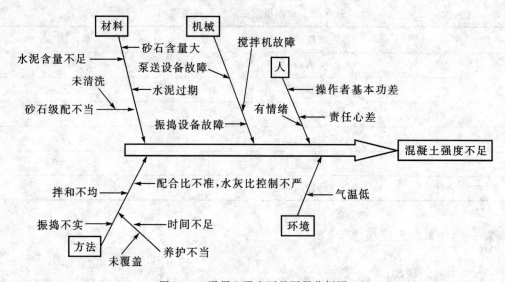

图 6-4　混凝土强度不足因果分析图

对重要的影响原因还要用标记或文字说明,以引起重视。最后对照各种因素逐一落实,制定对策,限期改正,只有这样才能起到因果分析的作用。

画图时应注意找准质量特性结果,以便查找原因。同时要广泛正确征求意见,特别是现场有实践经验人员的意见,并集中有关人员,共同分析,确定主要原因。分析原因要深入细致,从大到小,从粗到细,抓住真正的原因。

5. 相关图法

相关图法又称散点图法,它是将两个变量(两个质量特性)间的相互关系用一个直角坐标表示出来,从相关图中点子的分布状况就可以看出两个质量特性间的相互关系,以及关系的密切程度。

相关图的几种基本类型如图 6-5 所示,分别表示以下关系。

(1)正相关:因素 X 增加,结果 Y 也明显增加,见图 6-5(a)。

(2)弱正相关:因素 X 增加,结果 Y 略有增加,见图 6-5(b)。

(3)不相关:因素 X 与结果 Y 没有关系,见图 6-5(c)。

(4)弱负相关:因素 X 增加,结果 Y 略有减小,见图 6-5(d)。

(5)负相关:因素 X 增加,结果 Y 明显减小,见图 6-5(e)。

(6)非线性相关:因素 X 增加到某一范围时,结果 Y 也增加,但超过一定范围后 Y 反而减小,见图6-5(f)。

从图6-5(a)和(e)两种图形可以判断X是质量特性Y的重要影响因素,而控制好因素X,就可以把结果Y较为有效地控制起来。

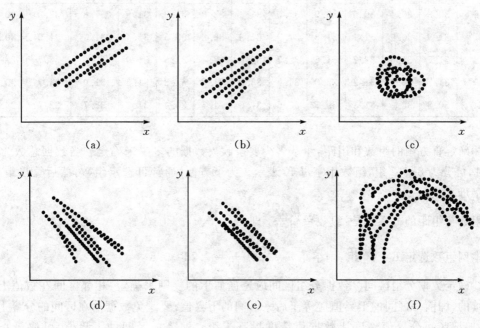

图6-5　相关图基本类型

6.直方图法

直方图又称为质量分布图,利用直方图可分析产品质量的波动情况,了解产品质量特征的分布规律,以及判断生产过程是否正常的有效方法。直方图还可用来估计工序不合格品率的高低、制定质量标准、确定公差范围、评价施工管理水平等。

(1)直方图的画法。下面以实例来说明直方图的画法及应用。

①数据的收集与整理。例如,某工地在一个时期内生产的C30混凝土,共做试块100块,抗压强度如表6-9所示。由该表中找出全体数据中最大值为34.7,最小值为27.4,两者之差即$34.7-27.4=7.3$,称为极差,用符号R表示。

表6-9　混凝土试块强度统计数据表　　　　　　　　　　（单位:N/mm²）

组号	各组中的数据序号										组中最大	组中最小
	1	2	3	4	5	6	7	8	9	10		
1	32.3	31.0	32.6	30.1	32.0	31.1	32.7	31.6	29.4	31.9	32.7	29.4
2	32.2	32.0	28.7	31.0	29.5	31.4	31.7	30.9	31.8	31.6	32.2	28.7
3	31.4	34.1	31.4	34.0	33.5	32.6	30.9	30.8	31.6	30.4	34.1	30.4
4	31.5	32.7	32.6	32.0	32.4	31.7	32.7	29.4	31.7	31.6	32.7	29.4
5	30.9	32.9	31.4	30.8	33.1	33.0	31.3	32.9	31.7	31.6	32.7	29.4

组号	各组中的数据序号										组中最大	组中最小
	1	2	3	4	5	6	7	8	9	10		
6	30.3	30.4	30.6	30.9	31.0	31.4	33.0	31.3	31.9	31.8	33.0	30.4
7	31.9	30.9	31.1	31.3	31.9	31.3	30.8	30.5	31.4	31.3	31.9	30.5
8	31.7	31.6	32.2	31.6	32.7	32.6	27.4	31.6	31.9	32.0	32.7	27.4
9	34.7	30.3	31.2	32.0	34.3	33.5	31.6	31.3	31.6	31.0	34.7	30.3
10	30.8	32.0	31.3	29.7	30.5	31.6	31.7	30.4	31.1	32.7	32.7	29.7

②确定直方图的组数和组距,组数多少要按收集数据的多少来确定。当数据总数为 50～100 时,可分为 8～12 组,组数用字母 K 表示。为了方便,通常可选定组数,然后算出组距,组距用字母 h 表示。

组数与组距的关系式是:组数 $=\dfrac{极差}{组距}$,即 $K=\dfrac{R}{h}$。

本例组数选定 $K=10$ 组,则组距 $h=\dfrac{R}{K}=\dfrac{7.3}{10}=0.73≈0.8$

③确定数据分组区间。数据分组区间应遵循如下的规则来确定:相邻区间在数值上应当是连续的,即前一区间的上界值应等于后一区间的下界值;要避免数据落在区间的分界上。为此,一般把区间分界值精度比数据值精度提高半级。即第一区间的下界值,可取最小值减 0.05;上界值采用最小值减 0.05 再加组距,本例中:

第一区间下界值＝最小值－0.05＝27.4－0.05＝27.35

第一区间上界值＝第一区间下界值＋h＝27.35＋0.8＝28.15

第二区间下界值＝第一区间上界值＝28.15

第二区间上界值＝其下界值＋h＝28.15＋0.8＝28.95。以下类推。

④编制频数分布统计表。根据确定的各个区间值,就可以进行频数统计,编制出频数分布统计表,如表 6－10 所示。

表 6－10　频数分布统计表

序号	分组区间	频数	序号	分组区间	频数
1	27.35～28.15	1	6	31.35～32.15	37
2	28.15～28.95	1	7	32.15～32.95	15
3	28.95～29.75	4	8	32.95～33.75	5
4	29.75～30.55	7	9	33.75～34.55	3
5	30.55～31.35	25	10	34.55～35.35	1
合　计					100

⑤绘制频数直方图。用横坐标表示数据分组区间,纵坐标表示各数据分组区间出现的频数。本例中混凝土强度频数直方图如图 6－6 所示。

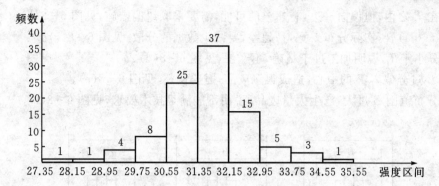

图 6-6　混凝土强度直方图

（2）直方图分析。

①分布状态的分析。对直方图分布状态进行分析，可判断生产过程是否正常，常见的直方图分析如下：

A. 正态分布，见图 6-7（a）。这说明生产过程正常、质量稳定。

B. 偏态分布，见图 6-7（b）、（c）。这主要是由于技术或习惯上原因，或由于上（下）限控制过严造成的。

C. 锯齿分布，见图 6-7（d）。这主要是由于组数或组距不当，或测试所用方法和读数有问题所致。

D. 孤岛分布，见图 6-7（e）。这主要是由于原材料变化如少量材料不合格，或工人临时替班所致。

E. 陡壁分布，见图 6-7（f）。这往往是剔除不合格品、等外品或超差返修后造成的。

F. 双峰分布，见图 6-7（g）。这主要是把两种不同方法、设备生产的产品数据混淆在一起所致。

G. 平峰分布，见图 6-7（h）。这主要是生产过程中有缓慢变化的因素起主导作用的结果。

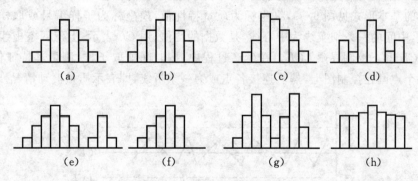

图 6-7　常见直方图分析

②实际分布与标准分布的比较。将正常型直方图与质量标准进行比较，判断实际施工能力。如图 6-8 所示，T 表示质量标准要求的界限，B 代表实际质量特性值分布范围。比较结果一般有以下几种情况：

B 在 T 中间，两边各有一定余地，这是理想的情况，见图 6-8（a）。

B 虽在 T 之内,但偏向一边,有超差的可能,需要采取纠偏措施,见图 6-8(b)。

B 与 T 相重合,实际分布太宽,易超差,要减少数据的分散,见图 6-8(c)。

B 过分小于 T,说明加工过于精确,不经济,见图 6-8(d)。

由于 B 过分偏离 T 的中心,造成很多废品,需要调整,见图 6-8(e)。

实际分布范围 B 过大,产生大量废品,说明不能满足技术要求,见图 6-8(f)。

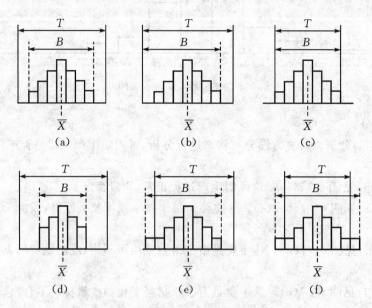

图 6-8　实际质量分布与标准质量分布比较

7. 控制图法

控制图法又称管理图法,它可动态地反映质量特性随时间的变化,可以动态掌握质量状态,判断其生产过程的稳定性,从而实现其对工序质量的动态控制。

控制图的基本形式见图 6-9,纵坐标为质量特性值,横坐标为子样编号或取样时间。图中有三条线,中间的一条细实线为中心线,是数据的均值,用 CL 表示,上下两条虚线分别为上控制界限 UCL 和下控制界限 LCL。在生产过程中,按时间抽取子样,测量其特征值,将其统计量作为一个点画在控制图上,然后连接各点成为一条折线,即表示质量波动情况。

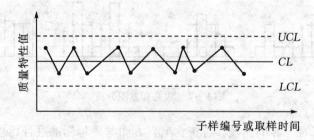

图 6-9　控制图基本样式

(1)控制图的分类。控制图可分为计量值控制图和计数值控制图。计量值控制图有平均值—极差值控制图、中位数—极差值控制图;计数值控制图有不良品数控制图、不良品率控制图、样本缺陷数控制图、单位产品缺陷数控制图等。

（2）控制图的绘制原理。控制图是以正态分布为理论依据,采用"三倍标准偏差法"绘制的。即将中心线定在被控制对象的平均值上面,以中心线为基准向上、向下各三倍标准偏差即为控制上限和控制下限。

（3）控制图的观察分析。应用控制图的主要目的是分析判断生产过程是否处于稳定状态,预防不合格品的发生。当控制图的点满足以下两个条件:一是点没有跳出控制界限;二是点随机排列且没有缺陷,我们就认为生产过程基本上处于控制状态,即生产正常。否则,就认为生产过程发生了异常变化,必须把引起这种变化的原因找出来,排除掉。这里所说的点在控制界限内排列有缺陷,包括以下几种情况:

①点连续在中心线一侧出现 7 个以上,见图 6-10(a)。

②连续 7 个以上点上升或下降,见图 6-10(b)。

③点在中心线一侧多次出现。如连续 11 个点中至少有 10 个点在同一侧,见图 6-10(c);或连续 14 点中至少有 12 点,或连续 17 点中至少有 14 点,或连续 20 点中至少有 16 点出现在同一侧。

④点接近控制界限。如连续 3 个点中至少有 2 点在中心线上或下二倍标准偏差横线以外出现,见图 6-10(d);或连续 7 点中至少有 3 点,或连续 10 点中至少有 4 点在该横线外出现。

⑤点子出现周期性波动,见图 6-10(e)。

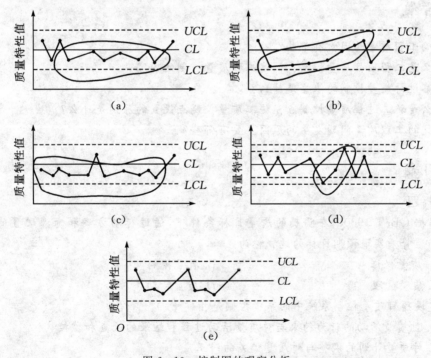

图 6-10 控制图的观察分析

在使用控制图时,除了上述异常情况外,下列几种情况也应引起重视:

①数据点出现上、下循环移动的情形。可能是季节性的环境影响,操作人员的轮换或操作人员的疲劳造成的。

②数据点出现朝单一方向变化的趋势。其原因可能是工具磨损,设备未按期进行检验,或原材料的均匀性变质。

③连续若干点集中出现在某些不同的数值上。其原因可能是工具磨损,设备未按期进行检验。

④太多的数据点接近中心线。若连续13点以上落在中心线±0的带形区域内,此为小概率事件,该情况也应判为异常。出现的原因可能是控制图使用太久没有加以修改而失去了控制作用,或者数据不真实。

(4)控制图的重要性。控制图之所以能获得广泛应用,主要是由于它能起到下列作用:

①贯彻预防为主的原则。应用控制图有助于保持生产过程处于控制状态,从而起到保证质量防患于未然的作用。

②改进生产过程。应用控制图可以减少废品和返工,从而提高生产率、降低成本和增加生产能力。

③防止不必要的过程调整。控制图可用以区分质量的偶然波动与异常波动,从而使操作者减少不必要的过程调整。

④提供有关工序能力的信息。控制图可以提供重要的生产过程参数以及它们的时间稳定性,这对于生产过程的设计和管理是十分重要的。

 思考题

1.影响工程质量的因素有哪些?

2.什么是工程项目质量控制?简述工程质量控制的内容。

3.勘察设计质量控制的依据是什么?

4.什么是施工过程质量控制点?施工质量控制点设置的原则是什么?

5.常见的工程质量问题发生的原因主要有哪些?

练习题

1.单项选择题

(1)根据 GB/T 19000,在明确的质量目标条件下,通过行动方案和资源配置的计划、实施、检查和监督来实现预期目标的过程称为(　　)。

　　A.质量保证　　　　　　　　　　B.质量控制

　　C.质量管理　　　　　　　　　　D.质量活动

(2)建设项目质量控制系统中的事中控制是指(　　)。

　　A.对质量活动的行为约束与对质量活动过程和结果的检查和监控

　　B.对质量计划的调整与对质量偏差的纠正

　　C.对质量活动的行为约束与对质量活动结果的评价认定

　　D.对质量活动前的准备工作与质量活动过程的监督控制

(3)建设工程项目质量控制系统是面向工程项目建立的质量控制系统,该系统(　　)。

　　A.属于一次性的系统　　　　　　B.需要进行第三方认证

　　C.仅涉及施工承包单位　　　　　D.需要通过业主认证

(4)施工总承包单位对分包单位编制的施工质量计划（　　）。

A. 需要进行指导和审核,但不承担施工质量的连带责任

B. 需要进行指导和审核,并承担施工质量的连带责任

C. 不需要审核,但应承担施工质量的连带责任

D. 需要进行指导和审核,并承担施工质量的全部责任

(5)建设工程项目的施工质量计划应经（　　）审核批准后,才能提交工程监理单位或建设单位。

A. 施工项目经理 　　　　　　　　B. 企业法定代表人

C. 建设主管部门 　　　　　　　　D. 企业技术领导

(6)单位工程完工后,（　　）应组织检查、评定,符合验收标准后,向建设单位提交验收申请。

A. 施工单位 　　　　　　　　　　B. 设计单位

C. 建设主管部门 　　　　　　　　D. 质量监督机构

(7)房屋建筑工程和市政基础设施工程验收合格后,建设单位应将验收报告报送政府管理部门（　　）。

A. 确认 　　　　　　　　　　　　B. 审核

C. 备案 　　　　　　　　　　　　D. 复评

(8)政府质量监督部门对施工中发生严重问题的单位可以发出（　　）。

A. 吊销营业执照通知单 　　　　　B. 吊销企业资质通知单

C. 临时吊销资质证书通知书 　　　D. 企业资质降级通知书

(9)采用因果分析图法分析工程质量特性或问题,通常以（　　）的方式进行。

A. 技术攻关 　　　　　　　　　　B. QC 小组活动

C. 质量检查 　　　　　　　　　　D. 操作比赛

(10)当采用排列图法分析工程质量问题时,将质量特性不合格累计频率为（　　）的定为A 类问题,进行重点管理。

A. 0～50% 　　　　　　　　　　B. 0～70%

C. 0～80% 　　　　　　　　　　D. 0～90%

2. 多项选择题

(1)建设工程项目施工质量控制的监控主体包括（　　）。

A. 施工各参与方 　　　　　　　　B. 设计方

C. 业主方 　　　　　　　　　　　D. 监理方 　　　　E. 供货方

(2)建设工程项目质量控制系统分为计划、网络、措施、信息四个系统,其中由质量控制计划系统来确定的内容包括（　　）。

A. 建设标准 　　　　　　　　　　B. 质量方针

C. 质量总目标及其分解 　　　　　D. 质量责任主体构成

E. 质量控制界面

(3)设计单位在建设工程项目施工阶段进行质量控制和验收的主要工作内容包括（　　）。

A. 控制原材料、半成品质量 　　　B. 参与审核主体结构的施工方案

C. 对变更设计图纸进行控制 　　　D. 纠正施工中发现的设计问题

E.完善工程竣工图

(4)下列关于建设工程项目施工质量验收的表述中,正确的有( )。

A.工程质量验收均应在施工单位自行检查评定的基础上进行

B.参加工程施工质量验收的各方人员由政府部门确定

C.工程外观质量通过现差检查后由质量监督机构确认

D.隐蔽工程应在隐蔽前由施工单位通知有关单位进行验收,并形成验收文件

E.单位工程施工质量应该符合相关验收规范

(5)ISO 9000—2000 族标准的核心标准有( )。

A.ISO 9000　　B.ISO 9001　　C.ISO 9002　　D.ISO 9003　　E.ISO 9004

(6)在质量管理的工具和方法中,直方图一般是用来( )。

A.分析生产过程质量是否处于稳定状态

B.找出影响质量问题的主要因素

C.分析生产过程质量是否处于正常状态

D.逐层分析质量问题产生的原因

E.分析质量水平是否保持在公差允许的范围内

(7)建设单位收到施工承包单位的单位工程验收申请后,应组织( )等方面人员进行验收,并形成验收报告。

A.施工单位　　　　　　　　　　B.检测单位

C.设计单位　　　　　　　　　　D.监理单位　　　　　E.质量监督机构

(8)政府质量监督机构对建设工程质量监督的职能包括( )。

A.制定行业质量管理规程　　　　B.确认检测单位资质等级

C.监督工程各方主体的质量行为　　D.认证施工企业的质量管理体系

E.检查工程实体质量

(9)GB/T 19000 中 ISO 9000(2000级)质量管理体系标准中的质量管理原则包括( )。

A.质量第一　　　　　　　　　　B.事前控制

C.领导作用　　　　　　　　　　D.过程方法　　　　　E.基于事实的决策

(10)国际工程施工中的质量管理由( )主管。

A.发包人　　　　　　　　　　　B.承包人的项目经理

C.承包人指定的技术副经理　　　　D.工程师

E.承包人指定的总工程师

3.计算题

对某工程楼地面质量进行调查,发现有 80 间房间地面起砂,统计结果如表 6-11 所示,试绘制地面起砂原因排列图,并加以分析。

表 6-11　地面起砂原因统计结果

起砂原因	出现房间数	起砂原因	出现房间数
砂含泥量过大	17	砂浆配合比不当	7
砂粒径过大	47	水泥标号太低	3
养护不良	5	压光不足	1

第7章 建筑工程安全与环境管理

7.1 建筑工程安全与环境管理概述

7.1.1 建筑施工安全与环境管理的目的

建筑施工安全与环境管理是指为达到工程项目安全生产与环境保护的目的而采取各种措施的系统化管理活动,包括制定、实施、评审和保持安全与环境方针所需的组织机构、计划活动、职责、惯例、程序、过程和资源。

1. 安全管理的目的

建筑施工安全管理的目的是:保护产品生产者和使用者的健康与安全;控制影响工作场所内员工、临时工作人员、合同方人员、访问者和其他有关部门人员健康和安全的条件和因素;考虑和避免因使用不当对使用者造成的健康和安全的危害。

2. 环境管理的目的

建筑施工环境管理的目的是保护生态环境,使社会经济发展与人类的生存环境相协调;控制作业现场的各种粉尘、废水、废气、固体废弃物以及噪声、振动对环境的污染和危害,考虑能源节约和避免资源的浪费。

7.1.2 建筑施工安全与环境管理的特点

1. 复杂性

建筑施工生产的流动性及其受外部影响因素多,决定了工程项目安全与环境管理的复杂性。

2. 多样性

产品的多样性和生产的单件性决定了安全与环境管理的多样性。主要表现为:

(1)不能按同一图纸、同一施工工艺、同一生产设备进行批量重复生产。

(2)施工生产组织及机构变动频繁,生产经营的"一次性"特征特别突出。

(3)生产过程中试验性研究课题多,所碰到的新技术、新工艺、新设备、新材料给安全与环境管理带来不少难题。

3. 协调性

建筑产品不能像其他许多工业产品那样可以分解为若干部分同时生产,而必须在同一固定场地按严格程序连续生产,上一道工序不完成,下一道工序不能进行。上一道工序的结果往往会被下一道工序所掩盖,而且每一道程序由不同的人员和单位来完成。因此,在安全与环境管理中要求各单位和各专业人员积极配合,协调工作,共同注意产品生产过程接口部分的安全与环境管理的协调性。

4. 持续性

一个建设项目从立项到投产使用要经历项目可行性研究阶段、设计阶段、施工阶段、竣工验收和试运行阶段。每个阶段都要十分重视项目的安全和环境问题,持续不断地对项目各个阶段可能出现的安全与环境问题实施管理。

5. 环境管理的经济性

环境管理主要包括工程使用期内的成本,如能耗、水耗、维护、保养、改建更新的费用。并通过比较分析,判定工程是否符合经济要求。另外,环境管理要求节约资源,以减少资源消耗来降低环境污染,二者是完全一致的。

7.2 施工安全控制

7.2.1 安全生产和安全控制的概念

1. 安全生产的概念

安全生产是指使生产过程处于避免人身伤害、设备损坏及其他不可接受的损害风险的状态。不可接受的损害风险通常是指以下几种情况:超出了法律、法规和规章的要求;超出了方针、目标和企业规定的其他要求;超出了人们普遍接受的要求。因此,安全生产,是一个相对性的概念。

2. 安全控制的概念

安全控制是通过对生产过程中涉及计划、组织、监控、调节和改进等一系列致力于满足生产安全所进行的管理活动。

7.2.2 安全控制的方针、目标与特点

1. 安全控制的方针

安全控制的目的是为了安全生产,因此安全控制的方针也应符合安全生产的方针,即"安全第一,预防为主"。"安全第一"充分体现了"以人为本"的理念;"预防为主"是实现安全第一的最重要手段,是安全控制的最重要的思想。

2. 安全控制的目标

安全控制的目标是减少和消除生产过程中的事故,保证人员健康安全和财产免受损失。具体可包括:减少或消除人的不安全行为的目标;减少或消除设备、材料的不安全状态的目标;改善生产环境和保护自然环境的目标。

3. 施工安全控制的特点

(1)控制面广。由于建设工程规模较大,生产工艺复杂,建造过程中流动作业多,高处作业

多,作业位置多变,不确定因素多,安全控制工作涉及范围大,控制面广。

(2)控制的动态性。由于工程项目的单件性和施工的分散性,在面对具体的生产环境时,有些工作制度和安全技术措施也会有所调整。

(3)控制系统交叉性。工程项目建造过程受自然环境和社会环境影响很大,安全控制需要把这些系统结合起来。

(4)控制的严肃性。安全状态一旦失控,损失较大,其控制措施必须严谨。

7.2.3　施工安全控制的程序和基本要求

1. 施工安全控制的程序

(1)确定项目的安全目标。

(2)编制项目安全技术措施计划。

(3)安全技术措施计划的落实和实施。

(4)安全技术措施计划的验证。

(5)持续改进,直至完成工程项目的所有工作。

2. 施工安全控制的基本要求

(1)必须取得安全行政主管部门颁发的安全施工许可证后才可施工。

(2)总承包单位和每一个分包单位都应持有施工企业安全资格审查认可证。

(3)各类人员必须具备相应的执业资格才能上岗。

(4)所有新员工必须经过三级安全教育,即进厂、进车间和进班组的安全教育。

(5)特殊工种作业人员必须持有特种作业操作证,并严格按规定定期进行复查。

(6)对查出的安全隐患要做到"五定",即定整改责任人、定整改措施、定整改完成时间、定整改完成人、定整改验收人。

(7)必须把好安全生产"六关",即措施关、交底关、教育关、防护关、检查关、改进关。

(8)施工现场安全设施齐全,并符合国家及地方有关规定。

(9)施工机械(特别是现场安设的起重设备等)必须经过安全检查合格后方可使用。

7.2.4　施工安全技术措施计划的内容、编制及实施

1. 施工安全技术措施计划的内容和编制

(1)施工安全技术措施计划的主要内容。具体包括:工程概况,控制目标,控制程序,组织机构,职责权限,规章制度,资源配置,安全技术措施,检查评价,奖惩制度等。

(2)施工安全技术措施计划的编制原则。

①对结构复杂、施工难度大、专业性较强的工程项目,除制定项目总体安全保证计划外,还必须制定单位工程或分部分项工程的安全技术措施。

②对高处作业、井下作业等专业性强的作业,以及电器、压力容器等特殊工种作业,应制定单项安全技术规程,并应对管理和操作人员的安全作业资格和身体状况进行合格检查。

③制定和完善施工安全操作规程,编制各施工工种,特别是危险性较大工种的安全施工操作要求,作为规范和检查考核员工安全行为的依据。

④施工安全技术措施包括安全防护设施的设置和安全预防措施,主要有防火、防毒、防爆、

防洪、防尘、防雷击、防坍塌、防物体打击、防机械伤害、防起重设备滑落、防高空坠落、防交通事故、防寒、防暑、防疫、防环境污染等方面措施。

2. 施工安全技术措施计划的实施

(1)建立安全生产责任制。

安全生产责任制是指企业对项目经理部各级领导、各个部门、各类人员所规定的在他们各自职责范围内对安全应负责任的制度,是施工安全技术措施计划实施的重要保证。

(2)广泛开展安全教育。

①全体员工应认识到安全生产的重要性,懂得安全生产的科学知识。

②把安全知识与技能、操作规程、安全法规等作为安全教育的主要内容。

③建立经常性的安全教育考核制度,考核成绩要记入员工档案。

④对电焊工、架子工、爆破工等特殊工种工人,除一般教育外,还要经过专业安全技能培训,经考试合格持证后,方可独立操作。

⑤对采用新技术、新设备施工和调换工作岗位时也要进行安全教育和培训。

(3)安全技术交底。

①安全技术交底的基本要求:安全技术交底是施工负责人向施工作业人员进行责任落实的法律要求,安全技术交底工作在正式作业前进行。安全技术交底必须具体、明确,针对性强,不能流于形式,不能千篇一律;对潜在危害和存在问题有预见性;应优先采用新的安全技术措施;不但口头讲解,而且应有书面文字资料,并履行签字手续,施工负责人、生产班组、现场安全员三方各保留一份签字记录。对多工种交叉施工还应定期进行书面交底。

②安全技术交底的主要内容:本工程施工方案的要求;本工程的施工作业特点和危险点;针对危险点的具体预防措施;应注意的安全事项;相应的安全操作规程和标准;发生事故后应及时采取的避难和急救措施。

➤ 7.2.5　安全检查

安全检查的目的是为了消除隐患、防止事故、改善劳动条件及提高员工安全生产意识,是安全控制工作的一项重要内容和手段。通过安全检查可以发现工程中的危险因素,以便有计划地采取措施,保证安全生产。

1. 安全检查的类型

安全检查分为日常性、专业性、季节性及节假日前后的检查和不定期检查。

2. 安全检查的主要内容

(1)查思想。主要检查企业的领导和职工对安全生产工作的认识。

(2)查管理。主要包括:安全生产责任制,安全技术措施计划,安全技术交底,安全教育,持证上岗,安全设施,安全标识,操作规程,违规行为,安全记录等。

(3)查隐患。主要检查作业现场是否符合安全生产、文明生产的要求。

(4)查整改。主要检查对过去提出问题的整改情况。

(5)查事故处理。对安全事故的处理应查明事故原因、明确责任并对责任者作出处理、明确和落实整改措施要求。

安全检查的重点是违章指挥和违章作业。安全检查后应编制安全检查报告,说明已达标项目、未达标项目、存在问题、原因分析、纠正和预防措施。

3. 安全检查的要求及主要规定

（1）根据施工过程的特点和安全目标的要求确定安全检查的内容。

（2）对安全控制计划的执行情况进行检查、评价和考核。对作业中存在的不安全行为和隐患，签发安全整改通知，制订整改方案，落实整改措施，实施整改后应予复查。

（3）安全检查应配合必要的设备或器具，确定检查负责人，并明确检查的要求。

（4）安全检查应采取随机抽样、现场观察和实地检测的方法，并记录检查结果。

（5）对检查结果进行分析，找出安全隐患，确定危险程度。

（6）编写安全检查报告并上报。

【例 7 - 1】 某高层商住楼，总建筑面积 30000m²，建筑高度 60m，为全现浇钢筋混凝土剪力墙结构，脚手架采用悬挑脚手架。装饰工程完成后开始拆除脚手架，当刚开始拆除了顶层一半脚手架时，发生了局部脚手架倒塌，造成严重事故。后经查明工人在拆除作业前未对悬挑脚手架进行检查、加固，就拆除了水平杆，使架体失稳倾覆。进一步调查发现施工单位未进行安全技术交底，作业人员也未佩戴安全带和防护措施。

问题：（1）脚手架工程交底与验收的程序是什么？

（2）针对该事故如何采取安全防范和控制措施？

（3）一般主体结构施工阶段安全生产的控制要点有哪些？

【答案】（1）脚手架工程交底与验收的程序如下：

①脚手架搭设前，应按照施工方案要求，结合施工现场作业条件，作详细的交底。

②脚手架搭设完毕，应由施工负责人组织，有关人员参加，按照施工方案和规范规定分段进行逐项检查验收，确认符合要求后，方可投入使用。

③对脚手架检查验收应按照相应规范要求进行，凡不符合规定的应立即进行整改，对检查结果及整改情况，应按实测数据进行记录，并由检测人员签字。

（2）针对该事故需要进行以下工作：

①清理施工现场，分析事故原因，进行善后工作处理。

②对未拆除的脚手架、排架等清查、整改，作好交底，采取监护措施。

③重申脚手架拆除的顺序、要求及高空作业的安全管理原则，形成书面报告。

④明确责任者，将无证人员清理出场。

⑤加强安全教育和培训，重申岗位、安全生产责任制。

⑥严格执行安全生产规范以及有关脚手架安全方面的强制性条文。

（3）一般主体结构施工阶段安全生产的控制要点有：

①临时用电安全；

②内外架子及洞口防护；

③作业面交叉施工及临边防护；

④大模板和现场堆料防倒塌；

⑤机械设备使用安全。

7.3　建筑施工安全事故

7.3.1　建筑施工安全事故的分类

安全事故分为两大类型,即职业伤害事故与职业病。

1. 职业伤害事故

职业伤害事故是指因生产过程及工作原因或与其相关的其他原因造成的伤亡事故。

2. 职业病

经诊断因从事接触有毒有害物质或不良环境的工作而造成急慢性疾病,属职业病。

7.3.2　建筑施工安全事故的处理

1. 安全事故处理的原则

(1)事故原因不清楚不放过。

(2)事故责任者和员工没有受到教育不放过。

(3)事故责任者没有处理不放过。

(4)没有制定防范措施不放过。

2. 安全事故处理程序

(1)及时报告安全事故,迅速抢救伤员并保护好事故现场。

(2)排除险情,防止事故蔓延扩大。

(3)组织调查组,进行安全事故调查。

(4)现场勘察,分析事故原因。

(5)明确责任者,对事故责任者进行处理。

(6)写出调查报告,提出处理意见和防范措施建议。

(7)事故的审定、结案、登记。

7.3.3　建筑施工安全事故分析与处理案例

【例7-2】某土方工程施工阶段,分包回填土施工任务的某施工队采用装载机铲土时,不慎将一名正在检查质量的质检员撞倒,造成人员伤亡。经调查,装载机司机未经培训,无操作证,并且当时现场没有指挥人员。

问题:(1)请简要分析这起事故发生的原因。

(2)重大事故发生后应在24小时内写出书面报告并上报,其书面报告包括哪些内容?

(3)施工安全管理责任制中对项目经理的责任是如何规定的?

【答案】(1)这起事故发生的原因如下:

①装载机将正在检查质量的质检员撞倒是这起事故发生的直接原因。

②装载机司机未经培训,无操作证,缺乏安全意识是这起事故发生的间接原因。

③机械作业现场缺少指挥人员是这起事故发生的主要原因。

（2）重大事故书面报告应包括以下内容：

①事故发生的时间、地点、工程项目、企业名称。

②事故发生的简要经过、伤亡人数和直接经济损失的初步估计。

③事故发生原因的初步判断。

④事故发生后采取的措施及事故控制情况。

⑤事故报告单位。

（3）项目经理对工程项目的安全生产负全面领导责任：

①认真贯彻落实安全生产方针、政策、法律法规和各项规章制度，结合项目特点，提出有针对性的安全管理要求，严格履行安全考核指标和安全生产奖惩办法。

②认真落实施工组织设计中安全技术管理的各项措施，严格执行安全技术措施审批制度，施工项目安全交底制度和设备、设施交接验收使用制度。

③领导组织安全生产检查，研究分析施工中存在的不安全问题，及时落实解决。

④发生事故及时上报，保护好现场，做好抢救工作，积极配合调查，认真落实纠正和预防措施，并认真吸取教训。

【例 7-3】某大厦基础工程设计为钢筋混凝土条形基础。施工期间，采用大开挖方案并大量抽排地下水。一个月后，发现施工现场地面下沉，附近某厂房墙壁、地面开裂危及人员安全，施工暂时停止。经修改设计，将原基础改为混凝土灌注桩方案后，于同年恢复施工。

问题：（1）如果你是施工单位的项目负责人，事故发生后，该如何处理？

（2）产生事故的原因是什么？

（3）施工单位有无责任？

【答案】（1）作为施工项目负责人，在事故发身后，可以采取以下措施进行补救：

①停止施工，划分安全区域，疏散附近厂房车间工作人员，撤走设备。

②及时通知相关部门，如监理单位、主管部门、设计单位、业主等，进行事故调查。

③提出加固方案，及时进行抢修。

④成立专门小组负责善后，如专访、洽谈、赔偿等，减少负面影响。

⑤对该厂房进行跟踪沉降观测，保证后期施工安全。

⑥研究调整方案，采取防护措施、技术措施，减少损失。

（2）事故的原因是在进行基础施工时，采用大开挖方案，不采取任何保护性技术措施，大量抽排地下水，导致周围建筑物墙壁、地面开裂，危及人员安全。

（3）工程设计和施工方案本身存在缺陷，设计单位和施工单位均应承担责任。施工单位承担责任是因为施工单位是拥有专业技术知识的法人，对于本行业的明显错误应当发现并给予纠正。施工单位没有发现设计缺陷，不采取任何技术措施进行施工，也不符合施工规范的要求。

7.4 文明施工与环境保护

➤ 7.4.1 文明施工的概念

文明施工是保持施工现场良好的作业环境、卫生环境和工作秩序的有效手段。

1. 文明施工的主要内容

(1)规范施工现场的场容,保持作业环境的整洁卫生。

(2)科学组织施工,使生产有序进行。

(3)减少施工对周围居民和环境的影响。

(4)保证职工的安全和身体健康。

2. 文明施工的意义

(1)文明施工能促进企业综合管理水平的提高。

(2)文明施工能减少施工对周围环境的影响,是适应现代化施工的客观要求。

(3)文明施工代表企业的形象。

(4)文明施工有利于员工的身心健康,有利于培养和提高施工队伍的整体素质。

▶ 7.4.2 现场文明施工的基本要求

(1)施工现场必须设置明显的标牌,标明工程项目名称、建设单位、设计单位、施工单位、项目经理和现场代表人的姓名、开竣工日期、施工许可证批准文号等。

(2)施工现场的管理人员在施工现场应当佩戴证明其身份的证卡。

(3)应当按照施工平面布置图设置各项临时设施。

(4)施工现场用电设施的安装和使用必须符合安装规范和安全操作规程,严禁任意拉线接电;施工现场必须设有保证施工安全要求的夜间照明。

(5)施工机械应当按照施工平面图规定的位置和线路设置,不得任意侵占场内道路。

(6)应保证施工现场道路畅通,排水系统处于良好的使用状态;保持场容场貌的整洁,随时清理建筑垃圾;在车辆、行人通行的地方施工,应当设置施工标志,并对沟井坎穴进行覆盖。

(7)施工现场的各种安全设施和劳动保护器具,必须定期进行检查和维护,及时消除隐患,保证其安全有效。

(8)施工现场应当设置各类必要的职工生活设施,并符合卫生、通风、照明等要求。职工的膳食、饮水供应等应当符合卫生要求。

(9)应当做好施工现场安全保卫工作,采取必要的防盗措施。

(10)应当严格依照消防条例的规定,在施工现场建立和执行防火管理制度,设置符合消防要求的消防设施,并保持完好的备用状态。在容易发生火灾的地区施工,或者储存、使用易燃烧易爆器材时,应当采取特殊的消防安全措施。

▶ 7.4.3 环境保护的概念

环境保护是按照法律法规、各级主管部门和企业的要求,保护和改善作业现场的环境,控制现场的各种粉尘、废水、废气、固体废弃物、噪声、振动等对环境的污染和危害。环境保护也是文明施工的重要内容之一。

环境保护的意义如下:

(1)保护和改善施工环境是保证人们身体健康和社会文明的需要。

(2)保护和改善施工环境是消除对外部干扰,保证施工顺利进行的需要。

(3)保护和改善施工环境是现代化大生产的客观要求。

（4）保护和改善施工环境是节约能源、保护人类生存环境、保证社会和企业可持续发展的需要。

施工现场环境保护的内容主要包括：大气污染的防治、水污染的防治、噪声控制和固体废弃物的处理。

▷ 7.4.4 大气污染的防治

1. 大气污染的分类

大气污染的种类有数千种，已发现有危害作用的有 100 多种，其中大部分是有机物。大气污染物通常以气体状态和粒子状态存在于空气中。

（1）气体状态污染物。气体状态污染物具有运动速度较大，扩散较快，在周围大气中分布比较均匀的特点。气体状态污染物包括分子状态污染物和蒸气状态污染物。

①分子状态污染物：指在常温常压下以气体分子形式分散于大气中的物质，如燃料燃烧过程中产生的二氧化硫（SO_2）、氮氧化物、一氧化碳等。

②蒸气状态污染物：指在常温常压下易挥发的物质，以蒸气状态进入大气，如机动车尾气、沥青烟中含有的碳氢化合物等。

（2）粒子状态污染物。粒子状态污染物又称固体颗粒污染物，是分散在大气中的微小液滴和固体颗粒。施工工地的粒子状态污染物主要有锅炉、熔化炉、厨房烧煤产生的烟尘，还有建材破碎、筛分、碾磨、加料过程、装卸运输过程产生的粉尘等。

2. 大气污染的防治措施

大气污染的主要防治措施如下：

（1）除尘技术。在气体中除去或收集固态或液态粒子的设备称为除尘装置。工地的烧煤锅炉等应选用装有上述除尘装置的设备。工地其他粉尘可用遮盖、淋水等措施防治。

（2）气态污染物治理技术。大气中气态污染物的治理技术主要有以下几种方法：吸收法、吸附法、催化法、燃烧法、冷凝法、生物法。

3. 施工现场空气污染的防治措施

（1）施工现场垃圾渣土要及时清理出现场。

（2）高大建筑物清理施工垃圾时，要使用封闭式的容器或者采用其他措施处理高空废弃物，严禁凌空随意抛散。

（3）施工现场道路应指定专人定期洒水清扫，形成制度，防止道路扬尘。

（4）对于细颗粒散体材料（如水泥、粉煤灰、白灰等）的运输、储存要注意遮盖、密封，防止和减少飞扬。

（5）车辆开出工地要做到不带泥沙、不撒土、不扬尘，减少对周围环境的污染。

（6）除设有符合规定的装置外，禁止在施工现场焚烧油毡、橡胶、塑料、皮革、树叶、枯草、各种包装物等废弃物品以及其他会产生有毒、有害烟尘和恶臭气体的物质。

（7）机动车都要安装减少尾气排放的装置，确保符合国家标准。

（8）工地茶炉要尽量采用电热水器。若只能使用烧煤茶炉和锅炉时，应选用消烟除尘型茶炉和锅炉，大灶应选用消烟节能回风炉灶，使烟尘降至允许排放范围为止。

（9）大城市市区的建设工程已不容许搅拌混凝土。在容许设置搅拌站的工地，应将搅拌站封闭严密,并在进料仓上方安装除尘装置,采用可靠措施控制工地粉尘污染。

(10)拆除旧建筑物时,应适当洒水,防止扬尘。

▷ 7.4.5　水污染的防治

1. 施工现场水污染物主要来源

施工现场废水和固体废物随水流流入水体部分,包括泥浆、水泥、油漆、各种油类、混凝土外加剂、重金属、酸碱盐、非金属无机物等。

2. 施工现场水污染的防治措施

(1)禁止将有毒有害废弃物作土方回填。

(2)施工现场搅拌站废水、现制水磨石的污水、电石(碳化钙)的污水必须经沉淀池沉淀合格后再排放,最好将沉淀水用于工地洒水降尘或采取措施回收利用。

(3)现场存放油料,必须对库房地面进行防渗处理。如采用防渗混凝土地面等措施。

(4)施工现场的临时食堂,污水排放时可设置简易有效的隔油池,防止污染。

(5)工地临时厕所、化粪池应采取防渗漏措施。中心城市施工现场的临时厕所可采用水冲式厕所,并有防蝇措施,防止污染水体和环境。

(6)化学用品、外加剂等要妥善保管,库内存放,防止污染环境。

▷ 7.4.6　固体废物的处理

1. 固体废物的概念

固体废物是生产、建设、日常生活和其他活动中产生的固态、半固态废弃物质。固体废物是一个极其复杂的废物体系。按照其化学组成可分为有机废物和无机废物;按照其对环境和人类健康的危害程度可以分为一般废物和危险废物。

2. 施工工地上常见的固体废物

(1)建筑渣土:包括砖瓦石渣、混凝土碎块、废钢铁、碎玻璃、废弃装饰材料等。

(2)废弃的散装建筑材料:包括散装水泥、石灰等。

(3)生活垃圾:包括炊厨废物、丢弃食品、废旧日用品、煤灰渣、废交通工具等。

(4)设备、材料等的废弃包装材料。

(5)粪便。

3. 固体废物的处理

固体废物处理的基本思想是采取资源化、减量化和无害化,主要处理方法如下:

(1)回收利用:回收利用是对个体废物进行资源化处理的主要手段之一。

(2)减量化处理:减量化是对已经产生的固体废物进行分选、破碎、压实浓缩、脱水等减少其最终处置量,减少对环境的污染。

(3)焚烧技术:焚烧用于不适于再利用且不宜直接予以填埋处置的废物,尤其是对于受到病菌、病毒污染的物品,可以用焚烧进行无害化处理。焚烧处理应使用符合环境要求的处理装置,注意避免对大气的二次污染。

(4)稳定和固化技术:利用水泥、沥青等胶结材料,将松散的废物包裹起来,减少废物的毒性和可迁移性,使得污染减少。

(5)填埋:对经过无害化、减量化处理的废物残渣集中到填埋场进行处置。填埋应注意保护周围的生态环境,并注意废物的稳定性和长期安全性。

7.4.7 施工现场的噪声控制

1. 噪声的概念

(1)噪声。环境中对人类、动物及自然物造成不良影响的声音就称之为噪声。

(2)噪声的分类。

①噪声按照振动性质可分为气体动力噪声、机械噪声、电磁性噪声。

②噪声按来源可分为交通噪声、工业噪声、建筑施工噪声、社会生活噪声等。

(3)噪声的危害。噪声是影响与危害非常广泛的环境污染问题。噪声环境可以干扰人的睡眠与工作、影响人的心理状态与情绪,造成人的听力损失,甚至引起许多疾病。

2. 施工现场噪声的控制措施

噪声控制技术可从声源、传播途径、接收者防护等方面来考虑。

(1)声源控制。从声源上降低噪声,这是防止噪声污染的最根本措施。如尽量采用低噪声设备和工艺,在声源处安装消声器消声。

(2)传播途径的控制。在传播途径上控制噪声的方法主要如下:利用吸声材料或吸声结构吸收声能,降低噪声;应用隔声结构,阻碍噪声向空间传播;利用消声器阻止传播;对来自振动引起的噪声,通过降低机械振动减小噪声等。

(3)接收者的防护。减少相关人员在噪声环境中的暴露时间,以减轻噪声对人体的危害。

(4)严格控制人为噪声。进入施工现场不得高声喊叫、无故摔打模板、乱吹哨、限制高音喇叭的使用等。

(5)控制强噪声作业的时间。凡在人口稠密区进行作业时,须严格控制作业时间,一般晚上10点到次日早上6点之间停止强噪声作业。

3. 施工现场噪声的限值

根据国家标准《建筑施工场界环境噪声排放标准》(GB 12523—2011)的要求,对不同施工作业的噪声限值如表7-1所示。在工程施工中,要特别注意不得超过国家标准的限值,尤其是夜间禁止打桩作业。

表 7-1 建筑施工场界噪声限值

施工阶段	主要噪声源	噪声限值/dB	
		昼间	夜间
土 石 方	推土机、挖掘机、装载机等	70	55
打 桩	各种打桩机械等	70	禁止施工
结 构	混凝土搅拌机、振捣棒、电锯等	70	55
装 修	吊车、升降机等	65	55

7.5 安全管理体系与环境管理体系

➤ 7.5.1 安全管理体系

1. 职业健康安全管理体系的产生背景

职业健康安全管理体系是 20 世纪 80 年代后期在国际上兴起的现代安全生产管理模式，它与 ISO 9000 和 ISO 14000 等被称为后工业化时代的管理方法。在 80 年代，一些发达国家率先研究和实施职业健康安全管理体系活动，其中，英国在 1996 年颁布了 BS 8800《职业安全卫生管理体系指南》，此后，美国、澳大利亚、日本、挪威的一些组织也制定了相关的指导性文件，1999 年英国标准协会等 13 个组织提出了职业健康安全评价系列 OHSAS(occupational health and safety assessment series)标准，尽管国际标准组织(ISO)决定暂不颁布这类标准，但许多国家和国际组织继续进行相关的研究和实践，并使之成为继 ISO 9000、ISO 14000 之后又一个国际关注的标准。

2. 职业健康安全管理体系的特点

(1)采用 PDCA 循环，进行绩效控制；

(2)预防为主、持续改进和动态管理；

(3)法规的要求贯穿体系始终；

(4)适用于所有行业；

(5)自愿原则。

3. 实施职业健康安全管理体系的作用

(1)为企业提供科学有效的职业健康安全管理规范和指导；

(2)杜绝事故，贯彻预防为主，全员、全过程、全方位安全管理原则的需要；

(3)推动职业健康安全法规和制度的贯彻执行；

(4)提高职业健康安全管理水平；

(5)促进进一步与国际标准接轨，消除贸易壁垒；

(6)有助于提高全民安全意识；

(7)改善作业条件，提高劳动者身心健康和工作效率；

(8)改进人力资源的质量，增强企业凝聚力和发展动力；

(9)使企业树立良好的品质、信誉和形象；

(10)把 OHSMS 和 ISO 9000、ISO 14000 建立在一起将成为现代企业的标志。

4. 职业健康安全管理体系的基本内容

根据《职业健康安全管理体系要求》(GB/T 28001—2011)的规定，安全管理体系的基本内容由 5 个一级要素和 17 个二级要素构成，如表 7 - 2 所示。

表 7 - 2　安全管理体系一、二级要素表

一 级 要 素	二 级 要 素
(一)安全方针	1. 安全方针
(二)策划	2. 对危险源辨识、风险评价和风险控制的确定 3. 法律法规和其他要求 4. 目标和方案
(三)实施和运行	5. 资源、作用、职责、责任和权限 6. 能力、培训和意识 7. 沟通、参与和协商 8. 文件 9. 文件控制 10. 运行控制 11. 应急准备和响应
(四)检查	12. 绩效测量和监视 13. 合规性评价 14. 事件调查、不符合、纠正措施和预防措施 15. 记录控制 16. 内部审核
(五)管理评审	17. 管理评审

▷ 7.5.2　环境管理体系

1. 环境管理体系的产生背景

近代工业的发展过程中,由于人类过度追求经济效益而忽略环境的重要性,导致水土流失、水体污染、空气质量下降、气候反常、生态环境严重破坏等。环境问题已成为制约经济发展和人类生存的重要因素,也成为企业生存和发展必须关注的问题。

国际标准化组织在汲取世界发达国家多年环境管理经验的基础上制定并颁布了 ISO 14000 环境管理系列标准。

2. 环境管理体系的特点

(1)注重体系的完整性,是一套科学的环境管理软件;

(2)强调对法律法规的符合性,但对环境行为不作具体规定;

(3)要求对组织的活动进行全过程控制;

(4)广泛适用于各类组织;

(5)与 ISO 9000 标准有很强的兼容性。

3. 环境管理体系的作用

(1)获取国际贸易的"绿色通行证";

（2）增强企业竞争力，扩大市场份额；

（3）树立优秀企业形象；

（4）改进产品性能，制造"绿色产品"；

（5）改革工艺设备，实现节能降耗；

（6）污染预防，环境保护；

（7）避免因环境问题所造成的经济损失；

（8）提高员工环保素质；

（9）提高企业内部管理水平。

4. 环境管理体系的基本内容

环境管理体系的基本内容由 5 个一级要素和 17 个二级要素构成，如表 7 - 3 所示。

表 7 - 3　环境管理体系一、二级要素

一级要素	二级要素
（一）环境方针	1. 环境方针
（二）策划	2. 环境因素
	3. 法律法规及其他要求
	4. 目标、指标和方案
（三）实施与运行	5. 资源、作用、职责和权限
	6. 能力、培训和意识
	7. 信息交流
	8. 文件
	9. 文件控制
	10. 运行控制
	11. 应急准备和响应
（四）检查	12. 监测和测量
	13. 合规性评价
	14. 不符合、纠正措施和预防措施
	15. 记录控制
	16. 内部审核
（五）管理评审	17. 管理评审

▷ 7.5.3　质量、环境和安全管理体系的一体化

ISO 9000、ISO 14000、OSHAS 18000 三大管理体系的建立、认证和持续改进，已成为现代企业管理水平和持续发展能力的重要标志。但由于 ISO 9000、ISO 14000 及 OSHAS 18000 的体系标准问世时间的差异，按各自的对象和目标，分别建立了各自的管理体系标准。通过实施和实践发现，有许多要素交叉、重叠，给组织带来工作重复、资源浪费、管理效率低下，不能适应企业发展和市场竞争的需要。解决的有效办法就是需要寻求一种综合的方法，将三体系整合或综合一体化。

同时,三大管理体系也具有整合的条件,具体表现在以下方面:

(1)三大管理体系的内容要素多数是相同或相似的,充分体现了三大标准体系的相容性,为职业安全健康、环境和质量管理体系相结合提供了内在联系的基础。

(2)三大标准均遵照 PDCA 循环原则,不断提升和持续改进的管理思想;三者都运用了系统论、控制论、信息论的原理和方法,分目标相似,总目标一致;三者都是为了满足顾客或社会和其他相关方的要求,推动现代化企业的发展和取得最佳绩效。

(3)由于 ISO 14001 与 OSHAS 18001 的管理体系运作模式及标准条款名称基本相对应,形成了兼容和一体化天然良机,在国内外石油、天然气行业管理中,都建立了环境与职业安全健康相融合的管理体系,并取得了成功经验。

(4)三大体系的整合及一体化已成为国际发展趋势,已成为企业获得最佳经营绩效的成功途径,成为国际管理及认证领域的重要拓展方向。

建立质量、环境和职业安全健康一体化管理体系,开展一体化认证,是诸多企业的共同需求,也是企业管理现代化和管理体系规范化、标准化的重要发展和时代新标志。

思考题

1. 施工安全控制的基本要求有哪些?
2. 现场文明施工包括哪些工作内容?
3. 大气污染包括哪些内容? 应如何防治?
4. 简述实施职业健康安全管理体系的作用。
5. 简述环境保护的意义。
6. 减少施工现场噪音的措施有哪些?

练习题

1. 单项选择题

(1)使生产过程处于避免人身伤害、设备损坏以及其他不可接受的损害风险的状态称为(　　)。

    A. 安全生产　　　B. 安全控制　　　　　C. 安全控制方针　　D. 安全控制目标

(2)建筑产品的多样性和生产的单件性决定了建筑安全与环境管理的(　　)。

    A. 复杂性　　　B. 多样性　　　　　C. 协调性　　　D. 持续性

(3)安全控制的方针是(　　)。

    A. 生产与安全并重　　　　　　　B. 安全为生产服务

    C. 安全第一,预防为主　　　　　　D. 预防与整治相结合

(4)建设工程项目具有单件性和施工的分散性,所以施工安全控制具有(　　)。

    A. 严肃性　　　B. 动态性　　　　　C. 经济性　　　D. 形象性

(5)安全生产必须把好六关,"六关"包括(　　)。

    A. 措施关、交底关、教育关、防护关、检查关、改进关

    B. 计划关、交底关、教育关、监控关、检查关、改进关

    C. 计划关、培训关、教育关、防护关、检查关、改进关

D. 措施关、培训关、教育关、监控关、检查关、改进关

(6) 安全技术交底是( )向施工作业人员进行责任落实的法律要求。

 A. 施工负责人 B. 监理工程师   C. 部门经理   D. 最高领导

(7) 大气污染物通常以( )的形态形式存在于空气中。

 A. 离子和原子 B. 烟尘和烟雾   C. 气体和粒子   D. 气味和烟尘

(8) 在人口稠密区( )须停止强噪声作业。

 A. 晚 9 点到次日早 7 点   B. 晚 10 点到次日早 6 点

 C. 晚 8 点到次日早 8 点   D. 晚 11 点到次日早 6 点

(9) 防止噪声污染的最根本的措施是( )。

 A. 从声源上降低噪声   B. 给接收者安装隔声装置

 C. 从传播途径上控制   D. 对接收者进行防护

(10) 下列 GB/T 28001—2011《职业健康安全管理体系要求》的要素中属于核心要素的是( )。

 A. 职业健康安全方针   B. 协调和沟通

 C. 文件和资料控制   D. 应急准备和响应

2. 多项选择题

(1) 施工安全事故处理的原则是( )。

 A. 查清事故原因   B. 写出事故调查报告

 C. 处理事故责任者   D. 没有制定防范措施不放过

 E. 事故责任者和员工没有受到教育不放过

(2) 施工安全技术措施计划应按以下( )步骤实施。

 A. 建立安全生产责任制   B. 实行安全许可制度

 C. 广泛开展安全教育   D. 制定安全生产操作规程

 E. 安全技术交底

(3) 质量、环境和安全管理体系认证标准简称( )。

 A. ISO 9000   B. ISO 14000   C. ISO 18000

 D. OSHAS 18000 E. BS 8800

(4) 安全控制的具体目标包括( )。

 A. 缩短建设工期   B. 减少或消除人的不安全行为

 C. 减少项目投资   D. 改善生产环境和保护自然环境

 E. 减少或消除设备、材料不安全状态

(5) 施工安全控制的控制面广,是由于建设工程中( )。

 A. 流动作业多   B. 高处作业多   C. 作业位置多变

 D. 不确定因素多 E. 重复作业多

(6) 安全检查的主要内容有( )。

 A. 查思想   B. 查管理   C. 查安全记录

 D. 查隐患   E. 查整改

(7) 根据 GB/T 19000 质量管理体系标准,各类企业都编制质量体系程序文件均应制定的程序文件有( )。

A.文件控制程序　　　B.质量目标管理程序　　　C.安全生产管理程序

D.不合格品控制程序　　E.质量记录管理程序

(8)危险源控制约束的原则有(　　　)。

A.尽可能消除有不可接受风险的危险源　　B.应考虑保护每个工作人员的措施

C.将技术管理和程序控制结合起来　　　　D.尽可能使用个人防护用具

E.应有可行、有效的应急方案

(9)安全技术措施的内容包括(　　　)。

A.防火、防毒、防爆、防洪、防尘

B.防雷击、防触电、防坍塌、防物体打击

C.防机械伤害、防起重设备滑落、防寒、防署

D.防疫、防环境污染、防交通事故、防吸毒

E.防高空坠落、防暴力、防酗酒

(10)职业健康安全管理体系的术语"不符合"是指任何与工程标准管理体系绩效等的偏离,其结果能直接导致(　　　)。

A.疾病　　　　　B.财产损失　　　　　C.工作环境破坏

D.资源浪费　　　E.伤害

3.案例分析题

(1)某高层办公楼,总建筑面积137500m²,地下3层,地上25层。业主与施工总承包单位签订了施工总承包合同,并委托了工程监理单位。

施工总承包完成桩基工程后,将深基坑支护工程的设计委托给了专业设计单位,并自行决定将基坑的支护和土方开挖工程分包给了一家专业分包单位施工,专业设计单位根据业主土工的勘察报告完成了基坑支护设计后,即将设计文件直接给了专业分包单位,专业分包单位在收到设计文件后编制了基坑支护工程和降水工程专项施工组织方案,方案经施工总承包单位项目经理签字后即由专业分包单位组织了施工,专业分包单位在开工前进行了三级安全教育。

专业分包单位在施工过程中,由负责质量管理工作的施工人员兼任现场安全生产监督工作。土方开挖到接近基坑设计标高(自然地坪下8.5m)时,总监理工程师发现基坑四周地表出现裂缝,即向施工总承包单位发出书面通知,要求停止施工,并要求立即撤离现场施工人员,查明原因后再恢复施工。但总承包单位认为地表裂缝属正常现象没有予以理睬。不久基坑发生严重坍塌,并造成4名施工人员被掩埋,经抢救3人死亡,1人重伤。

事故发生后,专业分包单位立即向有关安全生产监督管理部门上报了事故情况,经事故调查组调查,造成坍塌事故的主要原因是由于地质勘察资料中未标明地下存在古河道,基坑支护设计中未能考虑这一因素造成的。事故中直接经济损失80万元,于是专业分包单位要求设计单位赔偿事故损失80万元。

问题:(1)请指出上述整个事件中有哪些做法不妥,并写出正确的做法。

(2)三级安全教育是指哪三级?

(3)本事故可定为哪种等级的事故?请说明理由。

(4)这起事故的主要责任者是谁?请说明理由。

第8章 建筑工程工地业务组织

8.1 建筑工程工地运输业务组织

根据资料统计,在工业建筑中每单位体积的建筑物的货运量达 0.1～0.4t,在多层砖混住宅中每单位体积的建筑物的货运量达 0.5t。运输费用通常要占建筑工程造价的 20%～30%(包括装卸费在内),有时高达 40%。运输方面的劳动力消耗要占到建筑安装工程成本和劳动力消耗量的一半左右。所以,合理地组织运输业务,对于加速工程进度,降低工程成本和劳动量具有重大意义。

在建筑工程中,运输、装卸作业和仓库作业是一整套彼此相关的工作,它们之间虽各具特点,但相互联系却极为密切,所以,在对这些工作进行组织时应统筹兼顾,全盘考虑。

建筑工地的运输有场外运输和场内运输。场外运输是将物资由外地或当地的物资供应单位运到工地。场内运输包括:①将材料及物资由仓库送到施工地点;②将半成品和构件由加工厂送往需用的地点;③土方的运输等。

建筑运输业务的内容包括:①确定货运量;②选择运输方式;③计算运输工具需要量;④道路设计。

▷ 8.1.1 确定货运量

在工地上需要运输的主要建筑材料、半成品和构件有:土方、砂、石、砖、瓦、石灰、水泥、钢材、木材、混凝土拌合物、金属构件、钢筋混凝土构件及木制品等。这些物品通常约占建筑工程总货运量的 75%～80%,对选择运输方式起着决定性的影响。

外地运输一般由专业运输单位承运。当地运输通常由施工单位负责,当运力不足时可由当地运输部门承运一部分。场内运输则全部由施工单位自己承运。货运量可按下式计算:

$$q = \frac{\sum Q_i \cdot L_i}{T} \times K \tag{8-1}$$

式中:q—— 每昼夜货运量(t·km);

$\sum Q_i$—— 各种货物的年度需要量(t);

L_i—— 各种货物从发货点到储存点的距离(km);

T—— 工程年度运输工作日数;

K—— 运输工作不均衡系数,铁路运输取 1.5,汽车运输取 1.2,马车运输取 1.3,拖拉机运输取 1.1,设备搬运取 1.5～1.8。

8.1.2 选择运输方式

建筑工地运输方式有:水路运输、铁路运输、汽车运输、拖拉机运输、兽力车运输、人力运输及特种运输。

水路运输是最廉价的运输方式,在可能条件下,应尽量利用水路运输。水路运输通常应与工地内部运输相配合,要考虑是否需要在码头设置转运仓库及卸货设施,以便卸货及转运。同时还必须充分考虑到洪水与枯水以及每年正常通航时间,妥善安排运输。

铁路运输的优点是运输量大,运距长,不受气候条件限制。但其建设投资很大,筑路技术要求严格,只有当拟建工程需要铺设永久性专用线时或建筑工地必须从国家铁路上获得大量物料时才考虑建造宽轨铁路。采用铁路运输还可使大量货物从发料站直接运至工地,不必经过转运,从而降低运输成本,减少货物损失。

窄轨铁路比宽轨铁路使用简便,驱动方便,投资较少,技术要求也低,因此在工地较常采用。但是它的运输量小,运输费用比宽轨贵。一般常用于两个固定点之间的短距离运输。

汽车运输是最灵活的运输方式。它的优点是:机动性大,操纵灵活,行驶速度快,转弯半径小,可在一定坡度上行驶,适于运送各种类型物料,且可将物料直接运到需要地点。尤其是采用自动翻斗车,可以大大缩短卸货时间。但是汽车运输量较小,成本高,需要修筑较好的道路,并需经常进行保养。汽车运输特别适用于货运量不大,货源分散,地形比较复杂以及城市及工业区内的运输。当选用汽车运输时应注意:在运量大及运距较远的情况下,最好采用载重量较大的汽车;距离在 1.5km 以上比较合理,在 7km 左右最为经济;在同一工地上,选用汽车的类型不宜过多,以便于管理和维修;良好的道路是汽车运输的必要条件。

拖拉机运输是一种费用较贵的运输方式。其优点是克服障碍的能力很强,牵引力也大,对道路要求不高,甚至不需要修筑道路。但是行驶速度慢,对路面的破坏很大,因此,仅适用于短距离(约 1～1.5km)间运输笨重的构件。

兽力车运输的搬运量和搬运距不大,运距一般在 3km 以内,但使用灵活,运费较低。人力运输主要是使用单轮及双轮推车及大板车,只作辅助性运输,其运距一般不超过 1km,多用于短途运输混凝土、钢筋及土方等。

特种运输包括皮带运输机、架空索道、缆车道、铲运、航空等。皮带运输机适用于运送量大的惰性材料,也可用来运送土方或混凝土,其优点是可以连续运输,生产率高,受地形限制很小。架空索道用于山区、丘陵地带。其优点是运输不受地形限制,可按最短的路线敷设索道,工作不受气候的影响,能够斜向运输,但造价较高,铺设索道的工作比较复杂,生产率较低。缆车道可在陡坡上拖运车辆,造价较低,但行驶速度不高,生产率较低。

分析了运输距离、货运量、所运货物的性质及运输距离内的地形条件之后,再通过不同运输方式的吨公里运输成本的比较,最后选定最合适的运输方式。

8.1.3 运输工具需要量的计算

运输方式确定之后,即可计算运输工具的需要量。在一定时间内(即每个工作班)所需要的运输工具数量可按下式求得:

$$N = \frac{Q \times K_1}{q \times T \times C \times K_2} \qquad (8-2)$$

式中：N——运输工具所需辆数；

Q——最大年(季)度运输量；

K_1——货物运输不均衡系数；

q——运输工具的台班生产率；

T——全年(或全季)的工作天数；

C——每昼夜工作班数；

K_2——车辆供应系数(包括修理停歇等时间)。

对于 1.5~2t 汽车运输取 0.6~0.65；3~5t 汽车运输取 0.7~0.8；马车运输取 0.5；拖拉机运输取 0.65。

▷ 8.1.4 道路路面设计

运输方式和运输工具确定后，就可进行道路的路面设计，由于公路是运输业务的主要承担者，所以下面主要介绍公路路面的设计。

1. 路面及其应具备的基本性能

路面是指按行车道宽度在路基上面用各种不同材料(如土、砂、石、沥青、石灰、水泥等)或混合料，以各种组合形式分层修筑而成具有一定厚度的结构物。

路面直接承受行车车轮的作用，并经受各种自然因素(如雨雪水、气温变化、冰冻等)的影响，因而要求路面具有以下的性能。

(1)有足够的强度，在车轮荷载下不易变形；

(2)有足够的稳定性，不易产生沉陷、裂缝、拱胀等；

(3)有足够的平整度，提高车速，降低运输费用等；

(4)有一定的粗糙度和足够抗滑能力，保证行车安全。

2. 路面的结构层次

根据受力情况、使用要求以及自然因素等作用程度的不同，路面都是分层铺筑的，按照各结构层在路面中的部位和功能，路面可分为面层、基层和垫层。

(1)路面的面层：路面的面层直接与车轮和大气接触，它所承受行车荷载各种力的作用以及雨水和气温变化的不利影响最大，所以，面层材料应具备较高的力学强度和稳定性，且应耐磨，不透水，表面应有良好的抗滑性和平整度。

(2)路面的基层：路面的基层是路面的主要承重层，承受由面层传来的轮荷垂直压力，并把它扩散分布到下面的层次内。基层的材料应具有足够的强度和扩散应力的能力。

(3)路面结构的垫层：垫层设于基层下面，用以阻止路基土挤入上面基层内，以保证路面结构的稳定。垫层材料应有较好的水稳性、隔热性、吸水性。常用的有两类：一类是松散的颗粒料，如砂、砾石、炉渣、圆石等，用于铺筑透水性的垫层；另一类是能修筑成整体的稳定性垫层材料，如石灰土、炉渣灰土等。

3. 道路路面的类型及设计

道路的技术要求、数据等有关资料见表 8-1 和表 8-2。

道路路面的类型及设计见表 8-3。

表 8-1 简易公路技术要求

指标名称	单位	技术标准
设计车速	km/h	≤20
路基宽度	m	双车道 6～6.5；单车道 4.4～5；困难地段 3.5
路面宽度	m	双车道 5～5.5；单车道 3～3.5
平面曲线最小半径	m	平原、丘陵地区 20；山区 15；弯道 12
最大纵坡	%	平原地区 6；丘陵地区 8；山区 9
纵坡最短长度	m	平原地区 100；山区 50
桥面宽度	m	木桥 4～4.5
桥涵载重等级	t	木桥涵 7.8～10.4

表 8-2 各类车辆要求路面最小允许曲线半径

车辆类型	路面内侧最小曲线半径(m)			备注
	无拖车	有一辆拖车	有两辆拖车	
小客车、三轮汽车	6	—	—	
一般二轴载重汽车：单车道	9	12	15	
一般二轴载重汽车：双车道	7	—	—	
三轴载重汽车、重型载重汽车	12	15	18	
超重型载重汽车	15	18	21	

表 8-3 临时道路路面种类和厚度

路面种类	特点及使用条件	路基上	路面厚度(cm)	材料配合比
级配砾石路面	雨天照常通车，可通行较多车辆，但材料级配要求严格	砂质土	10～15	体积比：黏土：砂：石子＝1：0.7：3.5　重量比：(1)面层：黏土 13%～15%，砂石料 85%～87%　(2)基层：黏土 10%，砂石混合料 90%
		黏质土或黄土	14～18	
碎(砾)石路面	雨天照常通车，碎(砾)石本身含土较多，不加沙	砂质土	10～18	碎(砾)石＞65%，当地土壤含量≤35%
		砂质土或黄土	15～20	

路面种类	特点及使用条件	路基上	路面厚度(cm)	材料配合比
碎砖路面	可维持雨天通车,通行车辆较少	砂质土	13～15	垫层:砂或炉渣 4～5cm
		砂质土或黄土	15～18	基层:7～10cm 碎渣 面层:2～5cm 碎砖
炉渣或矿渣路面	可维持雨天通车,通行车辆较少,当附近有此项材料可利用时	一般土	10～15	炉渣或矿渣 75%,当地土 25%
		较松软时	15～30	
砂土路面	雨天停车,通行车辆较少,附近不产石料,而只有砂时	砂质土	15～20	粗砂 50%,细砂、粉砂和黏质土 50%
		黏质土	15～30	
风化石屑路面	雨天不通车,通行车辆较少,附加有石屑可利用	一般土壤	10～15	石屑 90%,黏土 70%
石灰土路面	雨天行车,通行车辆较少,附加产石灰石	一般土壤	10～13	石灰 10%,当地土壤 90%

8.2 仓库和各种加工厂业务组织

▷ 8.2.1 仓库的种类

由于建筑工程规模、施工场地条件和所采用的运输方式等情况的不同,仓库大致可分为下面几种类型:

1. 工地仓库

工地仓库是设置在某项在建工程附近,专门为该工程服务的仓库。

2. 中心仓库

中心仓库是用于储存整个建筑工地或区域性建筑生产企业所需货物的仓库。这种仓库可设置在工地附近或区域中心。

3. 转动仓库

转动仓库是设置在货物转运地点(如火车站、码头或专用线卸货物)的仓库,以便于货物的中转和短时间的存储。

4.加工厂仓库

加工厂仓库是用于储存加工厂用的各种原材料和各种制成品的仓库。

以上各种类型的仓库根据它们所储存的材料性质和贵重程度的不同,可分别采用露天堆放场、库棚以及封闭式仓库等形式。

▷8.2.2 储备量的确定及仓库面积的计算

仓库面积的确定主要根据建筑材料及半成品的储备量。既能满足连续施工的需要,又能使仓库面积最小的、最经济的储备量是我们在确定仓库面积时应当首先考虑的问题。

1.建筑材料及半成品储备量的计算

(1)建设项目(建筑群)全现场的材料及半成品的储备量,一般可按年、季组织准备。其储备量可按下式计算:

$$q_1 = K_1 Q_1 \tag{8-3}$$

式中:q_1——某项材料及半成品的总储备量,单位 t 或 m^3;

K_1——储备系数,一般情况下,对于像型钢、木材、砂石和用量小、不经常使用的材料取 $0.3\sim0.4$,对于像水泥、砖、瓦、块石、石灰、管材、暖气片、玻璃、油漆、卷材、沥青取 $0.2\sim0.3$,特殊条件下根据具体情况定;

Q_1——该项材料最高年、季需要量。

(2)单位工程的材料及半成品的储备量,可按下式计算:

$$q_2 = \frac{nQ_2}{T} \tag{8-4}$$

式中:q_2——单位工程材料及半成品的储存量,单位 t 或 m^3;

n——储备天数,n 的取值见表 8-4,一般就地取材取表中下限值,外地供应采用铁路或水路运输时,取表中上限值,现场加工厂供应的成品、半成品取下限值,独立核算的加工企业供应者取上限值;

Q_2——计划期内需要的材料及半成品数量;

T——需要该项材料或半成品的施工天数,并大于 n。

表 8-4　仓库面积计算所需数据参考指标

序号	材 料 名 称	单位	储备天数(n)	每平方米存储量(P)	堆置高度(m)	仓库类型
1	钢材	t	40~50	1.5	1.0	
	工槽钢	t	40~50	0.8~0.9	0.5	露天
	角钢	t	40~50	1.2~1.8	1.2	露天
	钢筋(直筋)	t	40~50	1.8~2.4	1.2	露天
	钢筋(盘筋)	t	40~50	0.8~1.2	1.0	棚
	钢板	t	40~50	2.4~2.7	1.0	露天

续表 8 - 4

序号	材 料 名 称	单位	储备天数(n)	每平方米存储量(P)	堆置高度(m)	仓库类型
	钢板 φ200 以上	t	40~50	0.5~0.6	1.2	露天
	钢管 φ200 以下	t	40~50	0.7~1.0	2.0	露天
	钢轨	t	20~30	2.3	1.0	露天
	铁皮	t	40~50	2.4	1.0	库或棚
2	生铁	t	40~50	5	1.4	露天
3	铸铁管	t	20~30	0.6~0.8	1.1	露天
4	暖气片	t	40~50	0.5	1.5	露天或棚
5	水暖零件	t	20~30	0.7	1.4	库或棚
6	五金	t	20~30	1.0	2.2	库
7	钢丝绳	t	40~50	0.7	1.0	库
8	电线电缆	t	40~50	0.3	2.0	库或棚
9	木材	m³	40~50	0.8	2.0	露天
	原木	m³	40~50	0.9	2.0	露天
	板材	m³	30~40	0.7	3.0	露天
	枕木	m³	20~30	1.0	2.0	露天
	灰板条	千根	20~30	5	3.0	棚
10	水泥	t	30~40	1.4	1.5	库
11	生石灰(块)	t	20~30	1~1.5	1.5	棚
	生石灰(袋)	t	10~20	1~1.3	1.5	棚
	石膏	t	10~30	1.2~1.7	2.0	棚
12	砂、石子(人工对置)	m³	10~30	1.2	1.5	露天
	砂、石子(机械对置)	m³	10~30	2.4	3.0	露天
13	块石	m³	10~20	1.0	1.2	露天
14	红砖	千块	10~30	0.5	1.5	露天
15	耐火砖	t	20~30	2.5	1.8	棚
16	黏土砖	千块	10~30	0.25	1.5	露天
17	石棉瓦	张	10~30	25	1.0	露天
18	水泥管、陶土管	t	20~30	0.5	1.5	露天
19	玻璃	箱	20~30	6~10	0.8	棚子或库
20	卷材	卷	20~30	15~24	20	库
21	沥青	t	20~30	0.8	1.2	露天
22	电石	t	20~30	0.3	1.2	库

序号	材 料 名 称	单位	储备天数(n)	每平方米存储量(P)	堆置高度(m)	仓库类型
23	炸药	t	10～30	0.7	1.0	库
24	雷管	t	10～30	0.7	1.0	库
25	煤	t	10～30	1.4	1.5	露天
26	钢筋混凝土构件	m³				
	板	m³	3～7	0.14～0.24	2.0	露天
	梁,柱	m³	3～7	0.12～0.18	1.2	露天
27	钢筋骨架	t	3～7	0.12～0.18	—	露天
28	金属结构	t	3～7	0.16～0.24	—	露天
29	铁件	t	10～20	0.9～1.5	1.5	露天或棚
30	钢门窗	t	10～20	0.65	2	棚
31	木门窗	m²	3～7	30	2	棚
32	木屋架	m³	3～7	0.3	—	露天
33	模板	m³	3～7	0.7	—	露天
34	大型砌块	m³	3～7	0.9	1.5	露天
35	轻质混凝土制品	m³	3～7	1.1	2	露天
36	水、电及卫生设备	t	20～30	0.35	1	棚、库各约 1/4
37	工艺设备	t	30～40	0.6～0.8	—	露天约占 1/2
38	劳保用品	件		250	2	库

2. 仓库面积的确定

(1)按材料及半成品的储备期计算,计算公式如下:

$$F = \frac{q}{P} \tag{8-5}$$

式中:F——仓库面积,包括通道面积,m²;

P——每平方米仓库面积上储存的材料数量(见表 8-4)

q——材料及半成品储备量,用于建设项目时取 q_1,用于单位工程时取 q_2。

(2)按系数估算,见下式:

$$F = \phi m \tag{8-6}$$

式中:F——仓库面积,m²;

ϕ——系数,见表 8-5;

m——计算基数,见表 8-5。

表 8-5　按系数计算仓库面积参考资料

序号	名称	计算基数(m)	单位	系数	备注
1	仓库(综合)	按年平均全员人数(工地)	m^2/人	0.7～0.8	陕西省一局统计手册
2	水泥库	按当年水泥用量的40%～50%	m^2/t	0.7	黑龙江、安徽省用
3	其他仓库	按当年的工作量	m^2/万元	1～1.5	
4	五金杂品库	按年建安工作量计算时	m^2/万元	0.1～0.2	
5	五金杂品库	按年平均在建建筑面积计算时	m^2/百m^2	0.5～1	原华东院施工组织设计手册
	土建工具库	按高峰年(季)平均全员人数	m^2/人	0.1～0.2	建研院资料
6	水暖器材库	按年平均在建建筑面积	m^2/百m^2	0.2～0.4	建研院资料
7	电器器材库	按年平均在建建筑面积	m^2/百m^2	0.3～0.5	建研院资料
8	化工油漆危险品库	按年建安工作量	m^2/万元	0.05～0.1	建研院资料
9	三大工具堆放场	按年平均在建建筑面积	m^2/百m^2	1～2	—
	脚手,跳板、模扳	按年建安工作量	m^2/万元	0.3～0.5	—

➤ 8.2.3　各种加工厂(搅拌站)面积的确定

加工厂的种类很多,如木材加工厂、钢筋加工厂、混凝土预制构件厂、金属结构加工厂等。搅拌站有混凝土搅拌站和砂浆搅拌站。对一个建设工程来说不一定每一个加工厂都要建设在工地上。如果附近有某种加工厂,其生产能力能满足该建设工程的需要,运输力量也能解决,经施工部署中技术方案的比较认为恰当时,施工总平面图中就不再考虑该加工厂的设置。加工厂和搅拌站的布置详见第8.2.4节所述。

加工厂和搅拌站的面积(规模),可根据建筑工程对该种产品的需要量查表8-6、表8-7、表8-8所示的临时加工厂、作业棚、机修间等所需面积参考指标确定,也可参考相应规模的定型设计资料确定。

表 8-6　临时加工厂所需面积参考指标

序号	加工厂名称	年产量		单位产量所需建筑面积	占地总面积 (m^2)	备注
		单位	数量			
1	混凝土搅拌站	m^3	3200	0.022(m^2/m^3)	按砂石堆场考虑	400L搅拌机2台
		m^3	4800	0.021(m^2/m^3)		400L搅拌机3台
		m^3	6400	0.020(m^2/m^3)		400L搅拌机4台
2	临时性混凝土预制厂	m^3	1000	0.25(m^2/m^3)	2000	生产屋面板和中小型梁柱板等,配有蒸养设施
		m^3	2000	0.20(m^2/m^3)	3000	
		m^3	3000	0.15(m^2/m^3)	4000	
		m^3	5000	0.125(m^2/m^3)	小于6000	

序号	加工厂名称	年产量		单位产量所需建筑面积	占地总面积 (m²)	备注
		单位	数量			
3	半永久性混凝土预制厂	m³	3000	0.6(m²/m³)	9000～1200	
		m³	5000	0.4(m²/m³)	12000～15000	
		m³	10000	0.3(m²/m³)	15000～20000	
4	木材加工厂	m³	15000	0.044(m²/m³)	1800～3600	进行原木、大方加工
		m³	25000	0.0199(m²/m³)	2200～4800	
		m³	30000	0.0181(m²/m³)	3000～5500	
	综合木材加工厂	m³	200	0.30(m²/m³)	100	加工门窗、模板、地板、屋架等
		m³	500	0.25(m²/m³)	200	
		m³	1000	0.20(m²/m³)	300	
		m³	2000	0.15(m²/m³)	420	
	粗木加工厂	m³	5000	0.12(m²/m³)	1350	加工屋架、模板
		m³	10000	0.10(m²/m³)	2500	
		m³	15000	0.09(m²/m³)	3750	
		m³	20000	0.014(m²/m³)	4800	
	细木加工厂	万平方米	5	0.0114(m²/万平方米)	7000	加工门窗、地板
		万平方米	10	0.0106(m²/万平方米)	10000	
		万平方米	15	0.08(m²/万平方米)	14800	
5	钢筋加工厂	t	200	0.35(m²/t)	280～560	加工、成型、焊接
		t	500	0.25(m²/t)	380～761	
		t	1000	0.20(m²/t)	400～800	
		t	2000	0.15(m²/t)	450～900	
	现场钢筋调制或冷拉	所需场地(长×宽)				
	拉直场	(70～80)×(3～4)(m)				包括材料及成品堆放 3～5t 电动卷扬机一台
	卷扬机棚	15～20(m²)				
	冷拉场	(40～60)×(3～4)(m)				
	时效场	(30-40)×(6-8)(m)				
	钢筋对焊	所需场地(长×宽)				包括材料及成品堆放
	对焊场地	(30～40)×(4～5)(m)				
	对焊棚	15～24(m²)				
	钢筋冷加工	所需场地(m²/台)				
	冷拔、冷轧机	40～50				
	剪断机	30～50				
	弯曲机 φ12 以下	50～60				
	弯曲机 φ40 以下	60～70				

序号	加工厂名称	年产量		单位产量所需建筑面积	占地总面积（m²）	备注
		单位	数量			
6	金属结构加工（包括一般铁件）			所需场地（m²/t） 年产 500t 为 10 年产 1000t 为 8 年产 2000t 为 6 年产 3000t 为 5		按一批加工数量计算
7	石灰 { 贮灰池 淋灰池 淋灰槽			5×3=15(m²) 4×3=12(m²) 3×2=6(m²)		每两个贮灰池配一套淋灰池和淋灰槽
8	沥青锅场地			20~24(m²)		台班产量1~1.5t/台

注：资料来源为《中国建筑科学研究院调查报告》，原华东工业建筑设计院资料等。

表 8-7 现场作业棚所需面积参考表

序号	名称	单位	面积	备注
1	木工作业棚	m²/人	2	占地为建筑面积的 2~3 倍
2	电锯房	m²	80	760~910mm 圆锯 1 台
	电锯房	m²	40	小圆锯 1 台
3	钢筋作业棚	m²/人	3	占地为建筑面积的 3~4 倍
4	搅拌棚	m²/台	10~18	
5	卷扬机棚	m²/台	6~12	
6	烘炉房	m²	30~40	
7	焊工房	m²	20~40	
8	电工房	m²	15	
9	白铁工房	m²	20	
10	油漆工房	m²	20	
11	机、钳工修理房	m²	20	
12	立式锅炉房	m²/台	5~10	
13	发电机房	m²/KW	0.2~0.3	
14	水泵房	m²/台	3~8	
15	空压机房（移动式）	m²/台	18~30	
	空压机房（固定式）	m²/台	9~15	

注：资料来源为《临时工程手册》（原铁道部编），原华东工业建筑设计院资料。

表 8-8　现场机运站、机修间、停放场所需面积参考指标

序号	施工机械名称	所需场地（m²/台）	存放方式	检修间所需建筑面积	
				内容	数量（m²）
	1. 起重、土方机械类				
1	塔式起重机	200～300	露天		
2	履带式起重机	100～125	露天		
3	履带式正铲或反铲拖式铲运机，轮胎式起重机	75～100	露天		
4	推土机、拖拉机、压路机	25～35	露天		
5	汽车式起重机	20～30	露天或室内		
	2. 运输机械类				
6	汽车（室内）　　　（室外）	20～30　40～60	一般情况下室内不小于		
7	平板拖车	100～150	10%		
	3. 其他机械类				
8	搅拌机、卷扬机电焊机、电动机水泵、空压机、油泵少先吊等	4～6	一般情况下室内占 30%室外占 70%		

注：1. 露天或室内视气候条件而定，寒冷地区应适当增加室内存放；
　　2. 所需场地包括道路、通道和回转场地。

▷ 8.2.4　仓库、混凝土搅拌站最优位置的确定

在确定仓库、混凝土搅拌站的位置时，可采用运筹学中的麦场作业法来确定满足既定运输条件下运输量最小的设场点，从而为结合具体现场条件选择仓库或加工厂的合理位置提供科学依据。

麦场作业法是将需要点的相对位置连同它们之间的道路用一张图来模拟。图中令需要点为节点，道路为杆线，各点需要量及各需要点间的距离标注在图上，然后用图上比较法来选择其最优位置。

麦场作业法根据道路的形式的不同，可分为两种情况。

1. 树状图

采用端点收缩法，仓库或加工厂的最优位置设在需要量过半处。具体的步骤和方法如下：

首先检查各端点的需要量是否等于或大于总需要量的一半，若大于或等于总需要量之半，该点即为仓库或加工厂的设置点；否则，消去该点，将需要量加到相邻点上，依次进行下去，直至找到一个点，它的累计需要量大于或等于总需要量之半，计算方可结束，该点即为仓库或加工厂的位置。

以图 8-1 为例，首先计算总需要量的一半，即：

$$\frac{1}{2}(5+4+6+6+7+5+9+0+5)=25$$

然后，检查各端点，过半就设点，否则靠邻点。也就是说，本例中各端点需要量均未过半，将其收缩至邻点，如图 8-2 所示。再检查 C、M 两端点，其需要量仍未过半数，再靠邻点，如图 8-2 所示。这时，D 点的需要量（31）超过半数（25），所以，D 点即为最优位置点。

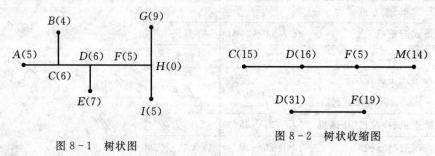

图 8-1　树状图　　　　　　　图 8-2　树状收缩图

2.含圈图

首先采用端点收缩法，如设置点不在端点时，再对形成的圈状线路图采用吨·公里数比较法。以图 8-3 为例说明其方法与步骤。图中括号内数字为需要量，杆上数字为距离。

首先计算总需要量的一半，即：

$$\frac{1}{2}(20+15+50+30+50+25+15+25)=115$$

然后，收缩各端点，否则靠邻点。因图中各端点需要量均未过半，都靠邻点，如图 8-4 所示。

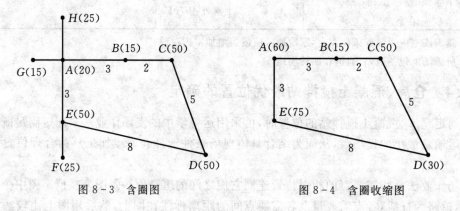

图 8-3　含圈图　　　　　　　图 8-4　含圈收缩图

其次，计算其他点到某一点的吨公里数，其吨公里数最小点，即为最优点位置。如本例中各点吨公里数分别为：

A 点：$15\times3+50\times5+30\times10+75\times3=820$

B 点：$50\times2+30\times7+75\times6+60\times3=940$

C 点：$30\times5+75\times8+60\times5+15\times2=1080$

D 点：$75\times8+60\times10+15\times7+50\times5=1555$

E 点：$60\times3+15\times6+50\times8+30\times8=910$

8.3　建筑工地的临时房屋

临时行政、生活福利设施一般包括办公室、警卫室、汽车库、商店、职工宿舍、食堂、浴室和开水房等。

规划这类临时房屋时,首先确定使用人数,然后计算各种临时用房的面积,最后布置临时用房的位置。

▷ 8.3.1 确定使用人数

使用这些临时建筑物的人员有职工和家属两大类。

1. 职工

(1)生产人员。生产人员又分为:①直接生产人员,即直接参加施工的建筑、安装工人,有时还必须考虑生产设备安装及其他协作单位的工人;②辅助生产工人,如附属生产企业、机械动力维修、运输、仓库管理方面的工人,一般约占直接生产人员的 $30\% \sim 60\%$;③其他生产人员,如学徒工以及企业内部从事科研、设计的技术人员等,一般约占直接生产人员的 $5 \sim 10\%$。

直接生产人员可用下式求得:

$$年(季)度高峰在册直接生产人员数 = 年(季)度平均在册直接生产人员数 \times$$
$$年(季)度施工不均衡系数 \qquad (8-7)$$

$$年(季)度高峰平均在册直接生产人员数 = \frac{年(季)度总工作日(1+缺勤率)}{年(季)度有效工作日} \qquad (8-8)$$

以上两式中的年(季)度施工不均衡系数和缺勤率均见表 8-9。

表 8-9 直接生产人员系数表

序号	项目名称	系　数	
		土建工程	建筑安装工程
1	年度施工不均衡系数	1.2～1.3	1.2～1.3
2	季度施工不平衡系数	1.1～1.3	1.1～1.2
3	缺勤率	5%	5%

(2)非生产人员。非生产人员有行政管理人员和服务人员(如从事食堂、文化福利和维修等工作人员)。

非生产人员数可按国家规定的比例(见表 8-10)计算。

表 8-10 非生产人员比例表(占职工总数%)

序号	企业类别	非生产人员比例(%)	其中(%)		折算为占生产人员比例(%)
			管理人员	服务人员	
1	中央省市自治区属	16～18	9～11	6～8	19～22
2	省辖市、地区属	13～16	8～10	5～7	16.3～19
3	县(市)建筑企业	10～14	7～9	4～6	13.6～16.3

注:1.工程分散、职工人数较大者取上限;

2.新辟地区、当地服务网点尚未建立时应增加服务人员 $5\% \sim 10\%$;

3.大城市、大工业区服务人员应减少 $2\% \sim 4\%$。

2. 家属

职工家属人数与建设工期的长短、工地与建筑企业生活基地的距离远近有关。一般可按职工人数的 10%～30%估算。

➤ 8.3.2 计算临时房屋的面积

人数确定后,可按下式确定临时房屋的面积:

$$S = NP \qquad (8-9)$$

式中:S——临时房屋所需面积,m^2;

N——人数;

P——建筑面积参考指标,见表 8-11。

表 8-11 行政生活福利临时建筑参考指标

临时房屋名称	指标使用方法	参考指标(m^2/人)	备注
1.办公室	按干部人数	3～4	1.本表根据全国收集到的有代表性的企业、地区的资料综合
2.宿舍	按高峰年(季)平均制工人数(扣除不在工地住宿人数)	2.5～3.5	2.工区以上设置的会议室已包在办公室指标内
单层通铺		2.5～3	
双层床		2.0～2.5	
单层床		3.5～4	
3.家属宿舍		16～25m^2/户	3.家属宿舍应以施工期长短和离基地情况而定,一般按高峰年职工平均人数的 10%～30%
4.食堂	按高峰年平均职工人数	0.5～0.8	4.食堂包括厨房、库房,应考虑在工地就餐人员和几次进餐
5.食堂兼礼堂	按高峰年平均职工人数	0.6～0.9	
6.其他合计	按高峰年平均职工人数	0.5～0.6	
医务室	按高峰年平均职工人数	0.05～0.07	
浴室	按高峰年平均职工人数	0.07～0.1	
理发	按高峰年平均职工人数	0.01～0.03	
浴室兼理发	按高峰年平均职工人数	0.03～0.1	
俱乐部	按高峰年平均职工人数	0.1	
小卖部	按高峰年平均职工人数	0.03	
招待所	按高峰年平均职工人数	0.06	
托儿所	按高峰年平均职工人数	0.03～0.06	

临时房屋名称	指标使用方法	参考指标(m²/人)	备注
子弟小学	按高峰年平均职工人数	0.06~0.08	
其他公用	按高峰年平均职工人数		
7.现场小型设施			
开水房		10~40	
厕所	按高峰年平均职工人数	0.02~0.07	
工人休息室	按高峰年平均职工人数	0.15	

8.4 建筑工地的临时供水

建筑工地的临时供水问题,一般包括三个方面的内容:确定供水量、选择水源、布置给水管网及给水系统。

➤8.4.1 建筑工地临时供水量的确定

建筑工地的用水包括生产用水、生活用水和消防用水三个方面。

1. 生产用水

生产用水是指现场生产用水、施工机械用水及附属生产企业用水。生产用水可由下式求得:

$$Q_1 = \frac{1.1}{8 \times 3600}\left(\sum M_{现}\, q_1 k_1 + \sum M_{机} q_3 k_3\right) + \frac{1.1}{8 \times 3600}\left(\sum Q_{附} k_2\right) \qquad (8-10)$$

式中:Q_1——生产用水量,L/s;

$M_{现}$——最大需水期用水工种每班的平均工程量,可由施工总进度计划及主要工种工程量表中查得;

q_1——用水工种的用水定额,见表 8-12;

k_1——每班用水不均衡系数,见表 8-13;

$M_{机}$——同一种施工机械台数;

q_3——施工机械台班用水定额,见表 8-14;

k_3——施工机械用水不均衡系数,见表 8-13;

$Q_{附}$——附属生产企业用水量;

k_2——附属生产企业用水不均衡系数,见表 8-13;

1.1——未考虑到的用水修正系数。

表 8−12　施工用水参考定额

序号	用水对象	单位	耗水量	备注
1	浇注混凝土全部用水	L/m³	1700～2400	
2	搅拌普通混凝土	L/m³	250	
3	搅拌轻质混凝土	L/m³	300～350	
4	搅拌泡沫混凝土	L/m³	300～400	
5	搅拌热混凝土	L/m³	300～350	
6	混凝土养护(自然养护)	L/m³	200～400	
7	混凝土养护(蒸汽养护)	L/m³	500～700	
8	冲洗模板	L/m³	5	当含泥量大于2%小于3%时
9	搅拌机清洗	L/台班	600	
10	人工冲洗石子	L/m³	1000	
11	机械冲洗石子	L/m³	600	
12	洗砂	L/m³	1000	
13	砌砖工程全部用水	L/m³	150～250	
14	砌石工程全部用水	L/m³	50～80	
15	抹灰工程全部用水	L/m³	30	
16	耐火砖工程全部用水	L/m³	100～150	包括砂浆搅拌
17	浇砖	L/千块	200～250	
18	浇硅酸盐砌块	L/m³	300～350	
19	抹面	L/m³	4～6	不包括调制用水
20	楼地面	L/m³	190	主要是找平用水
21	搅拌砂浆	L/m³	300	
22	石灰消化	L/t	3000	
23	上水管道工程	L/m³	98	
24	下水管道工程	L/m³	1130	
25	工业管道工程			

表 8−13　施工用水不平衡系数

编号	用水名称	系数
k_1	现场施工用水	1.5
k_2	附属企业用水	1.25
k_3	施工机械、运输机械动力设备	2.00,1.05～1.10
k_4	施工现场生活用水	1.30～1.50
k_5	生活区生活用水	2.00～2.50

表 8-14　机械用水量参考定额

序号	用水机械名称	单位	耗水量(L)	备注
1	内燃机挖土机	m³·台班	200~300	以斗容量 m³ 计
2	内燃起重机	t·台班	15~18	以起重量吨数计
3	蒸汽起重机	t·台班	300~400	以起重机吨数计
4	蒸汽打桩机	t·台班	1000~1200	以锤垂吨数计
5	内燃压路机	t·台班	12~15	以压路机吨数计
6	蒸汽压路机	t·台班	100~150	以压路机吨数计
7	拖拉机	台·昼夜	200~300	
8	汽车	台·昼夜	400~700	
9	标准轨蒸汽机车	台·昼夜	10000~20000	
10	空压机	(m³/min)·台班	40~80	以空压机单位容量计
11	内燃机动力装置(直流水)	马力·台班	120~300	
12	内燃机动力装置(循环水)	马力·台班	25~40	
13	锅炉	t·h	1050	以小时蒸发计
14	点焊机 25 型	台·h	100	
	50 型	台·h	150~300	
	75 型	台·h	250~300	
15	对焊机	台·h	300	
16	冷拔机	台·h	300	
17	凿岩机 01—30 型	台·min	3~8	
	01—38 型	台·min		
	YQ—100 型	台·min	8~12	
18	木工场	台班	20~25	
19	锻工房	炉·台班	40~50	

2. 生活用水

生活用水包括施工现场生活用水和生活区生活用水两部分。生活用水可用下式计算：

$$Q_2 = \frac{1}{24 \times 3600} k_5 P_2 q_5 + \frac{1}{8 \times 3600} k_4 P_1 q_4 \tag{8-11}$$

式中：Q_2——生活用水需要量，L/s；

　　P_2——生活区居民人数；

　　q_5——每个居民日生活用水定额，一般采用 40L/s，亦可根据具体设施情况按分项定额
计算，分项生活用水定额见表 8-15；

　　k_5——生活区用水不均衡系数，见表 8-13；

P_1——施工现场生活用水人数；

q_4——施工现场生活用水定额，一般采用 10L/人·班，高温地区可酌情增加；

k_4——施工现场生活用水不均衡系数，见表 8-13。

表 8-15　分项生活用水量参考定额

序号	用水对象	单位	耗水量
1	生活用水（饮用）	L/人·日	20～40
2	食堂	L/人·次	10～20
3	浴室（淋浴）	L/人·次	40～60
4	淋浴带大池	L/人·次	50～60
5	洗衣房	L/kg 干衣	40～60
6	理发室	L/人·次	10～25
7	学校	L/学生·日	10～30
8	幼儿园托儿所	L/儿童·日	75～100
9	医院	L/病床·日	100～150

3. 消防用水

消防用水量（Q_3）可根据建筑工地的大小及居住人数由表 8-16 查得。

表 8-16　消防用水量

序号	用水名称	火灾同时发生次数	单位	用水量
1	居民区消防用水			
	5000 人以内	一次	L/s	10
2	10000 人以内	二次	L/s	15～20
	25000 人以内	二次	L/s	10～26
3	施工现场用水			
	施工现场在 25 公顷内	一次	L/s	10～15
	每增加 25 公顷	一次	L/s	5

4. 总用水量

总用水量（Q）应按照下列三种情况考虑：

（1）当 $Q_1+Q_2 \leqslant Q_3$ 时，则 $Q_1=Q_3$（失火时停止施工）；

（2）当 $Q_1+Q_2 > Q_3$ 时，则 $Q=Q_1+Q_2$（失火时停止施工）。

以上适用于建筑工地面积小于 10 万平方米的工地。当建筑面积大于 10 万平方米时，只考虑一半工程施工。所以，其总用水量为：

$$Q = Q_3 + \frac{1}{2}(Q_1 + Q_2)$$

8.4.2 临时给水管管径的确定

1. 计算方法

临时给水管径的计算公式如下：

$$d = \sqrt{\frac{4Q}{\pi V \times 1000}} \qquad (8-12)$$

式中：d——给水管直径，m；

Q——总用水量，L/s；

y——管网中的水流速度，m/s；

临时水管经济流速可参见表 8-17。

表 8-17 临时水管经济流速参考表

管径	流速（m/s）	
	正常时间	消防时间
$d < 0.1m$	0.5～1.2	—
$d = 0.1～0.3m$	1.0～1.6	2.5～3.0
$d > 0.3m$	1.5～2.5	2.5～3.0

2. 查表法

为减少计算工作量，可根据确定的管段流量 q 和流速范围查表 8-18、表 8-19，选择管径。

表 8-18 给水铸铁管计算表

流量	管 径（mm）									
	75		100		150		200		250	
L/s	i	v	i	v	i	v	i	v	i	v
2	7.98	0.46	1.94	0.26						
4	28.4	0.93	6.69	0.52						
6	61.5	1.39	14	0.78	1.87	0.34				
8	109	1.86	23.9	1.04	3.14	0.46	0.765	0.26		
10	171	2.33	36.5	1.3	4.69	0.57	1.13	0.32		
12	246	2.76	52.6	1.56	5.55	0.69	1.58	0.39	0.529	0.25
14			71.6	1.82	8.71	0.8	2.08	0.45	0.695	0.29
16			93.5	2.08	11.1	0.92	2.64	0.51	0.886	0.33
18			118	2.34	13.8	1.03	3.28	0.58	1.09	0.37
20			146	2.6	16.9	1.15	3.97	0.64	1.32	0.41
22			177	2.86	20.2	1.26	4.73	0.71	1.57	0.45

流量	管径（mm）									
	75		100		150		200		250	
24					24.1	1.38	5.56	0.77	1.83	0.49
26					28.3	1.49	6.64	0.84	2.12	0.53
28					32.8	1.61	7.38	0.9	2.42	0.57
30					37.7	1.72	8.4	0.96	2.75	0.62
32					42.8	1.84	9.46	1.03	3.09	0.66
34					48.4	1.95	10.6	1.09	3.45	0.7
36					54.2	2.06	11.8	1.16	3.83	0.74
38					60.4	2.18	13	1.22	4.23	0.78

注：v——流速（m/s）；i——压力损失（m/km，mm/m）。

表 8-19　给水钢管计算表

流量	管径（mm）									
	25		40		50		70		80	
L/s	i	v	i	v	i	v	i	v	i	v
0.1										
0.2	21.3	0.38	8.98	0.32						
0.4	74.8	0.75	18.4	0.48						
0.6	150	1.13	31.4	0.64						
0.8	279	1.51	47.3	0.8						
1.0	437	1.88	66.3	1.11	12.9	0.47	3.76	0.28	1.61	0.2
1.2	629	2.26	88.4	1.27	18	0.56	5.18	0.34	2.27	0.24
1.4	856	2.64	114	1.43	23.7	0.66	6.83	0.4	2.97	0.28
1.6	1118	3.01	144	1.59	30.4	0.75	8.7	0.45	3.76	0.32
1.8			178	2.07	37.8	0.85	10.7	0.51	4.66	0.36
2.0			301	2.39	46	0.94	13	0.57	5.62	0.4
2.6			400	2.86	74.9	1.22	21	0.74	9.03	0.52
3.0			577		99.8	1.41	27.4	0.85	11.7	0.6
3.6					144	1.69	38.4	1.02	16.3	0.72
4.0					177	1.88	46.8	1.13	19.8	0.81
4.6					235	2.17	61.2	1.3	25.7	0.93
5.0					277	2.35	72.3	1.42	30	1.01
5.6					348	2.64	90.7	1.59	37	1.13
6.0					399	2.82	104	1.7	42.1	1.21

注：v——流速（m/s）；i——压力损失（m/km，mm/m）。

▷8.4.3　选择水源

建筑工地的临时供水水源,应尽量利用现有的供水管道,只有在现有给水系统供水不足或根本无法利用时,才另选新的水源。一般常用的临时供水水源有以下几种:

(1)现有的城市给水或工业给水系统。利用此种系统必须注意其给水能力能否满足最大用水量,如不能满足时,可用一部分作为生活用水,而生产用水可以利用地面水或地下水,这样可以不建或少建临时供水系统。

(2)在没有现成的给水系统时,宜尽量先建成永久性给水系统,以资利用。但要充分估计到先期施工的工程部分投产会使总用水量大大增加,故应事先作出估计采取相应的措施,以免影响施工用水。

(3)当没有现成的给水系统且永久性给水系统又无条件先建时,应设计临时给水系统。但应尽可能使临时给水系统与永久性系统相一致。在选择水源时,应注意以下事项:①水量充沛可靠,能满足最大需水量的要求。②水质要满足生活饮水及生产用水的要求。③取水、输水、净水设施要安全经济。④施工、管理、维护方便。

▷8.4.4　选择临时供水系统

供水系统由取水设施、净水设施、贮水构筑物(水塔或蓄水池)、输水管和配水管组成。

1.取水设施

取水设施一般由取水口、进水管及水泵组成。

取水口距河底(或井底)不得小于 $25\sim90$ cm,与冰层下表面的距离也不得小于 25cm。给水工程常用的水泵有离心泵和活塞泵。所用水泵的抽水能力与扬程应满足要求。

水泵应具有的扬程可按下列公式计算:

(1)将水送至水塔时的扬程:

$$H_p = (Z_t + Z_p) + H_t + a + h + h_3 \qquad (8-13)$$

式中:H_p——水泵所需的扬程,m;

Z_t——水塔处的地面标高,m;

Z_p——水泵轴中线的标高,m;

a——水塔的水箱高度,m;

h——从泵站到水塔间的水头损失,$h = h_1 + h_2$,m;

h_3——水泵的吸水高度,m;

H_t——水塔高度,m;

h_1——沿程水头损失,$h_1 = iL$,m(i 为单位管长水头损失,mm/m);

h_2——局部水头损失,$h_2 = (0.15\sim0.2)h_1$,m;

L——计算管段长度,km。

(2)将水直接送到用户时的扬程:

$$H_p = (Z_y - Z_p) + H_y + h + h_3 \qquad (8-14)$$

式中：Z_y——供水对象(用户)的最大标高，m；

H_y——供水对象最大标高处必须的自由水头，一般取 $8\sim10m$。

2. 净水设施

临时给水系统中，通常是选择符合卫生标准与技术要求的水源，以简化净化设施。生产用水不设净化设施，而生活用水仅加一些过滤净化设施。

3. 贮水构筑物

贮水构筑物一般可用水池、水塔和水箱。在临时给水中，如水泵非昼夜连续工作，则必须设置贮水构筑物。其贮水容量，以每小时消防用水量来决定，但不得小于 $10\sim20m^3$。

贮水构筑物的高度与供水范围、供水对象的位置及贮水构筑物本身的位置有关，可用下式来确定：

$$H_t = (Z_y - Z_t) + H_y + h \tag{8-15}$$

式中符号意义同上。

8.5　建筑工地的临时供电

建筑工地临时供电的有用电量计算、电源的选择、变压器的选择和临时供电线路的规划布置。

▶ 8.5.1　确定用电量

建筑工地的用电量，主要包括动力用电和照明用电两种，在计算用电量时，应考虑以下几点：①全工地所使用的机械动力设备，其他电气工具及照明用电的数量；②施工总进度计划中施工高峰阶段同时用电的机械设备最大数量；③各种机械设备在工作中需用的情况。

总用电量可按下式计算：

$$P = 1.05 \sim 1.10 \left[K_1 \frac{\sum P_1}{\cos\varphi} + K_2 \sum P_2 + K_3 \sum P_3 + K_4 \sum P_4 \right] \tag{8-16}$$

式中：P——供电设备总需要容量，$kV \cdot A$；

P_1——电动机额定功率，kW；

P_2——电焊机额定功率，kW；

P_3——室内照明容量，kW；

P_4——室外照明容量，kW；

$\cos\varphi$——电动机的平均功率因数(在施工现场最高为 $0.75\sim0.78$，一般为 $0.65\sim0.75$)；

K_1、K_2、K_3、K_4——需要系数，参见表 8-20。

由于照明用电所用电量较动力用电少得多，所以在估算总用电量时可以简化。只要在动力用电量(即公式 8-16 括号中的第一、二两项)之外再加 10% 作为照明用电量即可。

表 8 - 20　需要系数(K值)

用电名称	数量	需要系数		备注
		K	数值	
电动机	3~10 台	K_1	0.7	如施工中需要电热时,应将其用电量计算进去。为使实际计算结果接近实际,式中各动力照明用电,应根据不同工作形式分类计算
	11~30 台		0.6	
	30 台以上		0.5	
加工厂动力设备			0.5	
电焊机	3~10 台	K_2	0.6	
	10 台以上		0.5	
室内照明		K_3	0.8	
室外照明		K_4	10	

8.5.2　电源选择

工地临时用电电源常有下列情况:

(1)完全由工地附近已有的电力系统供给。

(2)工地附近已有的电力系统只能供给一部分,工地需要增设临时供电站供给不足之部分。

(3)工地附近没有电力系统,电力完全由临时电站供给。

至于选用何种电源,可根据工程所在地区的具体情况经技术经济比较后确定。其中第一种电源是最经济的。但事前必须将施工中需要的用电量向供电部门提出申请。

临时电站常用内燃机或蒸汽机发电。临时电站发电机的电压,根据负荷大小和供电范围确定。当容量小于 500kW,供电半径在 500m 以内时,宜用 380/220V 电压的发电机直接向工地供电;当容量超过 500kW,供电半径超过 500m 时,可采用 3~6kV 电压的发电机,且在负荷中心设立变电所。

8.5.3　供电设施

1. 变压器的选择

建筑工地所用电源,一般情况下都是由附近已有的高压线路经过工地设有变压器引入工地的。因为工地的电力机械设备和照明所需的电压大都为 380/220V 的低电压,因此需要选择容量合适的变压器。

变压器的容量可按下式求得:

$$W = KP / \cos\varphi \qquad (8-17)$$

式中:W——变压器容量,kV · A;

　　　P——变压器服务范围内的总用电量;

　　　$\cos\varphi$——用电设备的平均功率因数,一般取 0.75;

　　　k——功率损失系数,取 1.05。

根据计算所得到的变压器容量,参照变压器性能表8-21选用变压器。

表 8-21　常用电力变压器性能表

型号	额定容量（kVA）	额定电压(kV)		损耗(W)		总重(kg)
		高压	低压	空载	短路	
SL$_7$—30/10	30	6;6.3;10	0.4	150	800	317
SL$_7$—50/10	50	6;6.3;10	0.4	190	1150	480
SL$_7$—63/10	63	6;6.3;10	0.4	220	1400	525
SL$_7$—80/10	80	6;6.3;10	0.4	270	1650	590
SL$_7$—100/10	100	6;6.3;10	0.4	320	2000	685
SL$_7$—125/10	125	6;6.3;10	0.4	370	2450	790
SL$_7$—160/10	160	6;6.3;10	0.4	460	2850	945
SL$_7$—200/10	200	6;6.3;10	0.4	540	3400	1070
SL$_7$—250/10	250	6;6.3;10	0.4	640	4000	1235
SL$_7$—315/10	315	6;6.3;10	0.4	760	4800	1470
SL$_7$—400/10	400	6;6.3;10	0.4	920	5800	1790
SL$_7$—500/10	500	6;6.3;10	0.4	1080	6900	2050
SL$_7$—630/10	630	6;6.3;10	0.4	1300	8100	2760
SL$_7$—50/10	50	35	0.4	265	1250	830
SL$_7$—100/35	100	35	0.4	370	2250	1090
SL$_7$—125/35	125	35	0.4	420	2650	1300
SL$_7$—160/35	160	35	0.4	470	3150	1465
SL$_7$—200/35	200	35	0.4	550	3700	1695
SL$_7$—250/30	250	35	0.4	640	4400	1890
SL$_7$—315/35	315	35	0.4	760	5300	2185
SL$_7$—400/35	400	35	0.4	920	6400	2510
SL$_7$—500/35	500	35	0.4	1080	7700	2810
SL$_7$—630/35	630	35	0.4	1300	9200	3225
SZL$_7$—200/10	200	10	0.4	540	3400	1260
SZL$_7$—250/10	250	10	0.4	640	4000	1450
SZL$_7$—315/10	315	10	0.4	760	4800	1695
SZL$_7$—400/10	400	10	0.4	920	5800	1975
SZL$_7$—500/10	500	10	0.4	1080	6900	2200
SZL$_7$—630/10	630	10	0.4	1400	8500	3140
S$_6$—10/10	10	11	0.4	60	270	245

型号	额定容量(kVA)	额定电压(kV)		损耗(W)		总重(kg)
		高压	低压	空载	短路	
S₆—30/10	30	11	0.4	125	600	140
S₆—50/10	50	11	0.433	175	870	540
S₆—80/10	80	6～10	0.4	250	1240	685
S₆—100/10	100	6～10	0.4	300	1470	740
S₆—125/10	125	6～10	0.4	360	1720	855
S₆—160/10	160	6～10	0.4	430	2100	990
S₆—200/10	200	6～10	0.4	500	2500	1240
S₆—250/10	250	6～10	0.4	600	2900	1330
S₆—315/10	315	6～10	0.4	720	3450	1495
S₆—400/10	400	6～10	0.4	870	4200	1750
S₆—500/10	500	6～10.5	0.4	1030	4950	2330
S₆—630/10	630	6～10	0.4	1250	5800	3080

2. 导线截面的确定

首先根据铺设导线的主要用途查表 8－22 选择导线的型号和名称,然后再确定导线的截面面积。导线截面应按照以下三项基本要求分别进行选择,再从中取大值。

表 8－22　常用绝缘导线的型号、名称及主要用途

型号	名称	主要用途
BV	铜芯塑料线	固定铺设用
BVR	铜芯塑料软线	要求用比较柔软的电线时固定铺设用
BX	铜芯橡皮线	供干燥及潮湿的场所固定铺设用,额定交流电压 500V
BXR	铜芯橡皮软线	供干燥及潮湿场所连接电气设备的移动部分用,额定交流电压 500V
BLV	铝芯塑料线	同 BV 型电线
BLVR	铝芯塑料软线	同 BVR 型电线
BLX	铝芯橡皮线	与 BV 型电线相同
BXS	棉纱编织双绞软线	供干燥场所铺设在绝缘子上用,额定交流电压为 250V
RH	普通橡皮软线	供室内照明和日用电器接线用,额定交流电压为 250V

(1)按机械强度选择。必须保证导线不会因一般机械损伤而被折断。可按不同用途和铺设方式查表 8－23 得导线机械强度所容许的最小截面。

表 8-23　导线按机械强度所允许的最小截面

导线用途	导线最小截面（mm²）	
	铜线	铝线
照明装置用导线:户内用	0.5	2.5
户外用	1.0	2.5
双芯软电线:用于吊灯	0.35	—
用于移动式生产用电设备	0.5	—
多芯软电线及软电缆:用于移动式生产用电设备	1.0	—
绝缘导线:固定架设在户内绝缘支持件上,其间距为		
2m 以下	1.0	2.5
6m 以下	2.5	4
25m 以下	4	10
裸导线:户内用	2.5	4
户外用	6	16
绝缘导线:穿在管内	1.0	2.5
穿在木槽板内	1.0	2.5
绝缘导线:户外沿墙铺设	2.5	4
户外其他方式铺设	4	10

(2)按容许电流选择。三相四线制线路上的电流可按下式计算:

$$I_L = \frac{KP}{\sqrt{3}\,u_1\cos\varphi} \tag{8-18}$$

式中:I_L——电流强度,A;

　　　K——需要系数,见表 8-26;

　　　P——供电设备总需要容量,kV·A;

　　　u_1——电压,V;

　　　$\cos\varphi$——功率因数,临时网络取 0.7～0.75。

根据计算所得的电流强度值,可在表 8-24 或 8-25 中查得导线截面。

表 8-24　裸导线的最大容许负荷电流值

序号	导线类型	断面(mm²)	负荷电流值(A)
		16	105
		25	135
		35	170
1	铝线	50	215
		70	265
		95	325
		120	375

序号	导线类型	断面(mm²)	负荷电流值(A)
2	铜线	4	50
		6	70
		10	95
		16	130
		25	180
		35	220
		50	270
3	钢线	10	21
		16	27
		25	32
		35	75
		50	90
		70	125
		120	175

注:导线的极限温度为+70℃,周围空气温度为+25℃。

表 8-25 橡皮或塑料绝缘电线铺设在绝缘支柱上时的持续容许电流表

导线标称截面 (mm²)	导线的持续容许电流(A)			
	BX 型	BLX 型	BV/BVR 型	BLV 型
	铜芯橡皮线	铝芯橡皮线	铜芯塑料线	铝芯塑料线
0.5	—			
0.75	18	—	16	—
1	21	—	19	
1.5	27	19	24	18
2.5	35	27	32	25
4	45	35	42	32
6	58	45	55	42
10	85	65	75	59
16	110	85	105	80
25	145	110	138	105
35	180	138	170	130
50	230	175	215	165
70	285	220	265	205
95	345	265	325	250
120	400	310	375	285
150	470	360	430	325
185	540	420	490	380
240	660	510		

注:空气温度为+25℃,单芯 500V。

（3）按容许电压降选择。三相四线制线路上的导线截面，可用下式求得：

$$S = \frac{100M}{KV_L^2\varepsilon} \qquad (8-19)$$

二相制线路上的导线截面，可用下式求得：

$$S = \frac{100M}{KV_\varphi^2\varepsilon} \qquad (8-20)$$

式中：S——导线截面，mm^2；

　　　M——负荷矩总和，等于线路上每一负荷至线路始端距离之乘积，$W \cdot m$；

　　　K——导线材料的导电系数，铝线取 34.5，铜线取 57，钢线取 2.22～5.0；

　　　V_L——线电压，在 380/220V 的系统中为 380V；

　　　V_φ——相电压，在 380/220V 的系统中为 220V；

　　　ε——计算电路的容许电压损失，见表 8-26。

表 8-26　容许电压损失

负荷种类	最大容许的电压损失
照明	6
动力	10
照明、动力混合	8

　　为简化计算，亦可根据具体情况，按主要决定因素来选择导线截面。如工地配电线路较短可按容许电流选定；在道路和给排水工地配电线路较长可按容许电压选定；在小负荷的架空线路中则以机械强度选定。

思考题

1.简述建筑工地各种运输方式的特点。

2.如何确定仓库、混凝土搅拌站的最优位置？

3.确定建筑工地用电量应考虑哪些问题？

4.请简要说明建筑工地临时供水问题包含哪几个方面。

5.请简述根据受力、使用要求等因素，路面分为哪几个结构层次。

第9章 建筑工程施工组织设计

9.1 施工组织设计概述

由于建筑产品的生产十分复杂,加之生产周期又长,在整个施工生产过程中要消耗掉大量的活劳动和物化劳动等资源,生产工艺技术多样,生产组织的相互配合关系也错综复杂,这就要求施工组织必须严密考虑、精心安排,并有预见性,因而在工程项目开工前,均需要编制施工组织设计。

施工组织设计是指导工程施工的重要技术经济文件,也是对施工生产活动实施科学管理的有力手段。国家规定,没有施工组织设计,不允许工程开工。

▷9.1.1 施工组织设计的作用

施工组织设计对一项建设工程起着重要的规划作用与组织作用,具体表现在以下几个方面:

(1)施工组织设计是施工准备工作的一项重要内容,同时又是指导其他各项施工准备工作的依据,它是整个施工准备工作的核心内容。

(2)通过编制施工组织设计,充分考虑施工中可能遇到的困难与障碍,并事先设法予以解决或排除,从而提高施工预见性,减少盲目性,为实现建设项目目标提供了技术组织保证。

(3)施工组织设计中所制订的施工方案和施工进度等,是指导现场施工活动的基本依据。

(4)施工组织设计对施工场地所作的规划与布置,为现场的文明施工创造了条件。

▷9.1.2 施工组织设计的分类与内容

施工组织设计与其他设计义件一样,也是分阶段编制逐步深化的;对于大型工业项目或民用建筑群,施工组织设计一般可分成三个层次进行编制。

1. 施工组织总设计

施工组织总设计是以建设项目为对象而编制的,以批准的扩大初步设计(或初步设计)文件为依据,一般由工程建设监理公司编制,或者在工程的招投标后由工程总承包单位编制,也可以以工程总承包单位为主(建设单位、监理单位及设计单位参加)而进行编制。它是对整个建设工程的施工而进行的总体规划与战略部署,是指导施工的全局性文件。它包括的内容如下:

(1)工程概况。着重说明工程的性质、规模、造价、工程特点及主要建筑结构特征、建设期限以及施工条件等。

（2）施工准备工作。应列出准备工作一览表、各项准备工作的负责单位、配合单位及负责人、完成的日期及保证措施。

（3）施工部署。施工部署包括建设项目的分期建设规划、各期的建设内容、施工任务的组织分工、主要施工对象的施工方案和施工准备、机械化施工方案、全场性的工程施工安排（如道路、管网等大型设施工程、全工地的土方调配、地基的处理等），以及大型暂设工程的安排等。

（4）施工总进度计划。施工总进度计划包括整个建设项目的开竣工日期、总的施工程序、分期分批施工进度、土建工程与专业工程的穿插配合安排、主要建筑物及构筑物的施工期限等。

（5）施工总平面图。图中应说明场内外主要交通运输道路、供水供电管网和大型临时设施的布置、施工场地的用地划分等。

6）劳动力及主要原材料、半成品、预制构件和施工机具需要量计划。

2. 单位工程施工组织设计

单位工程施工组织设计是以单个建筑物或构筑物为对象，以施工图为依据，由直接组织施工的基层单位负责编制的，它是施工组织总设计的具体化。根据施工对象的规模大小和技术复杂程度的不同，单位工程施工组织设计在内容的广度及深度上可以有所区别，但一般均包括：工程概况及施工条件；施工方案；施工进度计划；劳动力及主要资源需要量计划；施工平面图；技术经济指标。

3. 分部工程施工组织设计

分部工程施工组织设计也叫作业设计，它是单位工程施工组织设计的具体化。对于某些技术复杂或工程规模较大的建筑物或构筑物，在单位工程施工组织设计完成以后，可对某些施工难度大或缺乏经验的分部工程再编制其作业设计，例如大型设备基础工程、大型结构安装工程、高层钢筋混凝土框架工程、地下水处理工程、高级装饰工程等。作业设计的内容，重点在于施工方法和机械设备的选择，保证质量与安全的技术措施，施工进度与劳动力组织等。

▶ 9.1.3 组织施工的基本原则

根据我国工程建设长期以来积累的经验，组织施工以及在编制施工组织设计时，一般应遵循以下基本原则。

（1）坚持工程建设程序，充分作好施工准备，不打无把握之仗，严禁盲目开工。

（2）合理安排施工程序，按建筑施工本身的客观规律办事，使各项施工活动紧密配合，互相衔接。

（3）严格遵守国家和合同规定的工程竣工及交付使用期限，在保证工程质量和安全生产前提下，尽量缩短建设工期，尽早地发挥建设投资效益。

（4）坚持全年连续施工，合理安排冬、雨季施工项目，增加全年施工天数。

（5）贯彻建筑工业化方针。按照工厂预制与现场预制相结合的方针，尽量扩大预制范围，提高预制装配程度，本着先进机械、简易机械与改良工具相结合的方针，尽量扩大机械化施工范围，提高机械化施工程度。

（6）合理安排施工顺序，保持施工的均衡性与连续性。

（7）充分利用永久性设施为施工服务，节约大型暂设工程费用。诸如永久性铁路、公路、水电管网和生活福利设施等，尽量安排提前修建，并在施工中加以利用。

（8）充分利用当地资源，就地取材，节约成本。

（9）广泛采用国内外的先进施工技术与科学管理方法，认真贯彻施工验收规范与操作规程。

（10）努力节约施工用地，力争不占或少占农田。

9.2 施工组织总设计

▶9.2.1 施工组织总设计的内容和编制依据

1. 施工组织总设计的内容

施工组织总设计是以建设项目为对象，根据初步设计或扩大初步设计图纸、国家政策、法规等文件和现场施工条件进行编制的，用以指导整个建设项目的施工准备和有计划地组织施工的技术经济文件。

施工组织总设计的编制程序如图9-1所示。

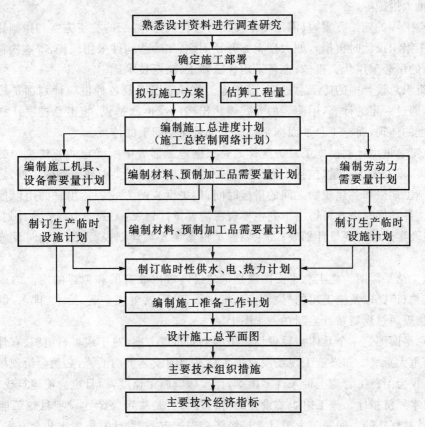

图9-1 施工组织总设计的编制程序

施工组织总设计的内容包括:工程概况、施工部署及主要建筑物施工方案、施工总进度计划、资源需要量计划、全场性施工总平面图和技术经济指标等。

(1)工程概况。工程概况是对整个建设项目的总说明,一般包括下列内容:

①工程性质、建设地点、建设规模、总期限、分期分批投入使用的项目和工期、总占地面积、建筑面积;设备安装及其吨位数;总投资、建筑安装工作量、工厂区和生活区的工作量;生产流程和工艺特点;建筑结构类型和新技术的使用等。

②建设地区的自然条件和技术经济条件。如气象、水文、地质和地形情况,能为该建设项目服务的施工单位及人力和机械设备情况;工程的材料来源、供应情况;建筑构件的生产能力;交通运输情况及当地能提供给施工用的人力、能源和建筑物情况。

③上级对施工企业的要求、企业的施工能力、技术装备水平、管理水平和完成各项经济指标的情况等。

(2)施工部署及主要建筑物的施工方案。施工部署是用文字及图表来说明整个建设项目施工的总设想,因此带有全局性的战略意图,是施工组织总设计的核心。在施工部署中,要阐述国家和上级对本建设工程的要求,以及建设项目的性质,并确定好各建筑物总的开工程序。另外要规划好有关全工地性的为施工服务的工程项目,如水、电、道路及临时房屋的建设,预制构件厂和其他附属工厂的数量及其规模,是否需要设置中心仓库及其规模大小,生活供应上需要采取的重大措施等。

对重点工程的施工方案,只需原则地提出方案性问题(详细的施工方案和措施则到编制单位工程施工组织设计时再拟),如大型土方开挖问题,如哪些构件采用现浇,哪些构件采用预制问题;构件的吊装采用什么机械;准备采用什么新工艺、新技术等。

施工组织总设计中的施工总进度计划、施工总平面图以及各种供应计划都是按照施工部署的设想,通过一定的计算,用图表的方式表达出来的。也就是说,施工总进度计划是施工部署在时间上的体现,而施工总平面图则是施工部署在空间上的体现。

(3)施工总进度计划。施工总进度计划是根据施工部署中所确定的各建筑物的开工顺序及施工方案,以及施工力量(包括人力、物力),参照工期定额或类似建筑物的工期,定出各主要建筑物的施工期限和各建筑物之间的搭接时间,用进度表的方式表达出来的用以控制施工进度的指导文件。同时由此可得出下列主要资源需要量计划表:①劳动力需要量计划表;②主要材料、成品及半成品需要量计划表;③主要施工机具需要量计划表;④大型临时设施需要量计划表。

(4)施工总平面图。施工总平面图就是把建设区域内原有的和拟建的地上的或地下的建筑物、构筑物、道路以及施工用的材料仓库、机械设备、附属生产企业、给水、排水、供电设施及临时建筑物等通过规划布置绘制在一张图上。

施工总平面图是一个具体指导现场施工的空间布置方案,对于现场有组织、有计划的文明施工,具有重大意义。如果施工现场没有施工总平面图或其贯彻不善,必然会给现场施工造成混乱,这不仅会给施工管理上带来许多困难,严重影响施工速度,而且也会使建筑成本提高。

(5)技术经济指标。施工组织总设计经济合理与否是决定整个建设项目施工能否顺利进行和经济效益好坏的大问题。为了寻求最经济合理的方案,设计时需考虑几个方案,并根据技术经济指标进行比较,选取最佳实施方案。一般需要反映的经济指标有:施工工期、全员劳动生产率、非生产人员比例、劳动力不均衡系数、临时工程费用比、综合机械化程度、工厂化程度、流水施工系数、施工场地利用系数等。

2. 施工组织总设计的编制依据

编制施工组织总设计一般需要依据下列资料：①计划文件，如国家或地方批准的计划文件、投资指标和分期分批交付使用的期限等；②工程承包合同文件；③设计文件；④有关现行规程、定额资料；⑤建设地区的自然条件及技术经济条件等的调查资料。

9.2.2 施工部署

施工部署是对整个建设项目的施工作出全面的战略安排，并解决其中影响全局的重大问题。

施工部署所包括的内容，因建设项目的性质、规模和各种客观条件的不同而不同。一般应考虑的主要内容有：施工准备工作计划、确定工程展开程序和主要建筑物的施工方案的制订及施工任务的划分与组织安排等。

1. 施工准备工作计划

施工准备工作计划是根据施工部署的要求和施工总进度的有关安排编制的。其主要内容如下：

(1) 做好现场测量控制网；

(2) 做好土地征用、居民迁移和障碍物的清除工作；

(3) 组织拟采用的新结构、新材料和新技术的试制和试验工作；

(4) 安排好大型临时设施工程、施工用水、用电和铁路、道路、码头以及场地平整等工作；

(5) 做好材料、构件、加工品和机具等的准备工作；

(6) 进行技术培训工作。

2. 确定工程展开程序

确定工程展开程序，主要考虑以下几点：

(1) 在保证工期要求的前提下，实行分期分批施工。这样既能使每一具体工程项目迅速建成，又能在全局上取得施工的连续性和均衡性，并能减少暂设工程数量和降低工程成本。

为了尽快发挥基本建设投资效果，对于大中型工业建设项目，都要在保证工期的前提下分期分批建成。至于分几期施工，则要根据生产工艺、建设单位的要求、工程规模大小和施工难易程度由工程建设单位和施工单位共同研究后确定。例如，一个大型冶金联合企业，按其工艺过程大致有如下工程项目：矿山开采工程、选矿厂、原料运输及存放工程、烧结厂、焦化厂、炼铁厂、炼钢厂、轧钢厂及许多辅助性车间等。如果一次建成投产，一般长达十几年，显然不能使建设投资及时发挥效益。所以，对于这类企业，一般应以高炉系统生产能力为标志进行分期建成投产。

对于大中型民用建设项目(如居民住宅小区)，一般亦应分期分批建成，以便尽快让一批建筑物投入使用，发挥投资效益。

对于小型企业或大型工业建设项目的某个系统，由于工期较短或生产工艺的要求，亦可不必分期分批进行施工，而采取先建生产厂，而后边生产边进行其他项目的施工。

(2) 划分分期分批施工的项目时，应优先安排下面的工程：

① 按生产工艺要求，必须先期投入生产或起主导作用的工程项目；

②工程量大、施工难度大或工期长的项目；

③运输系统、动力系统，如厂区内外的铁路、道路和变电站等；

④生产上需要先期使用的机修、车库、办公楼及部分家属宿舍等；

⑤供施工使用的工程项目，如采砂（石）场、木材加工厂、各种构件预制加工厂、混凝土搅拌站等施工附属企业及其他为施工服务的临时设施。

（3）在安排工程顺序时，应以先地下、后地上，先深后浅，先干线后支线的原则进行安排。如地下管线与筑路工程的施工顺序，应先铺管线后修筑道路。

（4）施工季节的影响。大规模的土方工程和深基础工程施工，最好避开雨季；而寒冷地区的工程施工，最好在入冬时转入室内作业和设备安装。

3. 主要建筑物施工方案的制订

施工方案是针对单个建筑物而言的。它的内容包括施工方法、施工顺序、机械设备选用和技术组织措施等，这些内容将在单位工程施工组织设计中详细介绍。在施工组织总设计中所指施工方案是根据施工部署的要求对主要建筑物的施工提出原则性的方案，如大型土方开挖方案；机械化施工方案；哪些构件采用现浇；哪些构件采用预制，如采用预制，是现场就地预制，还是在构件预制厂加工生产；构件吊装时采用何种机械；拟采用的新工艺、新技术等。也就是对涉及全局性的一些问题拟订出施工方案。

由于机械化是实现现场施工的重要前提，因此，在拟订主要建筑物施工方案时，应注意按以下几点考虑机械化施工总方案的问题：

（1）所选主要机械的类型和数量应能满足各个主要建筑物的施工要求，并能在各工程上进行流水作业；

（2）机械类型与数量尽可能在当地解决；

（3）所选机械化施工总方案应该在技术上先进、可行，在经济上合理。

另外，对于某些施工技术要求高或比较复杂、技术上较先进或施工单位尚未完全掌握的分部分项工程，应提出原则性的技术措施方案。如软弱地基大面积钢管桩工程、复杂的设备基础工程、大跨结构、高炉及高耸结构的结构安装工程等。

4. 施工任务的划分与组织安排

明确划分参与该建设项目施工的各施工单位和各职能部门的任务，并以合同形式确定下来，确定综合的和专业化施工组织的相互配合关系。划分施工阶段，明确各单位分期分批的主攻项目和穿插项目。

▶9.2.3 施工总进度计划

施工总进度计划是根据既定的施工部署，对各工程项的施工在时间上作出安排。在进行此项工作时，必须征求各方面的意见，以提高计划的现实性。施工总进度计划的作用在于确定各个工程系统及单项工程、准备工程和全工地性工程的施工期限及开工和竣工日期，并据此确定：建筑工地上劳动力、材料、成品、半成品的需要量和调配计划，建筑机构附属企业的生产能力，临时建筑物的面积，仓库和堆场的面积，临时供水及供电的数量等。

施工总进度计划的编制步骤和方法如下：

1. 计算拟建建筑物及全工地性工程的工程量

根据既定施工部署中分期分批投产的顺序,将每一系统的各项工程项目分别列出。项目划分不宜过多,应突出主要项目,一些附属、辅助工程、民用建筑等可分别予以合并。计算工程量可按初步设计(或扩大初步设计)图纸和有关定额手册或资料进行。常用的定额、资料有以下几种:

(1)万元、十万元投资工程量、劳动力及材料消耗扩大指标(即万元定额)。在这种定额中,可查出某一种结构类型的建筑,每万元或十万元投资中的劳动力和主要材料消耗量,对照设计图纸中的结构类型和概算,即可求得拟建工程分项所需劳动力和主要材料消耗量。

(2)概算定额与概算指标。概算定额是在预算定额的基础上制定的,它是预算定额的综合与扩大,常以扩大的结构构件或部位为对象来编制,反映完成单位工程量所需的人工、材料和机械台班的消耗量,以及相应的地区价格。

概算指标是比概算定额更为综合的一种指标性定额,常以整个建筑物或构筑物为对象来编制,反映完成建筑物每 $100m^2$(或每 $100m^3$ 体积)所消耗的各种工料,以及相应的地区价格。

概算定额与概算指标主要用于估算工程造价和各种资源的需要量。

(3)标准设计或类似工程资料。在缺乏定额手册的情况下,可采用标准设计或已建类似工程实际耗用劳动力和主要材料数量加以必要的调整而进行估算。

除房屋外,还必须计算全工地性工程的工程量。例如,场地平整的土方工程量,铁路、道路和地下管线的长度等。这些可从建筑总平面图上量得。

将算出的工程量填入工程量汇总表(见表 9-1)。

表 9-1 工程量汇总表

序号	工程量名称	单位	合计	生产车间			仓库运输			管网				生活福利		大型设施		备注
				××车间	……	……	仓库	铁路	公路	供电	供热	供水	排水	宿舍	文化福利	生产	生活	
1																		
2																		

2. 确定各单位工程的施工期限

影响单位工程施工期限的因素很多,如建筑类型、结构特征、施工方法、施工单位的技术和管理水平、机械化程度以及施工现场的地形和地质条件等。因此,在确定各单位工程的工期时,应根据具体情况对上述各种因素综合考虑后予以确定。一般可参考工期定额进行确定。工期定额是根据我国工程建设多年来的经验,经分析研究,采用平均先进的原则而制定的。

3. 确定各单位工程的开竣工时间及相互搭接关系

在施工部署中已经确定了工程的展开程序,但对每期工程中的每一个单位工程的开竣工时间和各单位工程间的搭接关系,需要在施工总进度计划中予以考虑确定。在解决这一问题

时,通常应主要考虑如下因素:

(1)同一时间进行的项目不宜过多,以免使人力和物力分散。

(2)辅助工程应先行施工一部分,这样既可为主要生产车间投产时使用,又可为施工服务,以节约临时设施费用。

(3)应使土建施工中的主要分部工程(如土方工程、混凝土工程、结构安装工程等)实行流水作业,达到均衡施工,以使在施工全过程中的劳力、施工机械和主要材料在供应上取得均衡。

(4)考虑季节影响,以减少施工附加费。一般说来,大规模的土方和深基础施工应避开雨季,寒冷地区入冬前尽量做好围护结构,以便冬季安排室内作业或设备安装工程等。

(5)安排一部分附属工程或零星项目作为后备项目,用以调节主要项目的施工进度。

4.绘制施工总进度计划表

施工总进度计划以表格形式表示。目前表格形式各地不一,可根据各单位的经验确定。一般格式如表 9 - 2 所示。

表 9 - 2 施工总进度计划表

序号	工程名称	建筑面积(m²)	结构形式	总劳动量(工日)	总进度计划																	
					20××年						20××年											
					三季度			四季度			一季度			二季度			三季度			四季度		
					七	八	九	十	十一	十二	一	二	三	四	五	六	七	八	九	十	十一	十二
1	铸钢车间		装配式钢筋混凝土																			
2	金工车间		装配式钢筋混凝土																			
⋮	⋮																					
n	单身宿舍		混合																			

由于施工总进度计划的主要作用是控制每个建筑物或构筑物工期的范围。因此,计划不宜过细,过细反而不利于调整。对于跨年度工程,通常第一年进度按月安排,第二年及以后各

年按月或季安排。

最后，为了使施工过程中各个时期的劳力及物资需要量尽可能地均衡，还需对个别单位工程的施工工期或开竣工时间进行调整。

9.2.4 资源需要量计划

施工总进度计划编制完成后，就可以它为依据编制下列各种资源需要量计划。

1. 劳动力需要量计划

劳动力需要量计划是组织劳动力进场和规划临时建筑所需要的。它是按照总进度计划中确定的各项工程主要工种工程量，查概（预）算定额或有关资料求出各项工程主要工种的劳动力需要量。将此数量按该项目工期均摊，即得该项目每单位时间的劳动力需要量，然后在总进度计划表上在纵方向将各工程项目同一工种的人数叠加起来，就可得到各工种的劳动力需要量计划。再将各项工程所需的主要工种的劳动力需要量汇总，即可得到整个建设项目的综合劳动力需要量计划。劳动力需要量计划表格形式如表 9-3 所示。

表 9-3 劳动力需求量计划表

序号	工程内容工种名称	工业建筑及全工地性工程							居住建筑		仓库加工厂等临时性建筑	20××年				20××年			
		工业建筑			道路	铁路	上下水道	电气工程	其他	永久性	临时性		一季度	二季度	三季度	四季度	一季度	二季度	三季度	四季度
		主厂房	辅助	附属																
1	砖工																			
2	钢筋工																			
3	木工																			
4	混凝土工																			
…	……																			

2. 构件、半成品及主要材料需要量计划

构件、半成品及主要材料的需要量计划，是组织建筑材料、预制加工品及半成品的加工、订货、运输和筹建仓库的依据，它是根据工程量查概算指标或类似工程的经验资料而求得的，然后再根据总进度计划，大致估算出各个时期内的需要量。其表格形式如表 9-4 所示。

表9-4　构建、半成品及主要材料需要量计划

序号	材料或预制加工品名称	规格	单位	需要量			需要量计划							
				合计	正式工程	大型临时设施	施工措施	20××年					20××年	20××年
								合计	一季度	二季度	三季度	四季度		

3. 施工机具需要量计划

根据施工部署和主要建筑物的施工方案、技术措施以及总进度计划的要求,即可提出所需的主要施工机具的数量及进场日期。辅助机械可根据概算指标求得。这样,可使所需机具按计划进场,该计划是计算施工用电、选择变压器容量等的依据。施工机具需要量计划如表9-5所示。

表9-5　施工机具需要量计划表

序号	机具名称	简要说明(型号、生产率等)	单位	电动机功率(kW)	20××年				20×× ×年	20×× ×年	备注
					一季度	二季度	三季度	四季度			
1											
2											
3											
4											

4. 施工准备进度计划

对于大型建设项目的施工,为了保证施工阶段的顺利进行,施工准备工作具有特殊的重要性,故有必要单独编制施工准备进度计划。施工准备进度计划表见表9-6。

表9-6　施工准备工作进度计划表

序号	施工准备工作项目	工程量		负责队	进度																								
		单位	数量		20××年												20××年												
					一月	二月	三月	四月	五月	六月	七月	八月	九月	十月	十一月	十二月	一月	二月	三月	四月	五月	六月	七月	八月	九月	十月	十一月	十二月

▶ 9.2.5　施工总平面图设计

施工总平面图是对拟建工程项目施工场地在空间上所做的总布置图。它是按照施工部署、施工总进度计划的要求对施工用运输道路、材料仓库、附属生产企业、临时建筑物、临时水、电管线等作出的合理安排。它是指导现场文明施工的重要依据。施工总平面图的比例一般为1∶1000 或 1∶2000。

1. 施工总平面图设计所依据的资料

(1)建筑总平面图:图中必须标明本建设项目的一切拟建及已有的建筑物、构筑物和建设场地的地形变化,以及已有的和拟建的地下管道位置。据此确定施工用仓库、加工厂、临时管线及运输道路的位置,解决工地排水问题。

(2)施工总进度计划及主要建筑物施工方案:从中了解各建设时期的情况及各工程项目的施工顺序,以便考虑是否利用后期施工的拟建工程场地。

(3)各种建筑材料、半成品、构件等的需要量计划、供应及运输方式、施工机械及运输工具的型号和数量。

(4)各种生产、生活用的临时设施一览表。

2. 施工总平面图的设计原则

(1)在保证施工顺利进行的条件下,尽量减少施工用地,以避免多占耕地,有利于施工场区布置紧凑。

(2)在保证运输方便的条件下,尽量降低运输费用。为降低运输费用,要合理地布置仓库、附属企业和起重运输设施,使仓库与附属企业尽量靠近使用地点。

(3)在满足施工要求的条件下,尽量降低临时建筑工程费用。为降低临时建筑工程费用,要尽量利用永久性建筑物和设施为施工服务。对于必须建造的临时建筑物,应尽量采用可拆卸式,以利多次使用,减少一次投资费用。

(4)要满足防火与技术安全的要求。各临建房屋应保证防火间距,易燃房屋和污染环境的作业地点应设在下风向。

(5)要便于工人的生产与生活。

3. 施工总平面图的内容

施工总平面图应包括以下内容:

(1)一切地上和地下已有的和拟建的建筑物、构筑物及其他设施的位置和尺寸。

(2)施工用地范围,取土、弃土位置,永久性和半永久性坐标位置。

(3)一切为全工地服务的临时设施的布置。其中包括:①运输道路、车库的位置;②各种加工厂、半成品制品站及有关机械化装置等;③各种材料、半成品及构配件的仓库和堆场;④行政、生活、文化福利用临时建筑等;⑤水、电管网位置,临时给排水系统和供电线路及供电动力设施。

(4)一切安全、防火设施。

4. 施工总平面图的设计步骤与方法

(1)运输路线的布置。主要材料进入工地的方式一般为铁路、公路和水路。当由铁路运输时,则根据建筑总平面图中永久性铁路专用线布置主要运输干线,而且考虑提前修筑以便为施工服务,引入时应注意铁路的转弯半径和竖向设计。当由水路运输时,应考虑码头的吞吐能力,码头数量一般不少于两个,码头宽度应大于2.5m。当由公路运输时,则应先布置场内仓库和附属企业,然后再布置场内外交通道路,因为汽车线路布置比较灵活。

关于公路运输的规划应先抓干线的修建,布置道路时,应注意下列问题:

①注意临时道路与地下管网的施工程序及其合理布置。将永久性道路的路基先修好,作为施工中临时道路使用以节约费用。另外当地下管网图纸尚未下达时,应将临时道路尽量布置在无管网地区或扩建工程范围内。

②注意保证运输畅通。工地应布置两个以上出入口。场内干线采用环形布置。主要道路用双车道,宽度不小于6m,次要道路可用单车道,宽度不小于3.5m,每隔一定距离设会车或调头回车的地方。

③注意施工机械行驶线路的设置。为了保护道路干线的路面不受损坏,可在道路干线路肩上设置宽约4m的施工机械行驶路线,长度为从机械停放场到施工现场必经的一段线路。土方机械运土另指定专门线路。

此外,应及时疏通路边沟渠,尽量利用自然地形排水。

④公路路面结构的选择。根据经验,场外与省、市公路相连的干线,可以一开始就建成混凝土路面,因为两旁多属住宅工程,管网较少。同时也由于按照城市规划来建筑,变动不大。而场区内道路,在施工期间应选择碎石级配路面。因为场区内外的管网和电缆、地沟较多,即使有计划的、密切配合的施工,在个别地方路面也难免不遭破坏,采用碎石级路面则修补比较方便。

(2)仓库的布置。材料若由铁路运入工地,仓库可沿铁路线布置,但应有足够的卸货前线;否则,宜建造转运站。

材料若由汽车运入时,仓库布置较灵活,此时应考虑尽量利用永久性仓库;仓库位置距各使用地点比较适中,以便运输吨公里尽可能小;仓库应位于平坦、宽敞、交通方便之处,且应遵守安全技术和防火规定。

一般材料仓库应邻近公路和施工地区布置;钢筋、木材仓库应布置在其加工厂附近;水泥库、砂石堆场则布置在搅拌站附近,油库、电石库、危险品、易燃品库宜布置在僻静、安全之处;大型工业企业的主要设备仓库或堆场一般应与建筑材料仓库分开设立,笨重的设备应尽量放在车间附近。

(3)加工厂的布置。加工厂布置时主要考虑原料运到加工厂和成品、半成品又运往需要地点的总运输费用最小,同时考虑到加工厂应有较好的工作条件,其生产与建筑施工互不干扰。此外,还需考虑今后的扩建和发展。一般情况下把加工厂集中布置在工地边缘。

现按加工厂种类对加工厂的布置分述如下:

①混凝土搅拌站和砂浆搅拌站:混凝土搅拌站可采用集中与分散相结合的方式。集中布置可以提高搅拌站机械化、自动化程度,从而节约劳动力,保证重点工程和大型建筑物、构筑物的施工需要。同时由于管理专业化,且混凝土质量有保证。但集中布置也有其不足之处,如运距较远,必须备有足够的翻斗车,在灌注地点要增设卸料台,有时还要进行二次搅拌。此外,大型工地的建筑物和构筑物的类型多,混凝土品种的标号也多,要在同一时间内,同时供应多种标号的混凝土较难调度。因此,最好采取集中与分散相结合的布置方式。

根据建设工程分布的情况,适当地设计若干个临时搅拌站,使其与集中搅拌站有机结合。

而集中搅拌站也应设几台较小型的搅拌机,这样,不仅能充分满足单一标号的大量的混凝土供应,同时也能适当地搅拌零星的多标号的混凝土,以满足各方面的需要。

集中搅拌站的位置,应尽量靠近混凝土需要量最大的工程,以减少运输费用。

砂浆搅拌站以分散布置为宜,随拌随用。在工业建筑工地一般砌筑工程量和抹灰工程量不大,如果集中搅拌砂浆,不仅出现搅拌站的工作不饱满,不能连续生产,而且还会增加运输费用。

②钢筋加工厂:对需要进行冷加工、对焊、点焊的钢筋骨架和大片钢筋网,宜设置中心加工厂集中加工,这样,可充分发挥加工设备的效能,满足全工地需要,保证加工质量,降低加工成本。而小型加工件、小批量生产和利用简单机具成型的钢筋加工,则可在分散的临时钢筋加工棚内进行。

③木材联合加工厂:锯材、标准门窗、标准模板等加工量较大时,设置集中的木材联合加工厂比较好,这样,设备集中,便于实现生产的机械化、自动化,从而节约劳动力,同时残料锯屑可以综合利用,可以节约木材、降低成本。至于非标准件的加工及模板修理等工作,则最好是在工地设置若干个临时作业棚。若建设区域有河流时,联合加工厂最好靠近码头,因原木多用水运,直接运到工地,可减少二次搬运,节省时间与运输费用。

(4)临时房屋的布置。临时房屋按用途可划分为以下几种:

①行政管理和辅助生产用房:包括办公室、警卫室、消防站、汽车库以及修理车间。

②居住用房:包括职工宿舍、招待所等。

③文化福利用房:包括浴室、理发室、文化活动室、开水房、小卖部、食堂、邮电所及储蓄所等。

临时房屋的布置应尽量利用已有的和拟建的永久性房屋,生活区与生产区应分开。建设年限较长的大型建筑工地,一般应设置永久性或半永久性的职工生活基地;行政管理用房布置在工地进出口附近,便利对外联系;文化福利用房布置在工人较集中的地方。布置时还应注意尽量缩短工人上下班的路程,并应符合劳保卫生条件。

(5)工地供水管网布置。工地上临时供水包括生产用水、生活用水及消防用水,水源应尽量利用永久性给水系统,当不具备条件时,则考虑开设新的水源。临时供水管网的布置方式通常有环状、枝状和混合式三种,如图9-2所示。一般常采用枝状式布置。因为这种布置方式的优点是所需给水管的总长度最小。但缺点是管网中一点发生故障时,则该点之后的线路就会有断水的危险。从连续供水的角度来看,最为可靠的方式是环状式布置。但这种方式的缺点是所需铺设的给水管道最长。混合式布置是总管采用环状,支管采用枝状,这样做对主要供水地点可保证连续供水,而且又可减少给水管网的铺设长度。

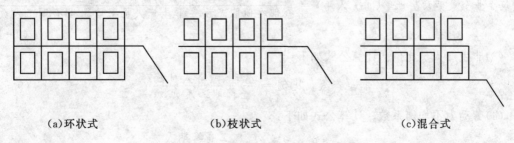

　　　(a)环状式　　　　　　　(b)枝状式　　　　　　　(c)混合式

图9-2　各种布置形式的临时给水管网

布置临时给水管网注意的事项如下：

①尽量利用永久性给水管网。

②临时管网的布置应与场地平整，道路修筑统一考虑。布置时还应注意避开永久性生产下水管道和电缆沟等位置，以免布置不当，造成返工浪费。

③在保证供水的情况下，尽量使铺设的管道总长度最短。

④过冬的临时给水管道要埋在冰冻线以下或采取保温措施。

⑤临时给水管网的铺设，可采用明管或暗管，一般以暗管为宜。

⑥临时水池、水塔应设在地势较高处。

⑦消防检沿道路布置，其间距不大于120m，距拟建房屋不小于5m，也不应大于25m，距路边不大于2m。

(6)工地供电设施的布置。关于电源，尽量利用施工现场附近原有的高压线路或发电站及变电所。如果在新辟的地区施工，或者距现有电源较远或能力不足时，就需考虑临时供电设施。

临时供电线路的布置方式与给水管网相似，分环状、枝状和混合状三种。一般布置时，高压线路多采用环状布置，低压线路多采用枝状布置。

布置临时供电线路时应注意以下几点：

①尽量利用永久性供电线路。

②临时总变电站应设在高压线进入工地处，避免高压线穿过工地。

③临时电站应设在人少安全处，或靠近主要用电区域。

④供电线路应尽量布置在道路的一侧。但应尽量避免与其他管线设在道路的同一侧，也不要影响施工机械的装卸及运转。

⑤临时供电线路的布置应不妨碍料堆及临建场地的使用。

▶ 9.2.6 技术经济指标

施工组织总设计的技术经济指标，应反映出设计方案的技术水平和经济性。一般常采用的指标有以下几种：

(1)施工工期。施工工期是根据施工总进度计划的安排从建设项目开工到全部竣工投产使用共需多少个月。

(2)全员劳动生产率。计算公式如下：

$$\text{建筑企业全员劳动生产率(元 / 人年)} = \frac{\text{每年自行完成的建筑安装施工产值}}{\text{全部在册职工数} - \text{非生产人员平均数} + \text{合同工人数}} \qquad (9-1)$$

(3)非生产人员比例。计算公式如下：

$$\text{非生产人员比例} = \frac{\text{管理、服务人员数}}{\text{全部职工人员数}} \qquad (9-2)$$

(4)劳动力不均衡系数。计算公式如下：

$$\text{劳动力不均衡系数} = \frac{\text{施工高峰期人数}}{\text{施工期平均人数}} \qquad (9-3)$$

(5)临时工程费用比。计算公式如下：

$$临时工程费用比 = \frac{全部临时工程费}{建筑安装工程总值} \tag{9-4}$$

(6)综合机械化程度。计算公式如下:

$$综合机械化程度 = \frac{机械化施工完成的工作量}{总工作量} \times 100\% \tag{9-5}$$

(7)工厂化程度(房建部分)。计算公式如下:

$$工厂化程度 = \frac{预制加工厂完成的工作量}{总工作量} \times 100\% \tag{9-6}$$

(8)装配化程度。计算公式如下:

$$装配化程度 = \frac{用装配化施工的房屋面积}{施工的全部房屋面积} \times 100\% \tag{9-7}$$

(9)施工场地利用系数(K)。计算公式如下:

$$K = \frac{\sum F_6 + \sum F_7 + \sum F_4 + \sum F_3}{F} \times 100\% \tag{9-8}$$

$$F = F_1 + F_2 + \sum F_3 + \sum F_4 - \sum F_5$$

式中:F_1—— 永久厂区围墙内的施工用地面积;

F_2—— 厂区外施工用地面积;

F_3—— 永久厂区围墙内施工区域外的零星用地面积;

F_4—— 施工区域外的铁路、公路占地面积;

F_5—— 施工区域内应扣除的非施工用地和建筑物面积;

F_6—— 施工场地有效面积;

F_7—— 施工区内利用永久性建筑物的占地面积。

9.3 单位工程施工组织设计

单位工程施工组织设计是为单项工程(单个建筑物、构筑物)的施工而编制的直接指导施工的技术经济文件。一般由承包单位编制。

单项工程按专业划分后通常称为单位工程。本书主要讲授土建专业单位工程施工组织设计,一般应包括如下内容:

(1)工程概况及施工条件;

(2)施工方案;

(3)施工进度计划;

(4)劳动力及主要物资资源需要量计划;

(5)施工平面图;

(6)技术组织措施及保证质量和安全措施;

(7)主要技术经济指标。

上述内容的排列次序,通常也是编制顺序。编制的依据如下:

(1)工程合同文件(在招投标阶段编制时则为招标文件);

(2)施工图纸及所需标准图;

(3)施工图预算文件；

(4)施工组织总设计对该单项工程规定的有关内容和要求；

(5)工程地质勘察报告及地区自然、技术经济调查资料；

(6)国家或地区的有关定额、标准、规范、图表格式等。

▷ 9.3.1 施工方案的选择

合理地选择施工方案是单位工程施工组织设计的核心。它包括确定施工流向、施工总顺序和主要分部工程的施工方法、施工机械及施工段的划分及流水施工安排。

1.熟悉、审查施工图纸

为了做好施工方案的选择工作,在此之前,必须仔细认真地熟悉和审查施工图纸,这是明确工程内容、掌握工程特点的重要环节。熟悉、审查施工图纸时应做到以下几点：

(1)核对设计图纸是否符合当前政府的有关规定；

(2)核对设计计算的假定和采用的处理方法是否符合实际情况,对工程质量和安全施工有无影响；

(3)核对设计是否符合所提施工条件；

(4)核对图纸和说明有无矛盾；

(5)核对主要尺寸、位置、标高有无错误,各专业图纸相互有无矛盾；

(6)核对土建与设备安装图纸有无矛盾,施工时能否交叉衔接；

(7)设计有无特殊材料要求,对品种、规格、数量能否解决；

(8)根据生产工艺和使用上的特点,对建筑安装施工有哪些技术要求,能否满足这些要求；

(9)通过熟悉图纸确定与单位工程施工有关的准备工作项目。

在充分熟悉图纸以后,对施工任务也就明确了,随之便可结合施工条件和施工现场的水文、地质、气象资料等进行施工方案的确定工作。

2.确定施工总流向

施工总流向是解决拟建工程在空间上的合理施工顺序问题。对单层建筑物应分区、分段地确定出在平面上的施工流向,对多层建筑物除了确定每层在平面上的施工流向外,还需确定竖向上的施工流向。

确定施工总流向时,应考虑的问题是：

(1)建设单位的生产或使用要求。急于试车投产的工段或先行营业使用的部位,应先施工。

(2)从建筑结构特征看,一般情况下,施工技术复杂、地下工程又深、设备安装多的区段应先施工,多层建筑应从层数多的区段开始(如图9-3所示)等。

(3)施工技术和施工组织上的要求。例如采用开放式施工的区段应先施工；厂房结构安装应与构件运输方向相向而行；某些结构现浇混凝土的施工缝要求留设在一定位置,必须按一定的流向进行施工等。

3.确定施工总顺序

单个建筑物的施工总顺序一般是："先地下,后地上""先主体,后围护""先结构,后装修""先土建,后设备安装"。但是,对于单层工业厂房来说,还有一个采取"开放式"施工还是采用

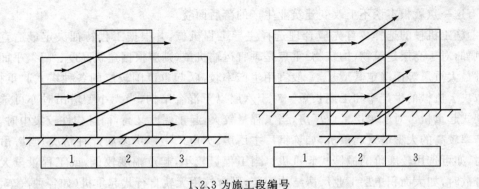

1、2、3 为施工段编号

图 9 - 3　多层建筑施工总流向

"封闭式"施工问题。

所谓"开放式"施工,是指厂房的设备基础施工先于厂房的主体结构施工。"封闭式"施工则相反,是指先施工主体结构,后施工设备基础。至于采用哪种方式,要根据工程本身情况和地质条件等来决定。

例如,当厂房的设备基础与柱基础紧密毗连或设备基础埋设深度深于柱基础时,宜采用"开放式"施工,即先做设备基础(与柱基础同时施工或先于柱基础),后建厂房结构。其优点是:土方工程施工场地开阔,便于大量土方工程采用机械化施工;可提前为设备安装提供工作面;不会因设备基础的施工影响厂房结构的稳定性。其缺点恰是"封闭式"施工的优点。

当厂房地下结构不属上述情况,一般宜采用"封闭式"施工。其优点是:构件的预制、拼装和排放场地宽阔;便于选择起重机和确定其开行路线,可利用厂房内桥式吊车为设备基础施工服务;室内工程不受气候影响及减少防雨设施费用等。其缺点正是"开放式"的优点。

4. 主要分部工程的施工方案

首先应考虑采用国家或地区政府批准的工法,不具备条件时则要合理地选择施工方法和相应的施工机械。

施工方法和施工机械的选择是紧密相关的,主要根据建筑结构特征、工程量大小、工期长短、机械设备供应条件、现场水文地质情况及环境因素等确定。例如,基础工程的土方开挖,当工程量较大或工期紧迫时,可采用机械化开挖方案,而机械化施工又可根据土壤性质和开挖深度等采用不同施工方法和相应型号的开挖机械,当工程量较小或工期宽松时,可采用人工开挖方案,但也需配备小型机械。不论哪种开挖方案,当地下水位较高时,都有需要降低地下水位而采用相应降水措施问题。

(1)施工方法的选择。应着重考虑影响整个工程施工的主要分部工程的施工方法。例如,在多层建筑施工中,重点应选择土方工程及主体结构工程的施工方法,由于其结构形式不同,其施工方法又有所差异,不论哪种方法,其垂直运输机械的选择都是重要问题,对于大型公共建筑的装修工程,亦应详细确定其施工方法和技术组织措施,以保证施工质量。而在单层工业厂房施工中,重点应选择土方工程、基础工程、构件预制及结构安装工程等的施工方法;对于按常规工艺施工和工人已很熟悉的分部工程施工方法则不必详细拟定,只要提出应该注意的一些问题就行了。

机械化施工是实现建筑工业化的基础,无论在加工厂生产还是在现场施工,都要力求机械化,没有这一点就根本谈不上改变建筑业生产的落后面貌。

(2)施工机械的选择。首先应合理选择主导工程机械,并根据工程特征决定最适宜的类型。例如,对于高层建筑物(构筑物)重点是垂直运输机械,则应根据建筑高度、外形、平面尺寸和构件最大重量等而确定其型号,一般宜用生产率较高、起重范围较广的各种塔式起重机,其数量取决于机械的生产率和工期长短。对于六层以下混合结构,当无小型塔吊时亦可选用几台井架式起重机。对于单层工业厂房,当工程量较大,起重幅度又高,而且构件较集中时,宜采用生产率较高的大型塔式起重机,如炼钢厂主厂房、火电厂主厂房多属此种情况,当塔吊供应不足时,亦可选用较廉价的桅杆式起重机。当工程量较小,起重幅度较低,或工程量虽大但却相当分散时,如大面积单层工业厂房结构安装,则宜选用无轨自行式起重机(如各种汽车、履带式起重机)。

在一个工地上,应力求施工机械的型号少些,同时还应考虑充分发挥施工单位现有机械设备的能力。如果必须增加机械设备,则尽量以租赁方式解决,或购置多用途的机械,即一种机械能适用于不同工程对象和不同分部工程施工的需要。

为充分发挥主导机械的效率,与其配套的辅助机械运输工具的生产能力应与主导机械相匹配。

(3)施工方案的技术经济比较。施工方案的技术经济比较是一个十分复杂的问题,不仅涉及的因素多,而且难以确定一个统一的标准。一般情况下,只对某些分部工程施工进行方案比较,在特别需要时才对整个工程项目的施工方案进行全面的分析比较。

在方案比较前,首先拟订几个技术上可能、经济上合理、施工质量和安全能得到保证的施工方案。然后进行技术经济比较,从中选择各项指标均较好的方案。

技术经济比较有定性分析和定量分析两个方面。定性分析一般是指技术上是否先进,经济上是否合理,复杂程度如何;劳动力和设备上有无困难,是否充分发挥现有机械设备的作用;能否保证工程质量;是否有利于文明施工和确保安全生产等内容。而定量分析一般是从各个方案的工期指标、成本指标和劳动力消耗指标三方面进行。一般把工期指标放在首位,工期短或提前竣工投产,则能尽快发挥建设投资效果,产生较好的经济效益。其次是劳动量指标和工程成本指标,劳动量指标反映了施工的机械化程度与劳动力生产率水平,方案中如果劳动量较少,机械化程度与劳动生产率高,意味着笨重体力劳动的减轻和人力的节省,同时也使人工费和间接费开支减少。

成本指标是对各方案所产生的全部直接费和间接费进行计算,从而进行对比。

现举例说明如下:

【例 9 - 1】 欲开挖某高层建筑的基础基坑,其平面尺寸为 $40m \times 60m$,深为 $2m$,考虑到放坡因素工程量为 $4900m^3$。土壤等级为 2 级,挖出的土需用汽车运走,根据现有机械设备条件,可采用以下三种施工方案。

方案一:采用 WY_{100} 型正铲挖土机。

方案二:采用 WY_{60} 型反铲挖土机。

以上两方案中开挖之土方均直接装入汽车运走。

方案三:采用人工开挖,并用皮带运输机通过料斗装入汽车运走。

1.方案一:WY_{100} 型正铲挖土机开挖方案

使用正铲开挖基坑时,需预先开挖一条斜道,以便正铲挖土机及汽车进出。本例斜道土方量为 100m³。WY₁₀₀ 型正铲挖土机台班生产率为 540m³。台班租赁费为 429.5 元,挖土机工作需有 2 名普工配合。斜道回填土所需劳动量为 20 工日,基坑修整需劳动量 18 工日,均用普工进行。

(1)工期指标(T)。

$$T = \frac{4900 + 100}{540} + 1 = 10.26(班)(取用 10 班)$$

所增加的一个班为回填斜道时间。

(2)成本指标(C)。

$$C = 直接费 \times (1 + 综合费率) \qquad (9-9)$$

基坑开挖直接费为:$9 \times 429.5 + (2 \times 9 + 20 + 18) \times 6 = 4201.5(元)$

考虑间接费和其他直接费后 C 为:

$$C = 4201.5 \times (1 + 31\%) = 5503.97(元)$$

因三个方案中其土方均用汽车运走,故运输费不计入成本比较。

(3)劳动量指标(Q)。

$$Q = 2 \times 9 + (2 \times 9 + 20 + 18) = 74(工日)$$

2. 方案二:WY₆₀ 型反铲挖土机开挖方案

用反铲开挖基坑不需开挖斜道。WY₆₀ 型挖土机台班生产率为 400m³,台班租赁费为222.72 元。挖土机工作需有 2 名普工配合,基坑修整所需劳动量为 18 工日。

(1)工期指标(T)。

$$T = \frac{4900}{400} = 12.25(班)(取用 12 班)$$

(2)成本指标(C)。

基坑开挖直接费为:$12 \times 222.72 + (2 \times 12 + 18) \times 6 = 2924.64(元)$

考虑间接费和其他直接费后 C 为:

$$C = 2924.64 \times (1 + 31\%) = 3831.28(元)$$

(3)劳动量指标(Q)。

$$Q = 2 \times 12 + 2 \times 12 + 18 = 66(工日)$$

3. 方案三:人工开挖方案

人工开挖的时间定额为 0.162(工日/m³),故需劳动量(Q)为

$$Q = 4900 \times 0.162 = 793.8(工日)$$

(1)工期指标(T)。

为便于比较,$T = 12$ 班。

由所需劳动量可知,每班需完成 66(工日)。现组成三个工作队,每队 22 人,配备皮带运输机一台及装料器两个。已知其台班费为 39.39 元。

(2)成本指标(C)。

基坑开挖直接费为:

$$12 \times 3 \times 39.39 + 12 \times 66 \times 6 = 6170.04(元)$$

考虑间接费和其他直接费后 C 为:

$$C = 6170.04 \times (1 + 31\%) = 8082.75(元)$$

(3)劳动指标(Q)。

$$Q=66\times12+3\times12=828(\text{工日})$$

上述三个方案的技术经济指标汇总见表9-7。

表9-7　基坑开挖不同方案的技术经济比较表

开挖方案	工期指标 T(班)	成本指标 C(元)		劳动量指标 Q(工日)
		直接费	总费用	
WY$_{100}$型正铲开挖	10	4201.5	5503.97	74
WY$_{60}$型反铲开挖	12	2924.64	3831.28	66
人工开挖	12	6170.04	8082.75	828

从表9-7中各指标数值可以明显看出,WY$_{60}$型反铲井挖方案除工期指标略高于WY$_{100}$型正铲开挖方案外,其他指标均较优,综合分析比较应采用方案二。

9.3.2　施工进度计划的编制

1.概述

施工进度计划是在既定施工方案的基础上,根据施工工艺的合理性,对整个建筑物、构筑物各个分部分项工程的施工顺序及其开始与结束时所作出的具体日程安排。它的作用是控制工程进度和工程竣工期限,以便在规定的工期内完成质量合格的建筑产品。

单位工程施工进度计划通常用图表表示。它可采用两种形式的图表,即横道图或网络图,本节主要阐述横道图表形式(见表9-8)。

表9-8　单位工程施工进度计划图表

序号	分部分项工程名称	工程量		采用定额	需要劳动量及机械台班数	每天工人人数	工作天数	施工进度(天)													
		单位	数量					×　月													
								1	2	3	4	5	6	7	8	9	10	11	…	…	…
1																					
2																					
3																					
4																					

由表9-8可以看出,该表由两部分组成,左边部分为分部分项工程的名称及其工程量、所采用定额(产量定额或时间定额)、需要劳动量及机械台班数、每天(班)工人人数、工作天(班)数等计算数据;右边部分是根据左边部分之数据而设计出来的进度指示图表,它用横线条形象地表现出了各分部分项工程的施工进程,综合地反映了它们之间的施工顺序关系。在一般情况下,每格代表1天或2天,当工期较长时,每格可代表5天或1周等。

2. 施工进度计划的编制步骤

(1)划分工序项目。

一个单位工程有数个分部工程,每一分部工程又可划分出许多分项工程(工序),要在详细熟悉施工图纸的基础上逐项列出,防止漏项。

①施工进度计划图中一般只包括直接在施工现场完成的工序,而不包括成品、半成品的制作和运输工作。但是,钢筋混凝土构件现场预制需占用工期,构件运输需与结构安装紧密配合,也须列入。

②划分分部分项工程时要考虑建筑结构特点、施工方法和劳动组织等因素。例如,砖混结构的主体工程,可划分为砌砖墙(含立门窗框);绑扎构造柱钢筋;支设柱模板;浇筑柱混凝土;支设梁(含圈梁)、板模板;浇筑梁、板混凝土;安装预制板;楼板灌缝;捣制楼梯等分项工程。其中捣制楼梯是由支模、绑扎钢筋、浇筑混凝土三个工序合并而成。安装门窗过梁可并入砌墙工程,防潮层可并入基础工程。

再如装配式单层工业厂房的结构安装,如果是采用分件安装法,则工序应按照构件(柱、基础梁、吊车梁、屋架和屋面板)来划分。如果是采用综合安装法,则工序应按照节间来划分。

一般情况下,凡是在同一时期由同一工作队(组)完成的工序可以合并在一起,否则就应当分开。

对于零星工作如预埋件、混凝土质量补救、堵脚手眼等,可合并为"其他工程"一项,这样,可简化进度计划的内容,突出重点。

③工程项目划分的粗细程度取决于需要。例如,编制控制性施工进度计划时,项目可分得粗一些,一般只列出分部工程名称即可。如装配式单层厂房,只列出土方工程、基础工程、预制工程、结构安装工程等各分部工程项目。编制实施性施工进度计划时,项目可分得细一些,尤其是主要分部工程,其分项应详细列出,如上述预制工程,可分为柱预制、屋架预制等项目,而各种预制构件又可分为支模板、扎钢筋、浇筑混凝土、养护和拆模板等项。这样便于掌握施工进度的详细情况。

④项目还应包括水电暖卫工程和设备安装工程,但因它是别的专业性队伍负责施工,故在土建工程施工进度计划中,只反映出这些工程和一般土建工程如何协调配合即可。而专业性队伍应根据单位工程进度计划规定的开竣工时间和工期等另行编制专业工程的施工进度计划。

(2)工程量计算。

通常任何一个工序都有相应的工程量。如挖土若干立方米,砌砖墙若干立方米,墙面抹灰若干平方米等。这些工程量应该根据施工图和建筑工程工程量计算规则来计算。工程量计算是一项比较繁重而又细致的工作,应按照一定的顺序和格式进行。当编制施工进度计划时如已有预算文件,亦可直接利用预算工程量而不必重新计算,但须注意某些项目由于施工方法的不同和实际工程量不尽一致,此时要作必要调整。如柱基工程量,采用单个基坑开挖和采用连成一条基槽开挖两种方法工程量显然不同。

计算工程量时应注意以下问题:

①各工序的计量单位应与现行劳动定额手册中的单位一致,以免计算劳动量、材料和机械数量时再进行单位换算。

②要考虑所采用的施工方法和安全技术的要求来计算工程量。例如土方开挖时要根据不

同施工方法和岩石的等级以及边坡的稳定性等,而采用不同的边坡坡度。

③要结合施工组织要求,分层分段地计算工程量,以便组织流水作业。

(3)计算所需劳动量及机械台班数。

首先要确定采用的定额。定额应以国家或地区颁布的统一劳动定额为准。但还应考虑本企业的实际生产率水平,并结合本工程的其体施工条件作适当调整。在确定之前,要进行调查研究,了解工人完成定额情况,尽量使所采用的定额与现场的实际劳动生产率相符合。在定额手册中查不到的项目,如新技术或特殊施工方法,可参考类似项目的定额或实验资料等,通过技术民主的方法确定采用定额。

当某工序是由若干个工序合并而成时,则应分别根据各工序的产量定额及工程量,计算出合并后的综合产量定额($\overline{S}$)。

例如,门窗油漆工序由木门油漆及钢窗油漆两项合并而成,计算综合定额的方法如下:

$$\begin{cases} \text{木门面积 } Q_1 = 296.29 \text{ m}^2 \\ \text{钢窗面积 } Q_2 = 463.92 \text{ m}^2 \end{cases}$$

木门油漆的产量定额:$S_1 = 8.22 \text{ m}^2/\text{工日}$

钢窗油漆的产量定额:$S_2 = 11.0 \text{ m}^2/\text{工日}$

综合产量定额:

$$\overline{S} = \frac{296.29 + 463.92}{\dfrac{296.29}{8.22} + \dfrac{463.92}{11}} = 9.74 \text{ m}^2/\text{工日}$$

根据各工序所采用定额的工程量,可以很容易地计算出各工序所需劳动量和机械台班数。

各工序所采用的定额可以用时间定额(工日或台班/单位产品),也可以用产量定额(产品数量/工日或台班)。于是劳动量和机械台班数用下式求得:

$$\text{劳动量}(P) = \frac{\text{工程量}(Q)}{\text{产量定额}(S)} = \text{工程量}(Q) \times \text{时间定额}(H) \tag{9-10}$$

$$\text{机械台班数}(m) = \frac{\text{工程量}(Q)}{\text{机械产量定额}(S)} = \text{工程量}(Q) \times \text{机械时间定额}(H) \tag{9-11}$$

"其他工程"项目的劳动量,等于各零星工作所需劳动量之和,或者结合实际情况和施工单位情况估算确定。

水电暖卫和设备安装等项目,由专业性工程队(公司)施工,因此,在编制进度计划时不计算其劳动量,仅安排与土建施工相配合的开、竣工时间及工期。

各工序的劳动量和机械台班数确定之后,进而即可确定每天工人人数和工作天数。

在确定工作天数时,经常要遇到工作班制的问题,采用二班制或三班制时,可以大大加快施工进度,并能使施工机械得到充分利用,但是也会引起技术措施、工人福利和施工照明等费用的增加,因此,非所必须,一般不采用二班或三班制。只有那些使用大型机械的工序,为了充分发挥机械能力,才有必要采用二班制施工;或者由于施工工艺要求,施工必须连续不断的,例如浇筑混凝土,通常也要采用二班制或三班制。另外,有时某些主要工序,由于工作面的限制,工人人数不能过多增加,但工期紧迫,如果采用一班制,施工进度不能满足工期要求,或经工期一成本(资源)优化,其工序宜采用二班制时,亦可考虑采用二班制。

(4)确定施工顺序,组织各工程阶段的流水作业。

①划分工程阶段。为了容易地设计出单位工程施工进度计划图表,应首先编制出各工程

阶段的施工进度图表,故要划分工程阶段。

将在施工工艺上和施工组织上有紧密联系的项目归并为一个工程阶段,在该阶段内各工序的施工在时间上和空间上便于组织流水作业,并能相互协调和最大限度地实现平行搭接。各工程阶段之间有明显界限的,通常不能平行进行而可有少量时间的搭接。

一般民用建筑可分为三个工程阶段,即基础工程、主体结构工程及装修工程三个阶段。

一般单层工业厂房可分为土方工程、钢筋混凝土基础工程(当土方量不大时,二者可合并为一个基础工程阶段)、构件预制工程、结构安装工程、围护与装修工程、设备安装工程、试生产等工程阶段。

可以看出,上述工程阶段和各类建筑的分部工程基本上相一致,只不过赋予了时间的内涵。

无论民用建筑或工业建筑,都需要有施工准备阶段。它包括拆除障碍物、平整场地、铺设临时供水排水管网和供电通信线路、修建临时性及部分永久性道路、修建部分临时房屋等。

②确定各工程阶段内各工序的施工顺序。

A.多层民用建筑。

a.基础工程阶段。该阶段是指室内地坪(±0.00)以下各工序项目。首先应考虑地下墓穴、障碍物和软弱地基处理,如无此类问题,其施工顺序一般是先开挖基槽(基坑),然后做垫层和砌砖基础(有时在砖基础上捣制混凝土地梁),最后回填土。当采用灰土井基础时,则在浇筑井盖混凝土后接着做钢筋混凝土地梁,然后回填土。基槽(坑)回填土一般在砌砖基础或墙梁完工之后,一次分层夯实填完,一则可避免基础被雨水浸泡;二则可以为后继工序施工创造良好条件,现场整齐有序。房心回填土最好与基槽回填土同时进行,但要注意水电暖卫工程的管沟砌筑和埋设标高,当然亦可留在装修工程之前完成。但对多层钢筋混凝土框架结构,房心回填土宜尽早进行,以便有平坦牢靠的地面支撑框架梁板的模板。

b.主体工程阶段。对于砖混结构,在该阶段一般是按砌砖墙、柱梁板等现浇混凝土工程、安装预制楼板及灌缝等工序依次施工。安门窗框和预制过梁可并入砌砖墙工序。当为预制楼梯时,其安装应与砌砖墙紧密配合,当为现浇钢筋混凝土楼梯时,则应与楼层施工紧密配合,以免由于其混凝土养护时间过长而影响后继工序不能按时开工。在该阶段,砌墙和安装楼板是主导工序。所谓主导工序是指使用主要机械且需要劳动量大、技术上较复杂的工序,应使其连续施工。

对于框架结构,其施工顺序一般为扎柱钢筋、支柱模板、浇筑柱混凝土、支梁和楼板模板、扎梁和楼板钢筋、浇筑梁和楼板混凝土。其主导工序是支模板。砌砖墙则在框架柱梁板完工后进行,或在梁柱拆模后提前插入。

c.装修工程阶段。该阶段包括室内外装修和屋面工程。

屋面工程的施工,总是按构造层由下而上依次施工,需要注意的是必须满足层间技术间歇的要求,常见的施工顺序是铺保温层、抹找平层、刷冷底子油、铺卷材防水层。但须注意,在此之前应做好屋面上的女儿墙、烟囱、水箱房等。

室内装修工程主要有顶棚和墙面抹灰简称顶墙抹灰、粉地面、安装门窗扇、油漆玻璃和喷白等工序。在该阶段顶墙抹灰是主导工序,应保证其工人队(组)的连续施工。

当室内装修施工流向是由上而下时,如图9-4(a)所示,顶墙抹灰和粉地面在施工顺序上谁先谁后则各有利弊。为了防止施工用水的渗漏而影响抹灰质量,可以先粉地面再做顶墙抹灰,优点是:可以保证抹灰质量、有利于收集落地灰以节约材料,也有利于地面与楼板的黏结,但抹灰时脚手架容易损坏已粉好的地面是其缺点。若先做顶墙抹灰后粉地面,施工用水的渗漏会对抹灰质量有影响。同时。粉地面前必须认真清除落地灰和渣子,以利地面与楼板的黏结,但地面不易受到破坏是其优点。

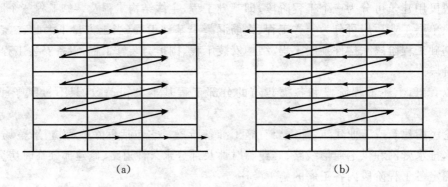

图 9-4　室内装修施工流向

当室内装修施工流向是由下而上时,如图 9-4(b)所示,一般是先粉上层地面,然后再做顶墙抹灰,优缺点同上。

楼梯间抹灰和踏步抹面问题,因为它是施工时期主要通道,通常在整个内装修工作完工前自上而下进行。门窗扇的安装通常在抹灰后进行,而北方寒冬季节则相反。踢脚线应在墙面抹灰后室内喷白前进行。墙面抹灰必须干燥后方可喷白。

室外装修一般在女儿墙完工后由上而下进行。

水电暖卫应与土建施工密切配合。在基础工程施工时,最好能将相应的上下水管沟和暖气管沟做好,不具备施工条件时要注意预留位置;在主体结构施工时,应在砌墙或现浇钢筋混凝土构件内预留出上下水管和暖气的孔洞、电线沟槽、预埋件等;在装修工程施工前,则应安装完相应的各种管道和电气照明的墙内暗管和接线盒等,明线及设备安装可在抹灰后进行。

B. 装配式单层工业厂房。

a. 基础工程阶段。首先要确定采用"开放式"或"封闭式"施工的问题。它和厂房内设备基础的大小及深度有关,当其深度大于厂房柱基础而且相毗邻时,或土方工程量相当大,为了土方机械化施工的方便,也考虑到设备基础后施工会对柱基础稳定性造成不良影响,故采用"开放式"施工方案。不属此种情况时,一般多采用"封闭式"施工方案,它具有更多优点。该阶段的施工顺序一般为:基坑开挖(土方工程)→混凝土垫层→基础的支模板→扎钢筋→浇筑混凝土→养护拆模→回填土等。各工序可以搭接,但要满足混凝土养护所需要的技术间歇时间。回填土宜在拆模后立即进行,一则防止地基浸水,二则可为预制构件创造条件。施工流向应和总流向一致。

b. 预制工程阶段。构件的预制方式有加工厂预制、现场场外预制和现场场内预制等方式。各类不同的构件采用何种预制方式应遵守以下原则:

大型和不便运输的构件,如较重的钢筋混凝土柱、屋架等,宜在现场场内预制;中小型构件,如预应力钢筋混凝土吊车梁等,可在加工厂预制。

标准构件,如大型屋面板等,应在加工厂预制;种类和规格繁多的异形构件可在施工现场场外设置小型加工厂预制。

技术要求较高的构件,如钢结构构件和某些预应力钢筋混凝土构件等应在加工厂预制;当构件重量过大,运输不便时,可在现场场内分段预制,亦可将其分成几个运输单元,在加工厂预制后运至现场拼装。

在具体确定预制方案时,除应遵守上述原则外,还应考虑当地加工厂生产能力、运输条件和工期要求等因素灵活地予以处理。

预制工程施工的一般顺序为:预制构件的支模板→扎钢筋→镶入配件→浇筑混凝土→养护拆模。预应力钢筋混凝土构件先张法施工时,首先张拉钢筋,后张法施工时则最后张拉钢筋、锚固和灌浆。

预制构件制作日期、位置和顺序,在很大程度上取决于场地准备情况和结构安装的要求,一般说,只要基坑回填土完工,场地平整完成一个施工段之后,即可开始预制工程,其施工流向应与基础工程施工流向一致,这样能使构件预制尽早开始,也为结构安装提前施工创造了条件。但若与结构安装顺序有矛盾时,则应综合考虑确定。

预制构件的位置应考虑安装的方便,使起重机能就地将构件吊起,避免机械负荷行驶或二次搬运,还应考虑模板的支拆和预应力构件的抽管和张拉的方便。

构件开始安装日期,主要取决于构件混凝土所达到的强度,它和气温高低及对混凝土强度增长所采取的技术措施有关。一般说来,钢筋混凝土柱和屋架的强度应分别达到 70% 和100% 设计强度后才可以安装。

c.结构安装工程阶段。结构安装是单层工业厂房施工的主导工序,它需要使用台班费较高的大型机械,且技术要求较高,所以在选择施工方案时,要通过技术经济比较,确定出最合理的施工方案。

该阶段的施工顺序是:柱→地基梁→连系梁→吊车梁→托架→屋架→天窗架→大型屋面板等构件的安装。安装时流向通常与构件预制的流向一致。但是,如果多跨厂房有高低跨时,安装流向应从高低跨柱列开始,以满足安装工艺要求。

结构安装方法有分件安装法和综合安装法。分件安装法的施工顺序是:第一次开始安装柱子;第二次开始安装吊车梁、托架和连系梁;第三次开始安装屋盖系统。也可将第二、三次合并为一次开行。综合安装的施工顺序是:先安装一个节间四根柱,随即校正并临时固定,再安装吊车梁及屋盖系统,依次逐间进行安装。

抗风柱的安装有两种情况,一是在安装该跨柱的同时或安装屋盖系统前安装该跨一端之抗风柱,另一端则待屋盖系统安装完毕后进行,二是全部抗风柱的安装均待屋盖系统安装完毕后进行。

d.围护与装修工程阶段。围护工程包括砌墙或安装外墙板、安装门窗扇等。装修工程包括屋面工程和室内、外装修。在结构安装工程结束之后或安装完一个区段之后,即可开始内外墙的砌筑,此时已形成了多维操作空间,各个工序之间可组织平行、搭接、立体交叉流水施工。例如,砌外墙的同时室内即可进行设备基础和地下管道及电缆沟槽的施工,而屋顶可开始做屋面工程。该阶段各工序间施工顺序和民用建筑相仿。

e.设备安装工程阶段。由专业性工程队负责施工并编制与土建施工相配合的施工进度计划。

③分别组织各工程阶段的流水作业。

首先根据流水作业要求划分施工段。各工程阶段的施工段划分方法和段数不尽相同,多层建筑的基础工程和主体结构工程阶段的每层可据情分为二段、三段甚至有时四段,而装修工程阶段通常以一层楼为一个施工段。然后确定流水节拍,组织流水作业。在确定流水节拍时常遇到工作班的问题,应按本节所述原则确定。

一个工程阶段的流水作业组织方法详见本书第 2 章。

(5)编制施工进度计划。

①将各工程阶段的流水作业组织,按照工艺合理性和工序之间尽量平行搭接的办法拼接起来,绘在表 9-8 所示的图表上,即得施工进度计划初始方案。

各工程阶段之间的施工顺序关系可作如下考虑:

A.对于多层混合结构,当施工准备阶段结束或具有基础工程阶段施工条件时(如"五通一平"等)即可开始基础工程;基础工程与主体结构工程之间要尽量搭接,一般是在基础工程最后一道工序在第一施工段完工后,即可在此开始主体工程施工。基础工程流水段划分的越多,搭接的时间则越长,对缩短工期有利。主体工程和装修工程之间的施工顺序可有两种情况:一种是主体结构工程完工后,装修工程从顶层开始依次做下来,即由上而下进行,如图 9-4(a)所示。这样,由于房屋在主体工程完工后结构自重所引起的变形已产生完毕,有利于装修工程的质量,且减少交叉作业有利于安全施工。但是这种安排导致工期较长,在工期允许时方可。一般情况下,工期是比较紧的,特别是装修工程,工序分散操作细致,往往容易拖长工期而影响工程竣工,因此,通常将室内装修工程提前插入,和主体结构交叉施工,即由下而上进行,如图 9-4(b)所示,此为第二种情况。例如,在第三层楼地面楼板安装完并灌缝后(当有现浇大梁或梁板时,须待底层拆除模板后),即进行底层地面或顶墙抹灰,这样有利于缩短工期。

屋面工程一般在主体结构完工后(已砌完女儿墙、水箱房、烟囱等)进行,可与内装修平行施工。外装修一般在屋面卷材铺完后进行,当为有组织排水时亦可和屋面工程平行施工。但当采用吊篮外脚手时,因其固定在屋面上,则应待外装修完工后再进行屋面卷材铺设。

B.对于装配式单层工业厂房,一般按其几个工程阶段顺序施工,为了缩短工期,在相邻阶段之间可作如下考虑:

当前一工程阶段最后一个工序在某一区段完工后,或空出足够的工作面时,后一工程阶段即可立即插入进行施工。例如,当基础工程阶段最后一个工序(回填土)进行一部分后,就可安设预制构件模板,进行构件预制工程;当一部分预制构件达到吊装强度,就可以开始结构安装工程,但一般说来,构件强度增长较慢,而安装速度较快,为避免安装流水中断,造成起重机窝工,常常等大部分构件达到吊装强度或大部分场外预制构件运进现场后,才开始结构安装工程。

主体结构安装完后,砌墙工程可以同屋面工程、设备基础工程两者平行施工,以便缩短工期。另外,室内外各种管道工程如果在基础工程阶段未能完工,亦可和上述三者平行施工。

室内外装修比较简单,一旦有工作面即可插空进行。

②检查与调整。

编出初始方案以后,一般要按以下几方面进行检查与调整:总工期是否符合合同工期的要求;主要工种工人(例如瓦工、木工等)是否均衡施工;混凝土、灰浆等半成品的需要量是否均衡。

当工期不满足要求则应调整,但应注意,调整后的施工进度计划仍要留有充分的余地,因为任何计划不可能一成不变,以防有变化时造成被动。

主要工种工人的均衡情况,一般通过该工种的劳动力动态图表示,用劳动力不均衡系数(K)予以控制。它的均衡施工,可以避免或减少工人频繁调动及窝工现象,亦可节约临时工程费用。

混凝土及灰浆等由于不宜储存,其需要量的均衡就能使机械充分利用。

经过检查,对不符合上述要求的地方,须进行调整和修改,其方法是延长或缩短某些工序的施工延续时间;或者在施工工艺许可的情况下,将某些工序施工时间向前提或向后移;必要时还可以改变施工方法或施工组织,以消除动态图上的高峰或低谷。

施工进度计划初始方案经过检查与调整后,即作为实施方案而执行,编制工作即告完成。

对于一个单项工程,一般以土建专业编制的单位工程施工进度计划为主,把其他专业的施工安排综合进去,形成单项工程的综合性施工进度计划。

▶ 9.3.3　施工平面图设计

1. 概述

单位工程施工平面图是具体解决施工机械、搅拌站、加工场地的布置,构件、半成品和材料的堆放位置、运输道路、临时房屋和临时水电管线等及其他临时设施的合理布置问题。其绘制比例一般为 1∶200～1∶300。

施工平面图布置得合理与否,直接关系到施工进度、生产效率与经济效果,是施工现场能否有秩序和文明施工的一个先决条件。

施工平面图设计之前,应仔细研究该项工程的施工图与建筑总平面图;调查了解现场地形、道路、可利用的原有房屋及水源、电源等情况;还应掌握材料、半成品、预制构件的运输方式和供应情况(如数量、进场日期等),以及施工总平面图和有关的设计资料等。

对于施工工期较长的大型建筑物,现场情况变化较大,常按施工阶段(基础、主体结构、装修)绘制几张施工平面图。在各阶段的施工平面图中,对整个施工时期使用的一些主要道路、水电管线和临时房屋等,尽可能不作变动,以节省费用。对于中小型建筑物一般按主体结构施工阶段的要求绘制施工平面图,但应同时考虑到其他施工阶段施工场地如何周转使用的问题。

施工平面图设计应遵循的主要原则是:符合既定的施工方案,保证工程顺利进行;运输方便,且尽量减少现场搬运量;尽量减小临时设施费用;遵守防火与安全施工要求。

2. 施工平面图设计的步骤

(1)确定起重机的数量及其布置位置。

一个建筑物在施工中,材料能否及时供应到使用地点,运输是否省工方便,与起重机的布置合理与否有重要关系,因此,一般首先考虑起重机的数量及其布置问题。

关于装配式单层工业厂房结构安装的大型起重机(如汽车式、履带式、重型塔吊等),其数量和开行路线布置,已在施工方案或分部工程施工组织设计中确定。在此,主要考虑多层建筑物施工的起重机数量及其布置问题。起重机台数可按下式计算:

$$m = \frac{\sum q}{S} \tag{9-12}$$

式中：m —— 起重机的需要台数;

$\sum q$—— 从施工进度计划中确定出的垂直运输高峰时期（例如民用房屋的主体结构工程与装修工程平行施工时期）起重机每台班需要运输各种材料的总次数；

S—— 起重机的台班生产率（次数／台班）。

计算出来的机械台数，还需要根据建筑物的平面形状和尺寸、施工段的划分等，检查其是否够用或方便，通常要适当地增加少量机械。

布置起重机时，要考虑材料的来向、场地的大小和已有道路情况，以便多数材料能直接运送到起重机附近。

固定式起重机（如井架、悬臂扒杆等）一般最好布置在两个施工段的分界线附近（如图9-5所示），以免某一段需用的材料进行楼上运输时通过别的段；当建筑物几个部位的高度不同时，最好布置在高低分界处。上述位置均应对准某一窗口，以减少起重机拆除后的填补工作。在房屋的哪一侧要视材料来向和堆放场地位置而定。

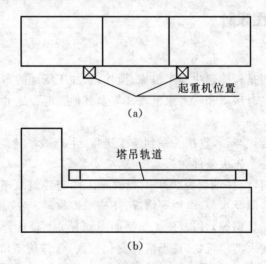

图 9-5　起重机布置示意图

塔式起重机布置时，要结合建筑物的平面形状和四周的场地条件综合考虑。应能够将材料和构件直接运至任何施工操作地点，尽量避免或减少"死角"，如图9-5(b)所示。轨道通常是沿建筑物的一侧布置，且应考虑使轨道最短，有必要时才增加转弯设备。

（2）搅拌站、加工厂及仓库、露天堆放场的布置。

搅拌机的规模应根据施工进度计划中混凝土、灰浆等的每班最大需用量确定，并考虑有一定的备用能力。

搅拌站和加工厂的占地面积一般根据经验数据或参考有关标准予以确定。

各种材料仓库或露天堆放场面积可参考施工总平面图设计中的计算方法确定。

搅拌站、加工场、仓库和露天堆放场的位置应尽量靠近使用地点或起重机，以减少现场的搬运工作。混凝土搅拌站应集中设置在起重机附近。当浇筑大型混凝土基础时，为减少混凝土运输量，亦可将混凝土搅拌站直接设置在基础边缘，待基础混凝土浇好后再转移。而砂浆搅拌站则宜靠近使用地点分散布置。砂、石、水泥等材料应尽量靠近搅拌站堆放，因其用量都很大，故搅拌站的位置亦应同时考虑到使这些大宗材料的堆放、运输和卸料的方便。基础及第一层所用的砖应布置在拟建房屋四周。二层以上的砖则应布置在起重机附近。

对于一些易污染空气的材料堆放或操作场地,应布置在下风向且距建筑物较远的地方。例如,石灰堆放与淋灰池、沥青堆放,以及熬制场地、易燃品仓库及木材加工厂等的位置与建筑物的距离,不得小于安全防火规范中最小防火距离,且应设在下风向。

在有多种材料的情况下,凡大宗的、重的和先期使用的,应尽可能靠近使用地点或起重机旁;少量的、轻的和后期使用的则可稍远放置。当各种材料分期进场时,可考虑在同一地点先后堆放几种材料,例如,主体结构施工时堆放砖的场地,在装修工程阶段可用来堆放门窗等。

(3)布置运输道路。

现场运输道路应保证其畅通和运输工具的开行方便。主要道路尽可能利用永久性道路,或者先修好永久性道路的路基,在土建工程结束前再铺路面。布置时应视场地宽阔程度而确定采用枝状或环状、较宽路面或窄路面。如果场地允许,最好围绕建筑物布置一条环形道,以利运输和消防车的通行。道路宽度一般为 6m,当场地狭窄时,亦可为 3.5m,但应设置运输工具回转的地方。

(4)布置临时房屋。

为单位工程服务的临时房屋一般有工地办公室、工具库、工地食堂、工人休息室、小卖部及厕所等。其位置应保证使用方便,并符合消防要求。

(5)临时水、电管线和其他临时设施的布置。

单项工程施工用的临时给水管网自干线接入。其管网布置有环状、枝状和混合状三种形式供选用,并应考虑使管线总长度最短。一般沿道路边沿布置,埋于地下。

管径的大小和龙头的数量及其设置,应满足各种施工用水的需要。根据实践经验,一般面积在 $5000\sim10000m^2$ 的单项工程施工用水的总管直径为 $101.6mm$,支管直径为 $38.1mm$ 或 $25.4mm$。

另外,在现场应考虑设置消防栓或消防水池、水箱等。距拟建工程不小于 5m 不大于 25m。尽量利用建设单位永久性消防设备。

工地临时供电应尽量利用永久性电源。如需自设变压站时,变压器应设在现场边缘高压线接入处,而不应设在交通要道口,并应在 2m 以外设置高度大于 1.7m 的保护栏。其线路布置仍有环状、枝状和混合状三种形式供选用。

其用电量计算和变压器的选择详见本书第 8 章。

为了雨水排除方便,应及时修通永久性下水道,并结合现场地形,设置倾泻地面雨水用的沟槽。

为确保施工现场安全,火车道口应设防护起落栏杆。现场的井、坑、孔洞等均应加盖或围栏。钢制井架、脚手架、桅杆等在雨季应有避雷设施。高井架顶端应装有红色信号灯。

对于大型建筑物的单位工程施工平面图,还应考虑土建工程同其他专业工程的配合问题,一般以土建施工承包者为主会同其他各专业承包者通过协商编制综合性施工平面图,根据各专业工程的要求分阶段合理划分施工场地。

在单位工程施工组织设计中常用的技术经济指标是:工期指标、劳动生产率、劳动力不均衡系数、降低成本额或降低成本率、机械化程度或机械利用率、临时工程费用比例等。

思考题

1. 施工组织设计一般可分为哪几个层次进行编制？
2. 施工总平面图应包括哪些内容？
3. 施工组织总设计的技术经济指标有哪些？
4. 单位工程施工组织设计在确定施工总流向时应该考虑的问题有哪些？
5. 施工方案的技术经济比较如何进行？

练习题

1. 单项选择题

(1) 在编制施工组织总设计时，施工总进度计划编制与施工方案拟订的先后顺序关系为（　　）。

　　A. 两者可以交叉进行

　　B. 两者可以同时进行

　　C. 拟订施工方案后才可编制施工总进度计划

　　D. 编制施工总进度计划后才可拟订施工方案

(2) 施工平面图是施工组织设计的重要组成部分，其需反映在空间上全面安排的内容包括施工方案和（　　）。

　　A. 施工进度计划　　　　　　　　　　B. 施工技术指标

　　C. 施工经济指标　　　　　　　　　　D. 人力安排计划

(3) 施工组织设计除了工程概况、施工部署及施工方案、施工进度计划、施工平面图以外，还应该包括（　　）。

　　A. 技术措施　　　　　　　　　　　　B. 技术经济指标

　　C. 管理措施　　　　　　　　　　　　D. 组织措施

(4) 下列选项中，属于施工组织总设计编制依据的是（　　）。

　　A. 建设工程监理合同　　　　　　　　B. 批复的可行性研究报告

　　C. 各项资源需求量计划　　　　　　　D. 单位工程施工组织设计

(5) 施工组织总设计是指导全局性施工的技术和经济纲要，它的编制对象是（　　）。

　　A. 单项工程　　　　　　　　　　　　B. 单位工程

　　C. 分部工程　　　　　　　　　　　　D. 建设项目

(6) 某公司承接了 A、B 两市之间的高速公路施工任务，该高速公路由五段道路、一座桥梁、两座涵洞组成，针对该桥梁编制的施工组织设计应属于（　　）。

　　A. 施工规划　　　　　　　　　　　　B. 单位工程施工组织设计

　　C. 施工组织总设计　　　　　　　　　D. 分部分项工程施工组织设计

(7) 下列各项工程中，需要编制单位工程施工组织设计的是（　　）。

　　A. 某工厂新建厂区工程　　　　　　　B. 某工程深基坑支护工程

　　C. 某高校新校区办公大楼工程　　　　D. 某定向爆破工程

2. 多项选择题

(1)关于施工组织设计的编制原则,下列表述中正确的有(　　)。

　　A. 应尽可能提高施工的工业化程度

　　B. 充分满足建设单位缩短工期的要求

　　C. 重视工程的组织对施工的作用

　　D. 充分利用时间和空间,合理安排施工顺序,提高施工的连续性和均衡性

　　E. 合理部署施工现场,实现文明施工

(2)施工组织设计的内容除了工程概况的说明外,主要包括(　　)。

　　A. 主要技术经济指标　　　　　　　　　　B. 月、旬施工计划

　　C. 施工部署及施工方案　　　　　　　　　D. 施工进度计划

　　E. 施工平面图

(3)根据施工组织设计编制的广度、深度和作用的不同,可分为(　　)。

　　A. 施工组织总设计　　　　　　　　　　　B. 专业工程施工组织设计

　　C. 单位工程施工组织设计　　　　　　　　D. 分部(分项)工程施工组织设计

　　E. 多项目施工组织设计

(4)某建筑公司在编制施工组织设计文件时,首先对工程的施工条件和技术水平进行分析,为了能对施工活动进行科学部署,应该考虑(　　)。

　　A. 该项目的结构特点　　　　　　　　　　B. 业主的资金筹措情况

　　C. 合同条件　　　　　　　　　　　　　　D. 该项目建成运营后的经济效果

　　E. 项目所在地的地质水文情况

(5)施工组织设计中施工部署及施工方案的内容包括(　　)。

　　A. 合理安排施工顺序　　　　　　　　　　B. 确定主要施工方法

　　C. 对可能的施工方案进行评价并决策　　　D. 绘制施工平面图

　　E. 编制资源需求计划

(6)下列各项工程中,需要编制施工组织总设计的有(　　)。

　　A. 某房地产公司开发的别墅小区　　　　　B. 某市新建机场工程

　　C. 一座新建跳水馆钢屋架工程　　　　　　D. 某定向爆破工程

　　E. 某市标志性超高层建筑结构工程

(7)下列各项工程中,需要编制分部(分项)工程施工组织设计的有(　　)。

　　A. 某安居工程住宅小区

　　B. 某高塔建筑塔顶的特大钢结构构件吊装

　　C. 某工厂新建烟囱工程

　　D. 某定向爆破工程

　　E. 某大跨屋面结构采用的无黏结预应力混凝土工程

参考文献

[1] （美）翰觉克森. 建设项目管理[M]. 徐勇戈,曹吉鸣,等,译. 北京:高等教育出版社,2005.

[2] （美）梅瑞狄斯. 项目管理——管理新视角[M]. 郑晟,等,译. 北京:电子工业出版社,2002.

[3] （美）科兹纳. 项目管理:计划、进度和控制的系统方法[M]. 杨爱华,王丽珍,石一辰,等,译. 北京:电子工业出版社,2002.

[4] （美）克里福德·格雷,埃里克·拉森. 项目管理教程[M]. 徐涛,张杨,译. 北京:人民邮电出版社,2003.

[5] （英）F.L.哈里森. 高级项目管理:一种结构化方法[M]. 杨磊,等,译. 北京:机械工业出版社,2003.

[6] （美）杰克·吉多,詹姆斯 P.克莱门斯. 成功的项目管理[M]. 张金成,等,译. 北京:机械工业出版社,1999.

[7] 罗福周. 建设工程造价与计价实务全书[M]. 北京:中国建材工业出版社,1999.

[8] 闫文周. 工程项目管理学[M]. 西安:陕西科学技术出版社,2006.

[9] 成虎. 工程项目管理[M]. 北京:高等教育出版社,2004.

[10] 任宏,张巍. 工程项目管理[M]. 北京:高等教育出版社,2005.

[11] 丛培经. 工程项目管理[M]. 北京:中国建筑工业出版社,2002.

[12] 李世蓉,邓铁军. 工程建设项目管理[M]. 武汉:武汉理工大学出版社,2002.

[13] 王洪,陈健. 建设项目管理[M]. 北京:机械工业出版社,2004.

[14] 李建伟,徐伟. 土木工程项目管理[M]. 上海:同济大学出版社,2002.

[15] 美国项目管理协会. 项目管理知识体系指南(PMBCK 指南)[M]. 卢友杰,王勇,译. 北京:电子工业出版社,2006.

[16] 《中国工程项目管理知识体系》编委会. 中国工程项目管理知识体系[M]. 北京:中国建筑工业出版社,2003.

[17] 纪燕平. 中外项目管理案例[M]. 北京:人民邮电出版社,2003.

[18] 刘炳南. 工程项目管理[M]. 西安:西安交通大学出版社,2010.

[19] 中国建设监理协会. 建设工程进度控制[M]. 北京:知识产权出版社,2010.

[20] 中国建设监理协会. 建设工程质量控制[M]. 北京:知识产权出版社,2010.

[21] 中国建设监理协会. 建设工程投资控制[M]. 北京:知识产权出版社,2010.

[22] 全国一级建造师执业资格考试用书编写委员会. 建设工程项目管理[M]. 北京:中国建筑工业出版社,2010.

[23] 全国一级建造师执业资格考试用书编写委员会. 房屋建筑工程管理与实务[M]. 北京:中国建筑工业出版社,2010.

参考答案

第 2 章

1. 单项选择题

　　(1)B　(2)C　(3)D　(4)D　(5)C　(6)B　(7)C　(8)A　(9)B　(10)A

2. 多项选择题

　　(1)AB　(2)ABCD　(3)ABE　(4)AB　(5)ABDE　(6)BC　(7)ABC　(8)ACE
(9)ABE

3. 计算绘图题

　　(1)由已知条件知,宜组织全等节拍流水。

　　①确定流水步距。

　　由全等节拍专业流水的特点知:$K = t = 2$(天)

　　②计算工期。

$$T = (m + n - 1) \cdot K + \sum Z_1 = (3 + 3 - 1) \times 2 + 2 = 12 (天)$$

　　③根据流水施工概念,绘制流水施工进度计划如题图1所示。

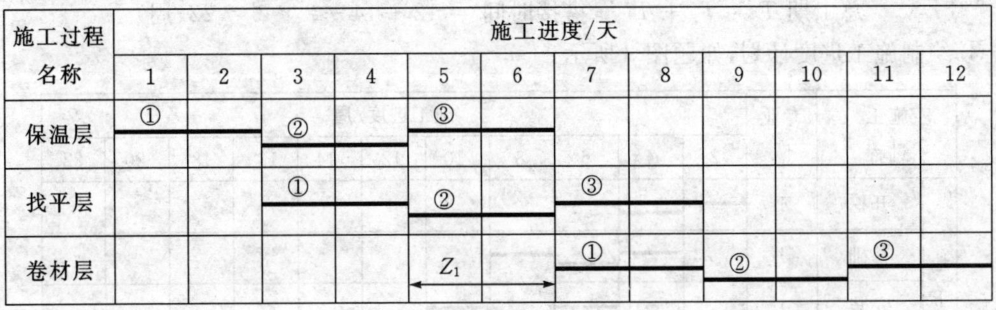

施工过程 名称	施工进度/天											
	1	2	3	4	5	6	7	8	9	10	11	12
保温层	①		②		③							
找平层			①		②		③					
卷材层					Z_1		①		②		③	

题图1

　　(2)①确定流水步距:$K = t = t_i = 1$(天)

　　②确定施工段数:$m = n + \dfrac{\sum Z_1}{K} + \dfrac{\sum Z_2}{K} - \dfrac{\sum C}{K} = 3 + \dfrac{2}{1} + \dfrac{1}{1} = 6$(个)

　　③计算工期:$T = (j \cdot m + n - 1) \cdot K + \sum Z_1 - \sum C = (2 \times 6 + 3 - 1) \times 1 + 2 - 0 = 16$(天)

　　④绘制流水施工进度如题图2所示。

　　(3)分别求出地下与地上工程的流水施工工期,再组织最大限度的搭接施工。

　　①地面 ±0.00m 以下工程组织全等节拍流水施工。

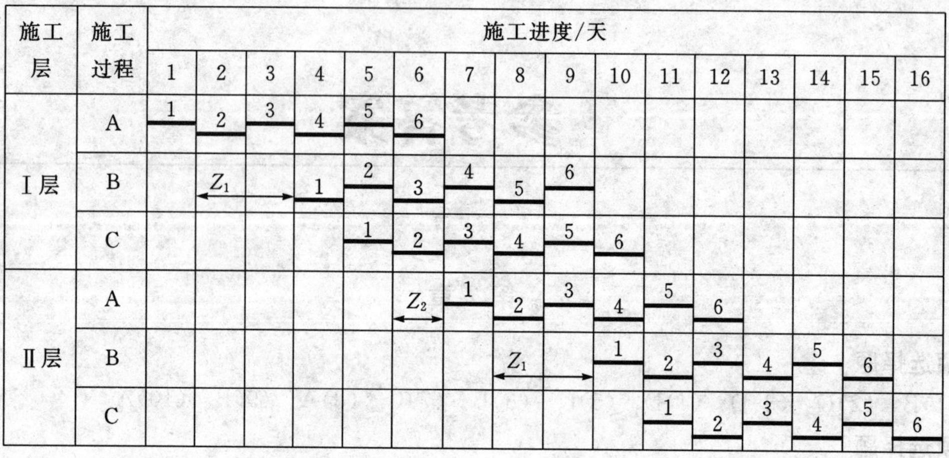

施工层	施工过程	施工进度/天														
		1	2	3	4	5	6	7	8	9	10	11	12	13	14	15	16
I层	A	1	2	3	4	5	6										
	B		Z_1		1	2	3	4	5	6							
	C					1	2	3	4	5	6						
II层	A						Z_2	1	2	3	4	5	6				
	B								Z_1	1	2	3	4	5	6		
	C										1	2	3	4	5	6	

题图 2

施工过程 $n = 4$ 施工段 $m = 3$ 流水节拍 $K = t = 2$(周)

工期 $T_1 = (m + n - 1) \times t = (3 + 4 - 1) \times 2 = 12$(周)

② 地面以上组织成倍流水施工。

施工过程 $n = 3$ 施工段 $m = 3$ 流水步距 $K = \min\{4, 4, 2\} = 2$(周)

专业队数:$b_1 = 4/2 = 2$ $b_2 = 4/2 = 2$ $b_3 = 2/2 = 1$ 总队数 $n' = \sum b_i = 5$(队)

工期 $T_2 = (m + n' - 1) \times K = (3 + 5 - 1) \times 2 = 14$(周)

③ 确定总工期。

当地一幢住宅楼地下工程完成后即可进行地上工程,则

$$总工期 T = T_1 + T_2 - 搭接时间 = 12 + 14 - 2 \times 2 = 22(周)$$

④ 绘制施工进度计划,如题图3所示。

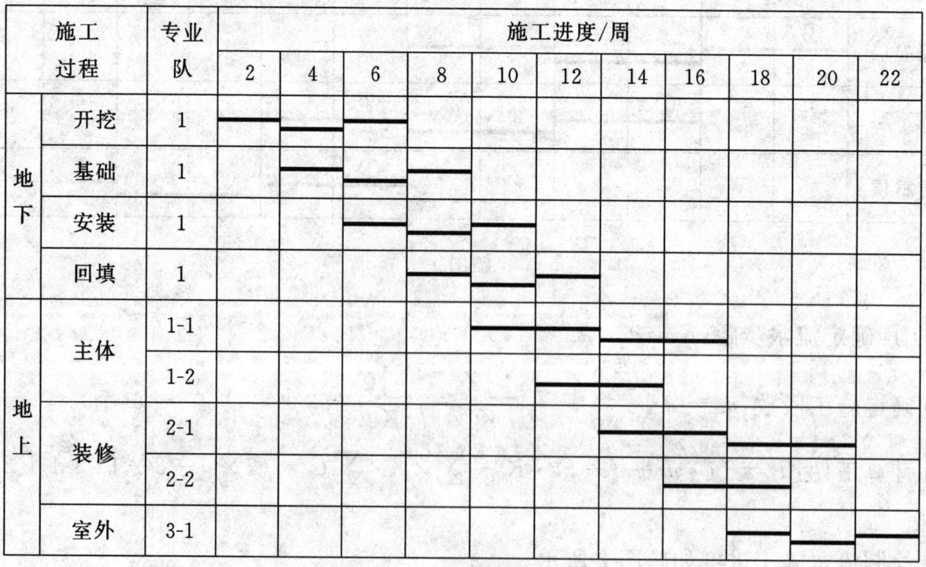

施工过程		专业队	施工进度/周										
			2	4	6	8	10	12	14	16	18	20	22
地下	开挖	1											
	基础	1											
	安装	1											
	回填	1											
地上	主体	1-1											
		1-2											
	装修	2-1											
		2-2											
	室外	3-1											

题图 3

(4)①施工过程。$n=4$　施工段 $m=12/4=3$

②组织成倍节拍流水施工。

确定流水节拍:挖土 $t_1=8\times4=32$(天)　铺垫层 $t_2=4\times4=16$(天)

钢筋混凝土基础 $t_3=12\times4=48$(天)　回填土 $t_4=4\times4=16$(天)

流水步距:$K=$ 最大公约数$\{32,16,48,16\}=16$(天)

施工队数目:挖土 $b_1=t_1/K=32/16=2$　铺垫层 $b_2=t_2/K=16/16=1$

钢筋混凝土基础 $b_3=t_3/K=48/16=3$　回填土 $b_4=t_4/K=16/16=1$

施工队总数目:$n'=\sum b_j=2+1+3+1=7$

③流水施工工期。$T=(m+n'-1)\times K=(3+7-1)\times16=144$(天)

④绘制施工进度计划,如题图4所示。

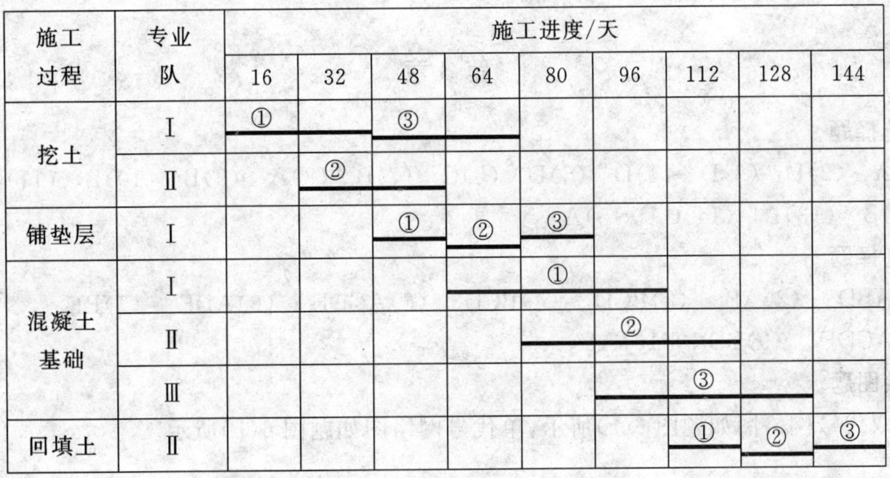

施工过程	专业队	施工进度/天								
		16	32	48	64	80	96	112	128	144
挖土	Ⅰ	①		③						
	Ⅱ		②							
铺垫层	Ⅰ			①	②	③				
混凝土基础	Ⅰ					①				
	Ⅱ						②			
	Ⅲ							③		
回填土	Ⅱ							①	②	③

题图4

(5)①计算该主体结构标准层施工的时间。

施工过程:$n=3$　施工段 $m=3$

流水步距:　4,　7,　10

　　　　一)　　2,　6,　8

　　　　　　4,　5,　4,　−8

施工过程1,2的流水步距 $K_{1,2}=\max\{4,5,4,-8\}=5$(天)

　　　　2,　6,　8

　　　一)　2,　4,　7

　　　　2,　4,　4,　−7

施工过程2,3的流水步距 $K_{2,3}=\max\{2,4,4,-7\}=4$(天)

流水施工工期:$T=\sum K+\sum t_n=(5+4)+(2+2+3)=16$(天)

②绘制施工进度计划,如题图5所示。

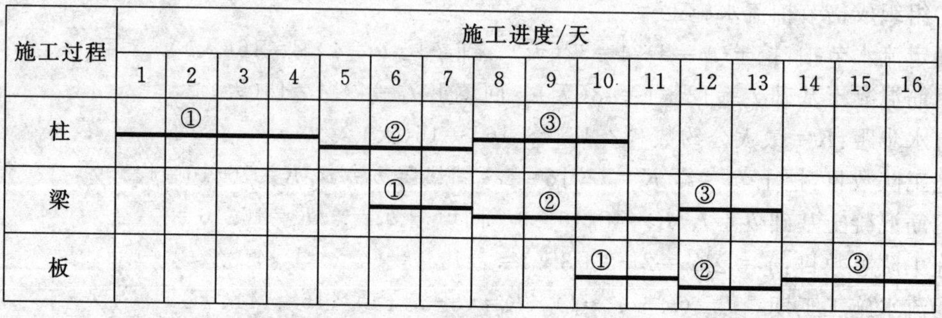

施工过程
施工进度/天
1 2 3 4 5 6 7 8 9 10 11 12 13 14 15 16
柱
①
②
③
梁
①
②
③
板
①
②
③

题图 5

第 3 章

1. 单项选择题

(1)A (2)D (3)D (4)D (5)D (6)C (7)B (8)A (9)B (10)B (11)C (12)B (13)A (14)C (15)A

2. 多项选择题

(1)ABD (2)AB (3)BCD (4)BCD (5)ACDE (6)ADE (7)BE (8)ACDE (9)BD (10)AC

3. 计算绘图题

(1)双代号网络图如题图 6(a)所示，单代号网络图如题图 6(b)所示。

C
A
3
D
2
1
5
G
7
H
4
E
6
B
1
C
7
A
2
D
1
ST
5
G
8
FIN
3
H
6
B
4
E

(a) (b)

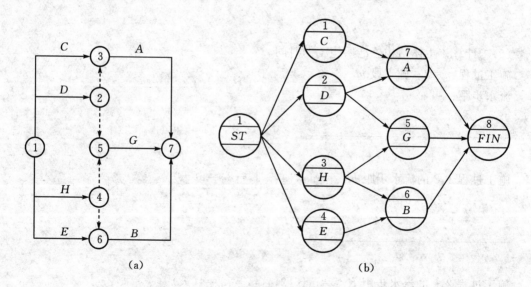

题图 6

(2)双代号网络图如题图 7(a)所示，单代号网络图如题图 7(b)所示。

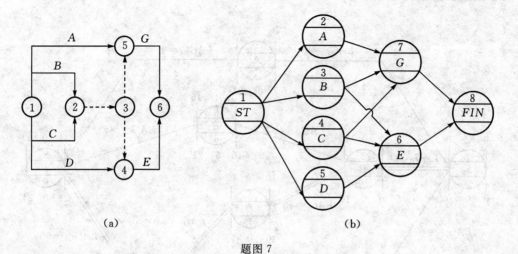

（a）　　　　　　　　（b）

题图 7

（3）双代号网络图及其节点参数计算结果如题图 8 所示，各项工作的六个主要时间参数如题表 1 所示。

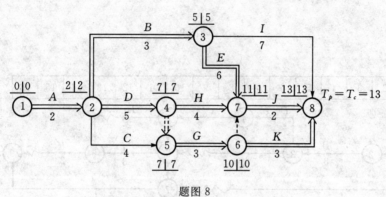

题图 8

题表 1　工作的六个主要时间参数

时间参数	工作名称									
	A	B	C	D	E	G	H	I	J	K
ES	0	2	2	2	5	7	7	5	11	10
EF	2	5	6	7	11	10	11	12	13	13
LS	0	2	3	2	5	7	7	6	11	10
LF	2	5	7	7	11	10	11	13	13	13
TF	0	0	1	0	0	0	0	1	0	0
FF	0	0	1	0	0	0	0	1	0	0

（4）单代号网络图及其时间参数计算结果如题图 9 所示，双箭线表示关键线路。

（5）双代号时标网络计划如题图 10 所示。

（6）该工程最终优化结果如题图 11 所示，最优工期为 20 天。

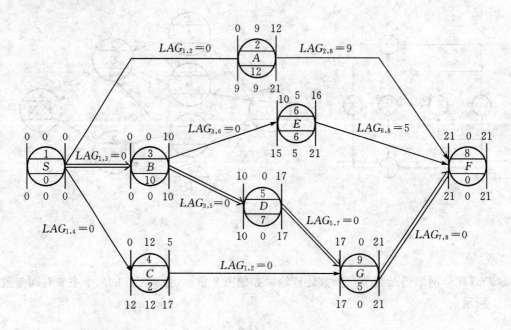

题图 9

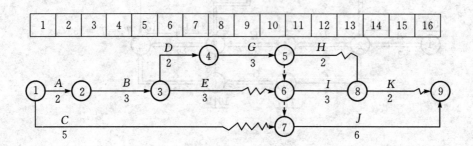

题图 10

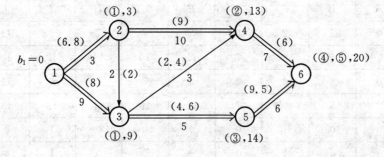

题图 11

第4章

1.单项选择题

(1)A (2)B (3)B (4)C (5)D (6)C (7)A (8)D (9)A (10)A (11)B
(12)D

2.多项选择题

(1)BCDE (2)ABCE (3)ABE (4)BCD (5)BC (6)ACE (7)BCDE (8)ABCD
(9)①ABC ②ACE

3.计算分析题

(1)从图4-10中可看出,实际开始工作时间比计划时间晚了半天时间,第一天末实际进度比计划进度超前1%,以后每天末实际进度比计划进度超前分别2%、2%、5%。

②将题干的网络进度计划图绘成时标网络图,如题图12所示。再根据题干的有关工作的时间进度,在该时标网络图上绘出实际进度前锋线。

由题图12可见,工作A进度偏差2天,不影响工期;工作B进度偏差4天,影响工期2天;工作E无进度偏差,正常;工作G进度偏差2天,不影响工期;工作H进度偏差3天,不影响工期。

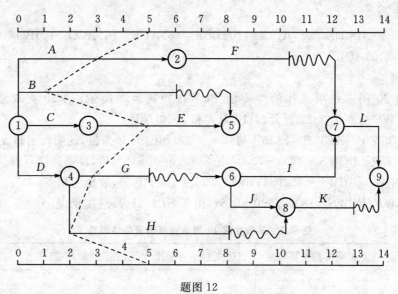

题图12

(3)应用表格分析法,检查分析结果如题表2所示。

题表2 列表比较法分析检查结果表

工作名称	检查计划时尚需作业天数	到计划最迟完成时尚余天数	原有总时差	尚有总时差	情况判断	
					影响工期	影响紧后工作最早开始时间
A	6-3=3	8-5=3	2	3-3=0	否	影响F工作2天

续题表 2

工作名称	检查计划时尚需作业天数	到计划最迟完成时尚余天数	原有总时差	尚有总时差	情况判断	
					影响工期	影响紧后工作最早开始时间
B	6−1=5	8−5=3	2	3−5=−2	影响工期2天	影响 I、J 工作各2天
E	5−2=3	8−5=3	0	3−3=0	否	否
G	3−1=2	8−5=3	3	3−2=1	否	否
H	6−0=6	11−5=6	3	6−6=0	否	影响 K 工作1天

第 5 章

1. 单项选择题

(1)B　(2)B　(3)A　(4)D　(5)A　(6)C　(7)B　(8)C　(9)D　(10)C　(11)C　(12)C　(13)B　(14)D　(15)C

2. 多项选择题

(1)ACE　(2)BCDE　(3)ABCD　(4)BCD　(5)ADE　(6)ACD　(7)BD　(8)AD　(9)CD　(10)ADE

3. 计算分析题

(1)①第 20 周末每项工作的挣得值 BCWP 如题表 3 所示;第 20 周末总的 BCWP、ACWP 和 BCWS 分别为 3820 万元、4110 万元和 7500 万元。

②$CV=BCWP-ACWP=3820-4110=-290$,由于 CV 为负,说明费用超支。

$SV=BCWP-BCWS=3820-7500=-3680$,由于 SV 为负,说明进度延误。

$CPI=BCWP/ACWP=3820/4110=0.93$,由于 CPI<1,故费用超支。

$SPI=CWP/BCWS=3820/7500=0.51$,由于 SPI<1,故进度延误。

题表 3　某项目前 20 周的进展情况条件调查　　　　　　　　　(单位:万元)

工作代号	拟完工程预算费用	已完工程量百分比	已完工程时间费用	挣值
A	200	100	210	200
B	220	100	220	220
C	400	100	430	400
D	250	100	250	250
E	300	100	310	300
F	540	50	400	270
G	840	100	800	840
H	600	100	600	600

续题表 3

工作代号	拟完工程预算费用	已完工程量百分比	已完工程时间费用	挣值
I	240	0	0	0
J	150	0	0	0
K	1600	40	800	640
L	2000	0	0	0
M	100	100	90	100
N	60	0	0	0
合计	7500	—	4110	3820

（2）①应用回归分析法，确定实际成本 y 与预算成本 x 的函数关系式为

$$y = a + bx = 99.4 + 0.52x$$

②预算成本等于实际成本的盈亏平衡点 $x = a/(1-b) = 99.4/0.48 = 207$（万元）

③预测明年1月份的实际成本：$y_1 = 99.4 + 0.52 \times 190 = 198.2$（万元），说明明年1月份实际成本将比预算成本超支 8.2 万元。

④量本利方法的利润计算公式为：

$$E = (p - b)x - a$$

式中：E 为利润；x 为产量；p 为销售单价；b 为单位变动成本；a 为固定成本。

故提高利润的途径如下：提高单位销售收入；增加产量；降低固定成本；降低变动成本；提高单位边际收益（$p-b$），即提高单位销售收入和单位变动成本之差。

第6章

1. 单项选择题

（1）B （2）A （3）A （4）B （5）D （6）A （7）C （8）C （9）B （10）C

2. 多项选择题

（1）BCD （2）ABC （3）CD （4）ADE （5）ABE （6）CE （7）ACDE （8）CE （9）CDE （10）BCE

3. 计算题

（1）地面起砂的原因如题表4所示。

题表 4

代号	起砂原因	出现房间数	频率％	累计频率％
1	砂粒径过大	47	58.75	58.75
2	砂含泥量过大	17	21.25	80
3	砂浆配合比不当	7	8.75	88.75
4	养护不良	5	6.25	95
5	水泥标号太低	3	3.75	98.75
6	压光不足	1	1.25	100

（2）地面起砂原因排列图见题图13。

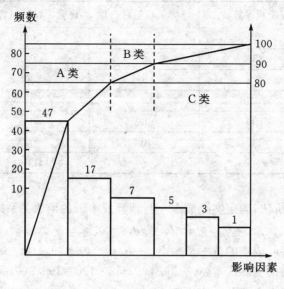

题图13

（3）排列图的分析。A类因素数量少，但是关键因素，应作为重点控制对象，B类因素为一般因素，C类因素为次要因素。

第7章

1. 单项选择题

（1）A　（2）B　（3）C　（4）B　（5）A　（6）A　（7）C　（8）B　（9）A　（10）A

2. 多项选择题

（1）ACDE　（2）ACE　（3）ABD　（4）BDE　（5）ABCD　（6）ABDE　（7）ADE

（8）ABCE　（9）ABC　（10）ABC

3. 案例分析题

（1）题中所述整个事件中存在如下不妥之处：①施工总承包单位自行决定将基坑支护和土方开挖工程分包给了一家专业分包单位施工是不妥的，工程分包应报监理单位经建设单位同意后方可进行；②专业设计单位完成基坑支护设计后，直接将设计文件给了专业分包单位的做法是不妥的，设计文件的交接应经发包人交付给施工单位；③专业分包单位编制的基坑工程和降水工程专项施工组织方案，经施工总承包单位项目经理签字后即组织施工的做法是不妥的，专业分包单位编制了基坑支护工程和降水工程专项施工组织方案后，应经总监理工程师审批后方可实施；④事故发生后专业分包单位直接向有关安全生产监督管理部门上报事故的做法是不妥的，应经过总承包单位；⑤专业分包单位要求设计单位赔偿事故损失是不妥的，专业分包单位和设计单位之间不存在合同关系，不能直接向设计单位索赔，专业分包单位可通过总包单位向建设单位索赔，建设单位再向设计单位索赔。

（2）三级安全教育是指公司、项目经理部、施工班组三个层次的安全教育。三级安全教育的内容、时间及考核结果要有记录。按照建设部《建筑业企业职工安全培训教育暂行规定》的规定：①公司教育的内容为国家和地方有关安全生产的方针、政策、法规、标准、规范、规程和企业的安全规章制度。②项目经理部教育内容为工地安全制度、施工现场环境和工程施工特点及可能存在的不安全因素等。③施工班组教育内容为本工种的安全操作规程、事故案例剖析、劳动纪律和岗位奖评等。

(3)本起事故中3人死亡,1人重伤,事故应定为较大事故。因为满足下列条件之一就认定为三级重大事故:①死亡3人以上,10人以下;②重伤20人以上;③直接经济损失30万元以上,不足100万元。

(4)该起事故的主要责任应由施工总承包单位承担。在总监理工程师发出书面通知要求停止施工的情况下,施工总承包单位继续施工,直接导致事故的发生,所以该起事故的主要责任应由施工总承包单位承担。

第9章

1. 单项选择题

(1)C (2)A (3)B (4)B (5)D (6)B (7)C

2. 多项选择题

(1)ACDE (2)ACDE (3)ACD (4)ACE (5)ABC (6)AB (7)BDE